Baía de Guanabar

Victor Coelho

Baía de Guanabara

uma história de agressão ambiental

Casa da Palavra

COORDENAÇÃO EDITORIAL
Pedro Carvalho

PROJETO MARKETING CULTURAL
Mais Arte | Jacqueline Menaei

PATROCÍNIO
Carioca Christiani-Nielsen Engenharia
Águas do Paraíba

PESQUISA
Marcos Valdetaro da Fonseca, Maria Regina Monteiro de Barros da Fonseca, Renato de Amorim B. Coelho

REVISÃO TÉCNICA
Maria Regina Monteiro de Barros da Fonseca

COPIDESQUE
Ney Oscar Ribeiro de Carvalho
Vilma Homero

REVISÃO TIPOGRÁFICA
Ana Lucia Machado

FOTOGRAFIAS
Christina Bocayuva

DESENHOS
Bia Salgueiro

CAPA E PROJETO GRÁFICO
Raul Fernandes

EDITORAÇÃO
Leandro Collares

PRODUÇÃO EDITORIAL
Natalie Araújo Lima

PRODUÇÃO GRÁFICA
Liciane Corrêa

CIP-BRASIL. CATALOGAÇÃO-NA-FONTE
SINDICATO NACIONAL DOS EDITORES DE LIVROS, RJ

C621b

Coelho, Victor Monteiro Barbosa, 1937-
Baía de Guanabara : uma história de agressão ambiental / Victor Coelho.
— Rio de Janeiro : Casa da Palavra, 2007.

il. ;

Inclui bibliografia
ISBN 978-85-7734-076-7

1. Guanabara, Baía de (RJ). 2. Guanabara, Baía de (RJ) — Aspectos ambientais. 3. Água — Poluição — Guanabara, Baía de (RJ). 4. Política ambiental — Guanabara, Baía de (RJ). I. Título.

07-3597. CDD: 363.7394098154
CDU: 504.42(815.41)

21.09.07 21.09.07 003597

CASA DA PALAVRA PRODUÇÃO EDITORIAL
Rua Joaquim Silva, 98, 4° andar, Lapa
Rio de Janeiro — RJ 20241-110
21.2224-3167 21.2224-7461
divulga@casadapalavra.com.br

Saneamento que dá certo!

O compromisso e a responsabilidade com o meio ambiente não se restringem apenas à capital ou à Região Metropolitana do Rio. Também são preocupações constantes de Águas do Paraíba, no interior do estado.

Integrante do Grupo Águas do Brasil – que tem a Carioca Engenharia entre seus acionistas – a empresa atua diretamente na principal bacia hidrográfica do estado do Rio de Janeiro: a do rio Paraíba do Sul.

Assim como a Baía de Guanabara é vital para os cariocas, o rio Paraíba do Sul é de primordial importância para todos os fluminenses. Além de garantir o abastecimento de água para 85% dos moradores da Região Metropolitana, é fonte de água para 12 milhões de habitantes no estado do Rio de Janeiro, numa área de 21 mil quilômetros quadrados.

Diz-se, comumente, que o melhor exemplo vem de cima. Mas, neste caso, o exemplo está vindo de baixo: de bem perto da foz desse rio, que deságua no oceano Atlântico, cujas águas também banham a Baía de Guanabara. É exatamente a 280 quilômetros do Rio de Janeiro, e a apenas 30 quilômetros da foz desse rio, em Campos dos Goytacazes, que a empresa Águas do Paraíba está operacionalizando um dos melhores exemplos de saneamento e de despoluição no estado do Rio.

Em vitoriosa experiência de parceria entre a iniciativa privada e o poder público, a Águas do Paraíba já investiu mais de 90 milhões de reais em saneamento. O município de Campos ganhou quatro novas estações de tratamento de água e duas estações de tratamento de esgoto.

Com a meta da universalização desses serviços, a Águas do Paraíba dá, assim, sua efetiva contribuição para aumentar a qualidade de vida da população, preservando o meio ambiente e melhorando as estatísticas em saúde pública.

Por isso, a Águas do Paraíba também se orgulha de estar do outro lado da Baía de Guanabara, ou seja, ao lado do autor deste livro, Victor Coelho, do lado oposto ao das agressões ambientais, contribuindo para transformar a esperança e os sonhos em certezas e em realizações.

Rodolfo Mantuano
Diretor-executivo

Dedicatória

Aos meus filhos Flavio e Renato que, desde pequenos, participaram comigo de campanhas de monitoramento na Baía de Guanabara e aprenderam a dar valor ao meio ambiente, e à minha mulher, Heleninha, que sempre apoiou meu trabalho.

Em memória de Fausto Pereira Guimarães e Walter Castagnino, mestres não só na área profissional como na arte de viver.

Ao meu amigo e irmão de toda a vida, Ricardo, por sua amizade e capacidade de trabalho e por sempre ter acreditado nas minhas pequenas virtudes.

Agradecimentos

Este livro foi construído durante um grande período. Concebido originalmente para ser escrito por diversos autores, minha tarefa nele era coordenar e organizar, além de escrever alguns capítulos. Só dessa forma, pensava eu, seria possível abordar determinados aspectos com a profundidade necessária. Infelizmente, essas participações não puderam ser levadas a cabo. Gostaria de agradecer a essas pessoas, cujos textos e idéias foram, de algum modo, assimilados no decorrer dos vários capítulos: Adelmar F. Coimbra Filho, Amarilio V. Pereira de Souza, Heliana Vilella de Oliveira Silva, Luiz Fernando da Silva Pinto, Paulo César Colonna Rosman, Ronaldo Fernandes Oliveira e Sérgio Margulis.

Diversas pessoas também tiveram participação importante, tanto no fornecimento de dados específicos, conselhos, troca de idéias, esclarecimento de dúvidas ou no copidesque. A todas essas também a minha gratidão: Ana Cristina Rangel Henney, Ângela de L. Rebello Wagener, Anselmo Federico Neto, Arnaldo Franco de Toledo, Cláudia Fróes Ferreira, Dionê Marinho Castro, Doris Alvim Botelho, Elizabeth Cristina da Rocha Lima, Emy Guimarães de Lemos, Evandro Rodrigues de Britto, Fátima de Freitas Lopes Soares, Leila Heizer, Luiz Edmundo Horta, Barbosa da Costa Leite, Marilene Ramos, Mário Lobo, Ney Oscar Ribeiro de Carvalho, Olaf Malm, Paulo Pinho, Ricardo Lisboa da Cunha, Sérgio Gurgel, Tânia Fontenelle.

Também não poderia deixar de agradecer, de modo especial, à Maria Regina Fonseca, parceira de tantos trabalhos técnicos, pela ajuda inestimável na elaboração deste livro.

Finalizando, gostaria de agradecer à equipe que concretizou o livro, na pessoa do coordenador editorial Pedro Carvalho, à Carioca Engenharia e à Águas do Paraíba, que tornaram possível sua publicação.

Victor Coelho

SUMÁRIO

Prefácio

Paulo Cesar Colonna Rosman

Baía de Guanabara: uma história do outro lado — este poderia ser o título deste livro, pois Victor Coelho, seu autor, está do outro lado. O lado oposto ao das agressões ambientais, o lado certo.

Victor é uma dessas raras pessoas que alia competência técnica, reconhecida e admirada no meio profissional, com a calma e a simplicidade dos que fazem o que é certo naturalmente. Sempre foi um defensor do desenvolvimento sustentável, um ambientalista de verdade, não um ideólogo da contracultura.

A degradação ambiental na Baía de Guanabara não teria chegado à tragédia atual se o meio ambiente fosse levado a sério no Brasil, não é? No Brasil, em geral, quando se planeja o "desenvolvimento" em governos ou empresas, a questão ambiental é um assunto secundário, freqüentemente tratado pelos ditos "desenvolvimentistas" como um incômodo. Em verdade, o desenvolvimento ou é sustentável ou não é desenvolvimento. Em verdade, dizer "desenvolvimento sustentável" devia ser tão sem sentido quanto dizer "água líquida" ou "atmosfera gasosa".

Desenvolvimento dissociado da questão ambiental é desenvolvimento anabolizado. Como o pseudo-atleta, parece forte, parece saudável e vigoroso, mas a conta dos efeitos colaterais chega rapidamente e, em geral, é muito cara. Rápida degenerescência e morte súbita estão sempre à espreita do anabolizado.

(Escrevo este parágrafo no "passado esperançoso".) Hoje em dia, a situação está mudando, mas, em passado ainda recente, governos e empresas no Brasil tinham seus ministérios ou secretarias e diretorias de "meio ambiente" como arabescos laterais. Existiam porque havia leis "incômodas". Existiam para mostrar (fingir?) que se preocupavam com o assunto, caso contrário, o financiamento para o "desenvolvimento" não saía. Mas, na verdade, depois do financiamento garantido, a questão ambiental era relegada à sua trágica insignificância. Para os "sábios desenvolvimentistas", a questão ambiental continua sendo vista como um empecilho, não como uma questão estratégica.

Os que se preocupam com o meio ambiente não deveriam ser os reativos "ecochatos", que dizem "não" ao desenvolvimento (anabolizado), e sim membros da equipe de planejamento. Aqueles membros proativos que dizem o estratégico "como": como planejar e como fazer o desenvolvimento para que seja sustentável.

A questão ambiental será efetivamente importante para governos e empresas no dia em que for parte fundamental e intrínseca das ações de planejar e implementar o desenvolvimento. Nesse dia, ministérios, secretarias e diretorias específicas de meio ambiente poderão até se tornar órgãos obsoletos, pois a questão ambiental permeará tudo.

Victor sempre foi proativo, mostrando-se preocupado com a estratégia do desenvolvimento sustentável. Sua história sobre a Baía de Guanabara não deixa de ser a história de suas lutas contra as agressões ambientais. Sua história é o relato de um pioneiro na defesa da qualidade ambiental e do desenvolvimento sustentável, em defesa da qualidade da vida. Desde o início de sua carreira, Victor trabalhou em órgãos ligados ao meio ambiente no então estado da Guanabara e, depois da fusão, no novo estado do Rio de Janeiro. A Fundação Estadual de Engenharia do Meio Ambiente (Feema) foi um órgão modelar e pioneiro no Brasil, e Victor estava lá quando a Feema foi fundada no início dos anos 1970. Já naquela época, a Baía de Guanabara era motivo de grandes preocupações do órgão, pois já mostrava as seqüelas de muitas agressões.

Sempre na vanguarda técnica da Feema, e muitas vezes ocupando cargos de direção, inclusive a presidência, Victor foi protagonista na luta contra as agressões à Baía de Guanabara. Portanto, este livro traz informações, análises e relatos selecionados por um especialista no assunto. Um especialista com vivência prática, não apenas em teoria. Sem dúvida, é um livro essencial, indispensável, sobre a Baía de Guanabara.

Neste livro, Victor apresenta uma ampla resenha histórica da Baía de Guanabara, detalha as principais agressões à qualidade ambiental da baía que, infelizmente, vêm ocorrendo de modo acelerado há mais de um século. A taxa de degradação começou a diminuir desde meados da década de 1990, mas isso apenas indica que a degradação está mais lenta; efetivamente, a seta ainda não mudou o sentido. Os sinais de recuperação ainda não são claros.

Na parte final, Victor discute medidas para a recuperação ambiental da Baía de Guanabara e mostra cenários de melhoria obtidos por meio de diferentes trabalhos de modelagem computacional.

É um livro que traz esperança. Seu conteúdo apresenta lições e indica os meios para inverter a seta da degradação. Seu conteúdo é relevante não apenas para a Baía de Guanabara, mas para todos que queiram aprender e ganhar experiência com erros do passado, sem cometê-los. Seu conteúdo é um guia para a recuperação ambiental e para o planejamento do desenvolvimento sustentável em outras baías do Brasil.

Paulo Cesar Colonna Rosman é Ph.D., professor do Departamento de Recursos Hídricos e Meio Ambiente da Escola Politécnica da UFRJ e da área de Engenharia Costeira e Oceanográfica da COPPE/UFRJ.

I INTRODUÇÃO

Foi graças à Baía de Guanabara que os portugueses que aqui chegaram encontraram condições propícias para criar um povoamento e desenvolver funções econômicas que garantissem vitalidade ao futuro núcleo metropolitano. Sua rede hidrográfica era suficientemente grande para abrigar um porto natural e variada o bastante para permitir a penetração dos colonizadores para além da faixa costeira.

Ao traçar um histórico da poluição nas águas da Baía de Guanabara, este livro volta aos primórdios da colonização, quando os problemas eram absolutamente localizados, e chega nos dias de hoje, com a baía totalmente poluída. O alento que ainda lhe resta são as trocas periódicas da água pela ação das marés.

Além de descrever suas principais características físicas — seus afluentes, ilhas, lagoas, praias e manguezais mais importantes —, também mostra o cenário do entorno à época do descobrimento do Brasil, as primeiras atividades geradoras de focos de poluição, o histórico da ocupação territorial e suas implicações na qualidade das águas, os aterros das diversas lagoas existentes nas áreas centrais da cidade e a construção das primeiras valas de drenagem e esgotamento. As tentativas iniciais de controle, por meio de legislações como a proibição de lançamento de tripas e entranhas de baleia em suas águas (1619), datam do século XVII, e o primeiro regulamento de higiene, do século seguinte (1797).

A questão dos esgotos domésticos da cidade do Rio de Janeiro merece especial atenção. A forma inicial de lidar com eles era simplesmente despejá-los nas ruas, precedidos de gritos de aviso, ou transportá-los por meio de escravos denominados tigres a locais afastados das casas. Entre 1830 e 1842, têm início os primeiros debates técnicos e acadêmicos sobre o serviço de esgotamento da cidade, cujas obras, realizadas pela companhia inglesa The Rio de

Janeiro City Improvements Company Limited — ou simplesmente City, como ficou conhecida em terras cariocas — só seriam concluídas em 1857.

A companhia recebeu uma concessão de noventa anos para o serviço, e o Rio de Janeiro se transformaria na quinta cidade a possuir sistema de esgoto sanitário. Planejamentos e estudos posteriores também são objeto dessa análise, bem como as grandes obras de esgotamento, como o interceptor oceânico e o emissário submarino de Ipanema.

Hoje, são muitas as fontes de poluição: os rejeitos das indústrias, os derrames de óleo, os problemas com o lixo, as águas de drenagem urbana e o assoreamento, que agridem principalmente os espelhos d'água e destróem os manguezais ainda existentes na baía.

Ao avaliar de forma detalhada a qualidade de suas águas, voltamos aos primeiros estudos e monitoragens sistemáticas realizadas em 1968, passando pelos principais projetos, inclusive os financiados pelo Programa das Nações Unidas para o Desenvolvimento (Pnud), analisando evoluções e tendências até a situação atual. A parte de modelagem matemática mereceu especial atenção, desde as primeiras simulações, na década de 1960, até os últimos modelos desenvolvidos por consultores internacionais, com apoio do Banco Mundial e da Japan International Cooperation Agency (Jica).

Apontamos ainda os diferentes usos benéficos da Baía de Guanabara, principalmente o banho de mar nas praias, o turismo ecológico e a conjugação de turismo Rio antigo com as diferentes interfaces da baía.

Finalmente, observa-se que as dragagens dos canais entre as ilhas do Governador e do Fundão e o continente, a construção de reservatórios para as primeiras chuvas na foz dos principais rios, o tratamento integrado de pólos industriais, a recuperação de áreas excessivamente degradadas e a coleta do lixo flutuante são possíveis medidas saneadoras. Ao abordar o problema da gestão ambiental da bacia, o que se busca é plantar algumas bases para o desenvolvimento sustentado na Baía de Guanabara.

II PRIMEIROS VETORES DE AGRESSÃO AMBIENTAL

A Baía de Guanabara na época do descobrimento e os primórdios das agressões ambientais

Quando os europeus chegaram ao Rio de Janeiro, no século XVI, encontraram a Baía de Guanabara circundada por morros cobertos de exuberante vegetação tropical. Imediatamente após a fundação da cidade no morro Cara de Cão, em 1565, essas terras passaram a ser concedidas por Estácio de Sá, como sesmarias, a todo aquele que se dispusesse a povoá-las e cultivá-las. Estima-se que, por volta de 1587, a população da cidade era da ordem de 3.850 pessoas, e a grande maioria, talvez três mil, era composta por índios, mais cerca de 750 portugueses e apenas cem africanos (Ribeiro, 1988).

A maior parte das sesmarias concedidas situava-se nas margens e nas ilhas da baía. É possível, inclusive, se ter uma idéia bastante precisa da localização de cada uma delas pelos nomes, que permaneceram praticamente os mesmos: Inhaúma, Carioca, Magepe, Sorohy e Paquetá. Como afirma Vivaldo Coaracy em *Memórias da cidade do Rio de Janeiro*, isso mostra que, já na época da fundação da cidade, os portugueses tinham um bom conhecimento de toda a Baía de Guanabara, de seu contorno e extensão de suas áreas marginais, mesmo as situadas no fundo da baía, como é o caso de Magé e Suruí.

Uma das primeiras referências à flora diz respeito ao pau-brasil (*Caesalpinia echinata*). Árvore bastante cobiçada e especialmente abundante em toda a região, logo começaram a funcionar entrepostos de contrabando dessa madeira valiosa, o pau-de-tinta, que os tupis chamavam de ibirapitanga. Matéria-prima importante na Europa, era usada para a fabricação de corantes de tecidos e de tinta para escrever. Antes da descoberta do Brasil, era adquirida a duras penas na Ásia, via Oriente Próximo, onde era extraída da *Caesalpinia sappan*, espécie aparentada da variedade brasileira.

O início da colonização foi também o começo da destruição, não só das matas que existiam nas ilhas, como de todo o recôncavo da Baía de Guanabara. Além da extração de pau-brasil, as florestas próximas da costa transformaram-se em um reservatório de madeiras e lenha combustível para uma série de atividades, como as caieiras, para produção de cal; as armações para a pesca da baleia; além de olarias, fazendas e engenhos. Durante todo o ciclo da cana-de-açúcar, as matas litorâneas foram sistematicamente dizimadas para o abastecimento dos engenhos e para o plantio dos canaviais. Na ilha da Madeira, atual ilha das Cobras, funcionava um estaleiro para reparo das naus que sempre chegavam com avarias. Mas dali também saía a lenha para abastecer a cidadela do Castelo e as embarcações. Como conseqüência do desmatamento, hoje restam apenas vestígios do recobrimento arbóreo original e, mesmo assim, de caráter secundário.

Não se sabe com exatidão quando teve início a pesca das baleias que, entre maio e agosto, costumavam aparecer na baía à procura de águas mansas para dar à luz e criar seus filhotes. Mas, em finais do século XVI, mais precisamente entre os anos de 1581 e 1583, há notícias de que já se haviam erguido instalações para o preparo da carne desses cetáceos, que se tornaram alvo constante da pesca. Esquartejadas a machado, delas se aproveitava tudo: sua gordura servia como azeite para iluminação da cidade e, da mistura com cal, constituía-se em excelente cimento para construções, conhecida por galagala. As barbatanas eram empregadas nos espartilhos de senhoras e a carne ia para a alimentação da população. Havia armações em diferentes pontos da baía. A primeira delas, possivelmente, situava-se numa ponta próxima da aldeia de São Lourenço (atual Niterói), que, por essa razão, tornou-se conhecida como ponta da Armação.

O primeiro engenho de açúcar no Rio de Janeiro pertenceu a Cristóvão de Barros e situava-se na foz do rio Magé. Nomeado capitão-mor do Rio de Janeiro em substituição a Salvador Correia de Sá, em 1571, Barros construiu seu engenho segundo a melhor tecnologia existente à época: movido à força hidráulica. É importante mencionar que foi o único no Rio de Janeiro do século XVI a empregar a força das águas. Os demais eram movidos a tração animal (parelhas de boi, cavalo ou burro) e chamados trapiches, ou, no caso dos alçapremas e bangüês, movidos por escravos — operação que requeria pelo menos cem homens.

O século XVII

A pesca de baleias logo assumiria grandes proporções. Havia, inclusive, notícias de exportação de seu azeite para Portugal. Mas, tal como os engenhos de açúcar e a produção de farinha de mandioca — possivelmente a primeira indústria genuinamente brasileira —, essas atividades foram as primeiras a poluir as águas da baía. Estes primeiros focos de poluição, de certa forma, evidenciam a enorme importância da baía na vida dos habitantes da recém-fundada cidade do Rio de Janeiro.

Além da poluição das águas, as armações desprendiam forte mau cheiro, a que se atribuíam enfermidades e febres malignas. Razão para que, em 1619, a Câmara Municipal, em uma primeira ação de controle, determinasse que os armadores transportassem tripas e entranhas para fora da barra da baía e as descarregassem em mar alto. O desrespeito a esse dispositivo acarretaria multa de 2 mil réis.

Mas a pesca de baleias transformara-se em importante fonte de renda, passando, a partir de 1640, a ser monopolizada pelo governo de Portugal, que, por meio de concorrências, estabelecia contratos com particulares (pessoas físicas). Um dos contratadores mais conhecidos foi um sr. Braz de Pina, que enriqueceu tanto na atividade que mandou construir o cais dos Mineiros, próximo à Praça XV, e adquiriu extensas áreas de terra num bairro da cidade que até hoje tem o seu nome. Depois de mais de duzentos anos de caçadas impiedosas, a pesca só se extinguiria no início do século XIX, em virtude do desaparecimento quase total das baleias das águas da Guanabara.

A cidade desenvolvia-se apertada no morro do Castelo, seu núcleo mais importante, onde estavam o colégio dos jesuítas, a Sé, a casa do governador, a Câmara, a cadeia e as principais fortificações. Como a necessidade de defesa contra corsários e índios era um pensamento dominante no início do século XVII, o crescimento foi se processando nas imediações do Castelo, principalmente em direção ao morro de São Bento. Na busca de espaço para a implantação da cidade, que, naquele tempo,, tinha uma população estimada entre 5 mil e 6 mil habitantes, iniciava-se a luta do homem contra brejos e pântanos, que duraria mais de três séculos.

Toda a zona central do Rio de Janeiro, do Cais do Porto à atual avenida Beira-Mar e da Praça XV até a praça Tiradentes, está assentada sobre uma área de alagadiço aterrado. Este ambiente, adverso ao urbanismo, exigiu constantes aterros e enchimentos de pauls, pântanos e até lagoas. Em 1643, tem-se notícia do aterro de parte da lagoa do Desterro, próxima aos Arcos da Lapa, entre os morros de Santo Antônio e do Desterro.

O ambiente insalubre, somado à falta de higiene da população, gerava uma situação propícia à propagação de doenças e a problemas de saúde pública. Assim é que, já em 1613, os habitantes do Rio de Janeiro são assolados por violenta epidemia de varíola, que provocou grande mortandade, principalmente entre os escravos. As epidemias de varíola se sucederiam durante todo o século XVII, devastando tragicamente os moradores da cidade.

Só em 1641 seria executada a primeira obra de vulto em prol do saneamento do Rio: a construção de uma vala na atual rua Uruguaiana, que por essa razão foi batizada de rua da Vala, nome que perdurou por mais de duzentos anos. O objetivo era permitir a drenagem das águas da lagoa de Santo Antônio, localizada onde atualmente fica o largo da Carioca.

Desde 1607, quando a Câmara doou terrenos no morro de Santo Antônio aos padres franciscanos, havia a promessa de se construir uma vala que permitisse um melhor escoamento das águas da lagoa para a Prainha (atual Praça Mauá). Em 1610, no entanto, a Câmara permitiria a utilização das terras adjacentes à lagoa para estabelecimento de um curtume, o que, além de mau cheiro, produzia grande sujeira e contaminação da água. Depois de muitas reclamações, os padres conseguiram que a vala fosse construída.

Levando para a Prainha não só os esgotos e os despejos do curtume, mas também o lixo jogado pela população, essa vala foi a primeira fonte pontual significativa de poluição das águas da Baía de Guanabara. Na verdade, um fosso aberto, freqüentemente obstruído em função dos detritos lançados, que exigia limpeza recorrente. As grandes limpezas, contudo, eram feitas pela natureza, que, nas fortes chuvas de verão, arrastava toda a sujeira para a baía.

A vala, entretanto, não foi suficiente para resolver o problema de drenagem da lagoa de Santo Antônio. Assim, atendendo mais uma vez às reclamações da população, a Câmara mandou construir, em 1646, um cano de pedra e cal, com três palmos de fundo e quatro de largura, para drenar as águas para a praia do Carmo (atual Praça XV). O cano, que era um conduto aberto, deu origem à rua do Cano, atual Sete de Setembro, que inicialmente passava por baixo do convento do Carmo, ligado à época à capela do Carmo (antiga catedral metropolitana). Com mais essa obra, passaram a existir duas fontes pontuais de poluição da Baía de Guanabara.

Para se ter uma idéia da carga poluidora que as águas de drenagem, o *run-off* urbano, daquela época carreavam para o mar, é importante fazer uma breve descrição das condições de higiene das ruas: eram de terra batida, sem nivelamento, em que valas e buracos formavam poças d'água, nas quais proliferavam mosquitos. As ruas menos freqüentadas eram, às vezes, cobertas de grama e capim onde pastavam animais (cavalos, porcos, cabritos, galinhas etc.). Além de pasto, recebiam lixo e detritos de toda a natureza, como restos de cozinha, animais mortos e até excrementos humanos.

Em geral, no centro da rua, uma valeta ou rego, sem maior profundidade ou declive apropriado, tinha a finalidade de promover o escoamento das águas, que, apesar disso, permaneciam muitas vezes empoçadas. Como já se disse, só as fortes chuvas de verão conseguiam arrastar toda essa sujeira. Citando Luiz Edmundo em *O Rio de Janeiro no tempo dos vice-reis*, naquele tempo já se dizia que a natureza era mãe e amiga, pois o homem sujava, o vento varria, a água lavava e o sol enxugava.

Os vice-reis e o aterro das lagoas (século XVIII)

Ao redor do morro do Castelo, onde a cidade do Rio de Janeiro se desenvolvia, havia lagoas e pântanos. De diferentes tamanhos, essas lagoas recebiam as águas do transbordamento das grandes preamares da Baía de Guanabara e, de acordo com a época do ano, também transbordavam e alagavam toda a parte central da cidade. Eram quase sempre circundadas por matas paludosas e brejos, alguns de considerável extensão, como os alagadiços de Pedro Dias, drenantes da lagoa do Desterro.

Situada nas proximidades da atual rua dos Arcos, a lagoa do Desterro prolongava-se até as atuais avenida Gomes Freire e rua do Lavradio. Assim como os alagadiços de Pedro Dias — que incluíam a área da atual praça Tiradentes —, ela também recebia as águas de pequenos riachos que desciam das encostas dos morros de Santo Antônio, do Desterro, hoje Santa Teresa, e do Senado. Inicialmente chamado morro de Pedro Dias, o morro do Senado foi mais tarde arrasado para o aterro da avenida Beira-Mar, dando lugar à atual praça Cruz Vermelha. Esse grande conjunto de áreas úmidas, que por muito tempo limitou o crescimento da cidade, escoava para os baixios da Praça Mauá, para a Gamboa Grande e para o mangal de São Diogo.

A lagoa de Santo Antônio, localizada no atual largo da Carioca, foi uma das primeiras, senão a primeira, a sofrer as conseqüências da poluição. Estendendo-se até as imediações do Teatro Municipal, era separada da lagoa do Boqueirão por uma elevação do terreno. O funcionamento, às suas margens, de um curral e de um curtume acabou causando sua eutroficação pelo excesso de matéria orgânica. Devido aos maus odores provocados pelo processo de curtimento, foi considerada, segundo os conceitos médicos e higiênicos da época, causadora de miasmas e pestilências, considerados como a origem de febres e sezões. Drenada para a rua da Vala, foi posteriormente aterrada.

Como a própria denominação indica, a lagoa do Boqueirão era a única com abertura permanente para o mar. Foi definitivamente aterrada pelo quarto vice-rei, d. Luiz de Vasconcelos e Souza, com material do desmonte do morro das Mangueiras, aba de pouca altitude que ligava o morro de Santa Teresa ao de Santo Antônio. Em seu lugar, foi construído o Passeio Público.

No lugar onde hoje está o entroncamento das ruas Moncorvo Filho, Frei Caneca e avenida Mem de Sá, ficava a lagoa da Sentinela. Nas proximidades da atual praça Tiradentes, uma outra lagoa, rasa, recebia diferentes denominações — Pavuna, da Polé e da Panela —, embora se tornasse mais conhecida como da Lampadosa. Com a expansão urbana para além do campo da Cidade, entre a rua da Vala e o campo de Santana, ela terminou desaparecendo.

Destino semelhante ao da maior parte dessas lagoas que, durante o governo dos vice-reis, na segunda metade do século XVIII, foi aterrada. Por volta de 1770, o marquês de Lavradio deu início ao aterramento do pantanal de Pedro Dias, bem como da lagoa de Santo Antônio. Outras também desapareceram cedo da história carioca. Entre elas a do Desterro e a da Carioca ou do Catete, situada nas proximidades do campo das Pitangueiras (largo do Machado e cercanias). Ao que tudo indica, essa última era formada pela acumulação das águas extravasadas do rio Carioca. Da mesma natureza que a lagoa de Dona Carlota, que recebia o fluxo dos periódicos transbordamentos do rio Banana Podre, nas imediações das ruas Bambina e Marquês de Olinda.

Localizado na área que incluía o campo de Santana, o aterro da lagoa da Sentinela foi iniciado na gestão do primeiro vice-rei, conde da Cunha (1763/1767), mas só foi concluído depois que a Corte Portuguesa veio para o Brasil. Algum tempo mais tarde, em 1797, o conde de Resende, apontado por alguns historiadores como o vice-rei que mais cuidou da limpeza do Rio de Janeiro, editou o primeiro regulamento de higiene a ser cumprido em toda a cidade. Na época, além das valas que desaguavam no centro da cidade, havia outras que despejavam suas águas no manguezal de São Diogo (atual canal do Mangue) e também no Catete e Flamengo, poluindo a Baía de Guanabara.

O problema do esgoto doméstico e do abastecimento de água (século XIX)

O desenvolvimento e o aumento da população do Rio de Janeiro não foram acompanhados pela adoção das necessárias posturas higiênicas por parte do governo da época nem por hábitos adequados por parte dos habitantes da cidade. Dessa forma, a construção das casas não obedecia medidas adequadas de ventilação e iluminação, e os banheiros eram construídos nos fundos dos terrenos, pequenos e escondidos dos olhares de todos.

As águas utilizadas na vida doméstica, provenientes da cozinha, da lavagem de roupas e da higiene pessoal, eram lançadas nas ruas, às vezes das próprias janelas das casas. As posturas municipais não proibiam esses maus hábitos, obrigando apenas que tais métodos fossem precedidos de gritos de "Lá vai água", como um aviso para que os passantes tivessem oportunidade de se livrar de um banho de água suja. O costume foi, durante muito tempo, fator preponderante para o agravamento do estado sanitário da cidade, uma vez que as valas de águas pluviais foram se transformando em lamaçais de lixo e sujeira, focos de mosquitos e maus odores.

Nesta situação incluíam-se as valas da rua Matacavalos (atual rua do Riachuelo), que desaguava na lagoa da Sentinela, e a vala da rua das Flores (atual rua de Santana), que desembocava no atual canal do Mangue, entre várias outras. Em 1º de outubro de 1828, estabeleceu-se por lei que cabia à Câmara Municipal da Corte limpar as valas que sulcavam a cidade. A tarefa foi cumprida precariamente até a criação, em 1840, da Inspetoria Geral de Obras Públicas do Município da Corte.

De acordo com o engenheiro José Ribeiro da Silva, em seu livro *Os esgotos da cidade do Rio de Janeiro — 1857/1947*, as valas construídas nas ruas da Vala e do Cano em meados do século XVII foram os primeiros sistemas de transporte a céu aberto da cidade do Rio de Janeiro. Por ser a mais antiga e a mais habitada da cidade, a rua da Vala era a que recebia as maiores críticas pela imundície, mau cheiro e constantes obstruções. Quando elas ocorriam, era necessário proceder a operações de limpeza que ocasionavam numerosos casos de febres perniciosas na cidade. Um relatório da Junta Central de Higiene Pública de 1860, de autoria do barão do Lavradio, mencionava que, durante uma das limpezas da vala, em 1842, ocorreram tantos casos de febres na cidade que a operação teve que ser suspensa, pois os especialistas atribuíam o surto de doenças aos miasmas que se desprendiam durante os trabalhos de remoção do lixo e detritos.

Se as águas servidas eram lançadas às ruas, os dejetos humanos, por sua vez, eram armazenados em barris, no fundo dos quintais das casas. Quando estavam cheios, esses barris eram transportados à noite por escravos, os chamados tigres — nome que passou a ser dado também aos barris —, para locais ermos e distantes, geralmente nos limites da cidade. Até a chegada da família imperial ao Brasil, em 1808, um dos pontos de lançamento era a região onde atualmente se situa a praça da República, em grandes fossas mandadas abrir pela Câmara, transformando o local numa imensa cloaca. O mesmo acontecia nas regiões à beira-mar, onde os barris eram despejados e depois lavados.

Para disciplinar o lançamento de despejos domésticos à beira-mar, a Câmara mandou construir pontes de madeira em duas praias: a do Peixe, mais tarde chamada praia dos Mineiros, e a das Farinhas, nas imediações da atual Praça XV. Porém, essas posturas não eram respeitadas e os tigres eram despejados em diversos pontos da orla, desde a ponta do Calabouço até a praia do Valongo, na altura da rua da Imperatriz, atual Camerino.

Nas tentativas de se melhorar o transporte dos barris até os locais de despejo, formaram-se companhias particulares que se propunham a alugar recipientes especiais e levá-los a locais apropriados. Uma dessas companhias, a Galvani, utilizava barris de ferro completamente vedados, mas teve curta duração. Embora tenha funcionado por mais tempo, a empresa Rhodes também não conseguiu êxito comercial, pois o custo dos serviços, prestados de maneira eficiente, sem mau cheiro nem derramamento do conteúdo dos barris, foi considerado caro pela população, que preferia o sistema primitivo dos tigres.

Toda essa conjuntura mostrava a precariedade do estado sanitário da cidade em meados do século XIX. Tudo isso se agravava quando as grandes chuvas faziam transbordar as valas, inundando as ruas com detritos e imundícies, indignando a população e as autoridades sanitárias. Os freqüentes surtos de febre amarela, de cólera-morbo e de febre tifóide eram atribuídos aos miasmas que emanavam das valas e do subsolo contaminado. Na época, miasmas eram definidos como "o conjunto de exalações ou emanações malcheirosas que serviam de agente patogênico para a maioria de doenças que afetavam a saúde da população". Segundo tese do dr. João de Barros Barreto, publicada em 1888, houve 23 epidemias mortíferas no Rio de Janeiro entre 1830 e 1851, das quais a de febre amarela de 1849 matou mais de 4 mil pessoas. Este surto fez com que, através do decreto nº 598, de 14 de setembro de 1850, se criasse a Junta Central de Higiene Pública.

Todo esse quadro complexo de problemas sanitários gerou debates acadêmicos que mereceram a maior atenção de personalidades técnicas e políticas da época. Uma das primeiras tentativas de solução apresentadas foi o Plano de Nivelamento Geral da Cidade, que visava melhorar as condições de escoamento pluvial das ruas. Outra idéia, apoiada por vários técnicos, era a construção de uma rede de esgotos unitária, do tipo *toute à l'égout*, a exemplo de projetos iniciados em Paris.

Essas idéias e debates, entretanto, não conseguiram se transformar em medidas governamentais concretas. Somente depois de muitas discussões, optou-se pela implantação de uma rede separadora de esgotos. Através da lei nº 719, de 28 de setembro de 1853, o imperador d. Pedro II foi autorizado a contratar a execução dos serviços de esgotamento sanitário doméstico e de águas pluviais. Por problemas burocráticos, no entanto, a lei não foi logo implementada. Somente depois de uma violenta epidemia de cólera-morbo em junho de 1855, e da morte, em poucas semanas, de 5 mil pessoas, é que ela foi ratificada pelo governo, visando a contratação imediata da construção da rede de esgotos da cidade, de acordo com o art. 17 da lei nº 884, de 1º de outubro de 1856. Essa ratificação foi responsável pela criação da companhia inglesa City.

Com base na lei nº 719, João Frederico Russel associou-se a Joaquim Pereira Vianna de Lima Junior para assinar o contrato de exploração dos esgotos da cidade. Buscando vencer as dificuldades e a descrença do sistema de tratamento que propunham, realizaram experiências práticas na Penitenciária Pública, que mereceram a aprovação do Instituto de Engenheiros Civis de Londres e de importantes técnicos brasileiros.

Removidas as dificuldades e considerando a lei nº 884, de 1º de outubro de 1856, empresários e governo começaram a estudar o texto do contrato que finalmente foi assinado em 25 de abril do ano seguinte. Pelos termos deste acordo básico, os contratantes ficaram com o direito exclusivo de esgotar ruas e prédios dentro da zona delimitada pelo projeto, durante um prazo de noventa anos. O sistema deveria ser idêntico ao da cidade de Leicester, denominado "misto" ou "parcial inglês", segundo o qual seriam construídas duas redes públicas, uma de esgotos sanitários e outra de águas pluviais. A primeira receberia não só as águas servidas dos prédios, mas também as pluviais, dos telhados e pátios internos.

O contrato foi um marco importante na história do saneamento do Rio de Janeiro, que, segundo dados de 1850, tinha população estimada em 180 mil habitantes. A cidade ficou sendo, depois de Londres, uma das primeiras capitais do mundo a receber um sistema do gênero. As obras deveriam ser iniciadas num prazo de 18 meses, condição que não foi cumprida. Em vez disso, os contratantes conseguiram quatro prorrogações sucessivas e só deram início às obras em junho de 1862.

Na realidade, enquanto Russel e Lima Junior, no Brasil, tentavam obter as prorrogações, o engenheiro inglês Edward Gotto trabalhava em Londres não só na elaboração do Plano de Esgotamento da Cidade do Rio de Janeiro, como também na formação de uma companhia que se enquadrasse nas cláusulas do contrato de 1857. Criada em Londres em 20 de fevereiro de 1862, a City tinha capital inicial de 850 mil libras e absorvia por transferência o contrato de 1857.

Desse modo, o controle da poluição das águas da Baía de Guanabara começa com a construção do sistema de esgotos da City, em 30 de junho de 1862, embora na época o objetivo principal das obras tenha sido livrar a população e as ruas de tigres, valas e da enorme sujeira na temporada das chuvas.

Inicialmente, o Plano de Esgotamento dividia a cidade em três distritos, abrangendo as regiões mais povoadas. O primeiro foi chamado de São Bento, ou Arsenal, e englobava toda a parte central. O segundo, denominado Gamboa, incluía não só aquele bairro como também a área de Estácio de Sá e Catumbi até a praia Formosa e São Cristóvão. O terceiro, distrito da Glória, reunia os bairros de Laranjeiras, Silvestre, Santa Teresa, Flamengo, Catete e Lapa. Nele foram construídas a primeira estação elevatória e a primeira estação de tratamento de esgotos, inauguradas em 1864 com a presença de d. Pedro II. Na época, as estações de tratamento utilizavam o processo químico, que consistia em adicionar leite de cal e sulfato de alumínio — e, às vezes, carvão vegetal — aos afluentes, que posteriormente seguiam para os tanques de sedimentação, onde o material em suspensão era precipitado.

O custo das obras dos três primeiros distritos foi da ordem de 840 mil libras. Em 1868, já haviam sido assentados mais de 24km de redes de esgotos, possibilitando o esgotamento de quase 8 mil domicílios. Em 1875, a assinatura do segundo contrato da City criava mais dois distritos: o quarto, englobando os bairros de Tijuca, Engenho Velho, São Cristóvão, Alegria e Benfica, e o quinto, que compreendia a Zona Sul, principalmente Botafogo, até o largo dos Leões, e a praia Vermelha. Por esse contrato foram construídas duas novas estações de tratamento, a de Botafogo e a de Alegria, em São Cristóvão. Utilizando o mesmo processo químico de tratamento, os efluentes destas estações eram posteriormente lançados ao mar. Apesar disso, contribuíram de alguma forma para reduzir a carga poluidora despejada na baía.

Como extensão do segundo contrato, em 1882, a rede foi ampliada para a região da Quinta da Boa Vista, Caju e Trapicheiro. Três anos mais tarde, foi a vez de prolongá-la até os bairros de Vila Isabel, Andaraí Pequeno e subúrbios da Central do Brasil até a estação de Riachuelo. Em fins de 1887, a área esgotada compreendia quase 30 mil prédios, e a rede construída tinha cerca de 253km de galerias e ramais dos prédios.

O projeto, no entanto, continuava. As obras de esgotamento do sexto distrito, que englobava os bairros de Engenho Novo, Méier, Todos os Santos e Engenho de Dentro, foram feitas em 1890, após a proclamação da República. No mesmo ano, foi aprovado o terceiro contrato com a City, criando o sétimo distrito, que incluía Jardim Botânico e Gávea.

Nos três primeiros contratos assinados com a companhia (1857, 1875 e 1890), quase toda a rede construída empregava o sistema misto ou separador parcial inglês. Nele, a rede de esgotos dos prédios recebia não só os despejos sanitários, como também as águas pluviais de pátios internos e telhados. Entretanto, sem conseguir escoar o volume de água que recebiam nos dias de chuva, essas redes causavam transbordamentos nos tampões das ruas. Motivo para que o sistema não fosse mais adotado nas novas áreas tratadas pela companhia. Passou-se a adotar um outro método, chamado de separador absoluto, que só coletava o esgoto sanitário, sem mais conduzir águas pluviais. Também foi determinado pelo governo que o novo processo fosse sendo gradativamente introduzido na rede já existente.

Em 1906, já com os túneis abertos e com o crescimento da Zona Sul, os bairros do Leme, Copacabana e Ipanema foram incorporados ao quinto distrito e começaram a receber serviços de coleta de esgoto. Quatro anos depois, autorizava-se a construção da rede sanitária na ilha de Paquetá, com uma estação de tratamento operando num sistema considerado mais eficiente na remoção de carga orgânica. Em 1912, com a recente inauguração do Cais do Porto do Rio de Janeiro, a City foi chamada a esgotar mais essa região da cidade. A partir daí, porém, percebe-se uma grande desaceleração no ritmo das obras de extensão das redes de esgoto. Os 25 anos seguintes se passaram nessa situação e só em 1937 as construções foram retomadas. Tratava-se agora de levar a rede a uma série de áreas encravadas na malha urbana, incluindo o Grajaú, o morro da Viúva, a parte alta do Jardim Botânico e a esplanada do Castelo, área resultante do desmonte do morro do mesmo nome.

Em 1918, a City operava estações de tratamento de esgoto em seis pontos da cidade:

- Estação do Arsenal, no centro, perto do Mosteiro de São Bento;
- Estação da Gamboa, no Santo Cristo;
- Estação da Glória, na praia do Russel;
- Estação de São Cristóvão, na avenida Francisco Bicalho;
- Estação de Botafogo, junto da antiga praia da Saudade, hoje praia de Botafogo;
- Estação da Alegria, no Caju, junto à praia do Retiro Saudoso.

Na maioria das estações, os resíduos passavam por uma grade de barras de limpeza manual, em que ficavam retidos os materiais grosseiros, enquanto o restante era encaminhado a um poço de reunião e, após tratamento químico, bombeado para os tanques de decantação, onde passava por um processo de sedimentação antes de ser despejado no mar.

Embora as estações de tratamento tenham inicialmente conseguido reduzir a carga orgânica lançada na baía, com o passar dos anos, o aumento da população e, conseqüentemente, da vazão de resíduos fizeram com que o tempo de retenção e a sedimentação fossem diminuindo, afetando negativamente a eficiência de tratamento. Por outro lado, as descargas de lama produzidas não eram retiradas com a freqüência necessária — o que precisava ser feito manualmente pelos funcionários da companhia — entrando em processo de fermentação e putrefação. Essa lama era transportada em carroças abertas, deixando um rastro líquido e malcheiroso pelas ruas por onde passava, desagradando imensamente a população. A partir de 1915, a companhia passa a empregar carroças metálicas fechadas para evitar o transtorno.

Embora a descarga da lama das estações costumasse ser feita na ilha de Sapucaia, muitas vezes se dava diretamente na própria baía, despertando os protestos da população e de algumas autoridades. A partir de 1930, o despejo dos efluentes dessas estações começou a provocar a poluição de várias praias. Até que, finalmente, em 1934, a City abandonou esse sistema de transporte, substituindo-o pela remoção mecânica por bombas. O material passou então a ser recalcado diretamente para os navios, os chamados lameiros, e levado para alto-mar.

Tudo isso pode ter resultado em alguma melhora das águas da baía. Mesmo assim, em algumas de suas praias, principalmente a de Botafogo, a qualidade continuou piorando. Relatório de 1943 do dr. Del Vecchio, da Quarta Divisão da Inspetoria de Águas e Esgotos, mostrava a gravidade da situação e alertava que os interesses econômicos da City dificultavam a solução do problema por ser de execução onerosa. Em linguagem da época, dizia o relatório que:

> Tomar um banho hoje em dia na praia de Botafogo é banhar-se numa verdadeira caldagem de micróbios patogênicos, todos de origem fecal, veiculados na água do mar, onde se encontram espalhados em número exagerado e em pleno estado de vitalidade, como permitiram demonstrar as culturas em meios diferentes em nosso laboratório de análises. (...) O índice colimétrico atinge em certas regiões um algarismo tão elevado de colônias do tipo coliaerógino, que, apreciadas em culturas a 37° C, atinge a $10^8 cm^3$.

Em 1943, a companhia apresentou estudo para tratamento dos esgotos, uma espécie de retrospectiva. Tinham descoberto que a água do mar era boa para o tratamento dos esgotos, ao menos complementarmente. Falavam da Comissão de 1912, que tinha sugerido dividir a cidade em Zona Norte e Zona Sul, com os esgotos da Zona Sul sendo lançados no Vidigal. (Esta solução já havia sido considerada em 1896 pela Comissão de Saneamento da Cidade.) Os esgotos da Zona Norte seriam levados para a ilha de Sapucaia, onde sofreriam tratamento por lamas ativadas. As obras estavam orçadas em 2,8 milhões de libras, que a City queria que fossem pagas pelo governo, enquanto este, por sua vez, queria que fossem bancadas pela companhia. O resultado foi a aprovação do relatório, mas não a execução das obras.

Várias modificações foram sugeridas entre o relatório da comissão, apresentado em 1913, e estudos posteriores. Uma das alterações era lançar o esgoto tratado nas estações da Glória e Botafogo na ponta do Vigia, no morro do Leme. Nenhuma das sugestões apresentadas, porém, foi implementada.

Em 1947, ao término do contrato de noventa anos da City, a portaria n° 95, de 25 de abril, nomeou uma comissão, cujo relatório mostrou que o capital investido nos serviços de esgotos até dezembro de 1946 havia sido de 3.366.128 libras. A atribuição dos serviços de esgoto passa a ser, então, de responsabilidade da prefeitura do Distrito Federal (PDF), que realizou diversas obras visando melhorar a qualidade das águas da Baía de Guanabara. Foram elas:

- ampliação da ETE da Penha, em 1948/1949;
- início do interceptor de esgotos da Zona Sul entre as elevatórias da Glória e de Botafogo, em 1950/1952;
- construção de 39km de redes na cidade, principalmente na área dos subúrbios da cidade.

Finalmente, em 1957, foi criada a Superintendência de Urbanização e Saneamento (Sursan), que absorveu todos os encargos do Departamento de Águas e Esgotos (DAE)

Abastecimento de água

A captação a partir de um elevado número de córregos e riachos tornava complexo o sistema abastecedor da cidade do Rio de Janeiro. Compreendendo essas dificuldades e a necessidade cada vez maior de água para o suprimento da população, os responsáveis pelo abastecimento voltaram-se, a partir da década de 1870, para os mananciais das serras que circundavam a antiga metrópole, sempre tentando obter aduções por gravidade e de bacias protegidas, como aconselhava a técnica então dominante.

Na ocasião, optou-se por buscar água no antigo estado do Rio de Janeiro, aproveitando as florestas protetoras de Tinguá, Xerém e Mantiquira, terras de domínio público federal, que incluíam vários mananciais que até hoje contribuem para o abastecimento de boa parte da população da Baixada Fluminense. A preservação desses mananciais remonta ao ano de 1833.

Foi Antonio Rebouças que, em 1870, explorou as nascentes do rio D'Ouro e da serra do Tinguá, tornando-se o primeiro engenheiro a indicá-los para o abastecimento da cidade. No mesmo ano, foram concluídas as obras da adutora do rio São Pedro, marcando o início de uma nova fase no fornecimento de água para a cidade. Foram captados sucessivamente os rios São Pedro, Santo Antonio e D'Ouro, cujas obras de adução terminaram em 1880.

Não obstante as sucessivas obras de reforço na adução, nos últimos anos do reinado de d. Pedro II, uma grande crise, causada por forte estiagem, influenciou os mananciais, que não dispunham de quaisquer obras de regularização da vazão. Novo reforço foi então construído para a captação dos mananciais da bacia do Tinguá, cuja adutora ficou pronta em 1893, provendo a cidade com um aumento substancial de volume de água.

Quinze anos mais tarde, a adutora de Xerém foi concluída, seguindo-se o sistema adutor dos mananciais da bacia do Mantiquira, ambos nas vertentes da serra de Petrópolis. Porém, a construção dessas duas adutoras apresentou sério problema de saneamento, pois as bacias daqueles rios estavam localizadas na vertente marítima da serra de Petrópolis e a canalização teve que atravessar grandes extensões inundadas e insalubres da Baixada Fluminense. O empreendimento só se tornou possível graças à ajuda do Instituto de Manguinhos, dirigido então pelo eminente professor Oswaldo Cruz.

Cinco linhas constituíram o sistema chamado de "as grandes adutoras de ferro fundido" — material nelas empregado. As três primeiras adutoras têm o diâmetro de 800mm; a quarta é construída em parte com tubos de 800mm e em parte com outros de 900mm de diâmetro; finalmente, na quinta linha, os tubos têm 900mm de diâmetro.

A tabela a seguir sintetiza os elementos principais das captações que alimentam as cinco grandes adutoras de ferro fundido:

Diâmetro e extensão das adutoras de ferro fundido

Designação da bacia	Ano de inauguração	Diâmetro (mm)	Extensão (m)
1ª linha S. Pedro	1877	800	57.600
2ª linha D'Ouro	1880	800	48.800
3ª linha Tinguá	1893	800	46.800
4ª linha Xerém	1908	800	25.000
		900	29.200
5ª linha Mantiquira	1909	900	59.000

Fonte: *A luta pela água*, Rosauro Mariano da Silva, Cedae, 1988.

Com extensão total de 266km, elas conduzem águas de mananciais nos quais nenhuma obra de regularização de vazão foi feita, obedecendo à técnica então dominante. São mananciais de bacias protegidas, com obras simples de captação — em geral, pequenas barragens de alvenaria de onde as águas convergem para caixas a que se ligam as adutoras propriamente ditas, após a passagem por grades retentoras e caixa de areia. A adução faz-se por gravidade, em condutos forçados. Sem bacia de acumulação, a descarga aproveitável desses mananciais sofre a influência direta da estiagem e sua vazão depende das chuvas precipitadas em toda a bacia hidrográfica.

O conjunto dessas cinco adutoras constituiu-se num grande passo no abastecimento de água da capital, marcando o período das aduções de longa distância, por gravidade, de mananciais cujas águas eram consideradas puras e permaneciam, portanto, sem qualquer tratamento.

A ocupação territorial e suas implicações para a baía

A ocupação territorial na Baía de Guanabara teve como uma de suas principais conseqüências os muitos aterros, que resultaram no desaparecimento de enseadas e sacos (Gamboa, Alferes, São Diogo, Inhaúma etc.), de ilhas (dos Melões, das Moças, Ferreiros e tantas outras) e praias (Santa Luzia, Glória, Formosa, São Cristóvão, Maria Angu etc.). Levaram também à destruição dos manguezais existentes em quase todos os locais aterrados.

Em função do aumento da exportação de café e importação de artigos europeus e norte-americanos, a partir da segunda metade do século XIX, vários planos de melhoramentos do Cais do Porto do Rio de Janeiro começaram a ser idealizados. Sua execução implicaria o aterramento de mais uma extensa área na região central da cidade. Todos esses projetos estavam focados no trecho entre o morro de São Bento e São Cristóvão (englobando as enseadas da Saúde e da Gamboa e o saco do Alferes), já que na orla marítima, entre a ponta do Calabouço e o morro de São Bento, muitas instituições, edifícios públicos e instalações comerciais haviam aumentado de forma significativa o valor do solo e, conseqüentemente, o custo de desapropriações e indenizações.

Logo no início do governo de Rodrigues Alves, em 1903, Lauro Müller, então ministro de Viação, Indústria e Obras Públicas, criou uma comissão de alto nível, da qual faziam parte o engenheiro Paulo de Frontin, presidente da Companhia Melhoramentos e autor de vários projetos pela cidade, e o engenheiro Francisco Bicalho, inspetor de Obras Públicas, entre outros nomes de peso. O projeto aprovado previa que o novo cais teria uma extensão de 3.500m, retificando todo o litoral da Saúde, Gamboa e saco do Alferes. Numa primeira etapa, seria aterrada uma área de 175.000m^2, e, para isso, as edificações existentes na antiga orla seriam desapropriadas e demolidas. O material necessário para o aterro viria do desmonte do morro do Senado, da terraplanagem das ilhas dos Melões e das Moças (2.800.000m^3) e da areia retirada de bancos da Baía de Guanabara até uma profundidade de 10m (3.000.000m^3).

O início das obras, em 29 de março de 1904, foi marcado por uma grande solenidade na enseada da Saúde, com a presença do presidente da República, ministros, prefeito e outras grandes personalidades. É importante mencionar que, nessa época, já estavam em andamento a abertura da avenida Central e a construção do canal do Mangue, que foi também responsável por um grande aterro (100.000m^2) no mangal de São Diogo e pela destruição dos manguezais próximos.

Em 1907, constatou-se que o novo cais já nascia insuficiente para atender à expansão comercial do porto do Rio de Janeiro. Sua ampliação apontava naturalmente para a orla entre o canal do Mangue e a ponta do Caju. Em junho de 1910, foram inaugurados cerca de 2.500m de cais e diversos armazéns. Entretanto, só em 1911 foram concluídos os trechos que faltavam para completar os 3.500m previstos, bem como a infra-estrutura de apoio. E as obras de expansão entre o canal do Mangue e a ponta do Caju, que se esperava que tivessem início imediatamente após a conclusão da primeira etapa, só começaram em 1924, resultando na necessidade de mais um aterro, de 555.000m^2.

O trecho da orla da baía que mais sofreu aterramentos e modificações foi o litoral entre o morro Cara de Cão, local da fundação da cidade, e a foz do rio São João de Meriti, divisa com o município de Duque de Caxias, que inclui o trecho de costa da Ilha do Governador. O que não significa que a orla de outros municípios limítrofes com a baía também não tenha sido modificada. Algumas até passaram por diversas alterações, como foi o caso da orla de Niterói e São Gonçalo, embora não com a intensidade das mudanças efetuadas no Rio de Janeiro, principalmente na primeira metade do século XX.

Só as obras de construção do Cais do Porto, em 1905, levaram ao desaparecimento de várias ilhas, como a dos Melões (ou de João Damasceno) e das Moças (ou dos Cães), próximas do saco do Alferes, que foram incorporadas e terraplanadas. Em 1924, para a expansão do porto entre São Cristóvão e a ponta do Caju, também a ilha dos Ferreiros foi incorporada ao continente pela execução de outro aterro. Mais tarde, em 1949, a fusão de oito ilhas, unidas por um enorme aterramento, deu origem à atual ilha do Fundão, onde se situa a Universidade Federal do Rio de Janeiro (UFRJ). Na mesma época, o lado oeste da Ilha do Governador, onde está o Aeroporto Internacional do Rio de Janeiro — Antonio Carlos Jobim —, antigo Galeão, passou igualmente por uma obra de aterro, em que desapareceram as ilhas do Boticário e de Santa Rosa.

Em 1979 e início da década de 1980, foi a vez da ilha dos Pinheiros, na enseada de Inhaúma, e da ilha de Saravatá, em frente à foz do rio São João de Meriti, serem incorporadas ao continente pelo Projeto Rio. Diversas outras ilhas tiveram a área aumentada pelo mesmo método. É o caso da ilha das Cobras, das Enxadas, Santa Bárbara, Pombeba e tantas outras.

Várias praias também desapareceram e outras, menos numerosas, foram modificadas. Entre as que desapareceram no lado oeste da baía estão:

- praia da Saudade ou do Suzano, onde hoje se encontram o Salvamar e o Iate Clube do Rio de Janeiro, seguindo em direção à atual praia Vermelha;
- praia do Russel, onde se localizava a Estação de Tratamento de Esgotos da Glória e hoje se encontra a Sociedade dos Engenheiros e Arquitetos do Estado do Rio de Janeiro (Seaerj);
- praia da Glória, seguindo em direção ao Centro;
- praia das Areias de Espanha, depois, praia da Lapa;
- praia da Ajuda ou das Freiras, depois do Boqueirão do Passeio, principal praia para banhos de mar, desde fins do século XIX;
- praia de Santa Luzia.

A maioria delas desapareceu por ocasião da construção da avenida Beira-Mar, no início da primeira década do século XX.

Também desapareceram:

- praia da Piaçaba ou dos Padres da Companhia de Jesus, depois, da Ponta do Calabouço;

- praia de Manoel de Brito (d. Manoel), depois, Marinha da Cidade;
- praia dos Pescadores ou do Peixe, depois, praia dos Mineiros;
- prainha, onde atualmente se situa a Praça Mauá;
- praias do Valongo e Valonguinho, desaparecidas com o aterro do Cais do Porto em 1905;
- praia da Chichorra, junto ao morro da Gamboa;
- praia Formosa, no trecho mais amplo do mangal de São Diogo (aterro do Cais do Porto);
- praias de São Cristóvão e do Caju, já do outro lado do canal do Mangue, na segunda etapa do aterro do Cais do Porto, entre 1924 e 1932;
- praia de Maria Angu, aterrada para construção de várias dependências da Marinha (Quartel dos Marinheiros, Escola de Marinha Mercante e outras).

Na Ilha do Governador, desapareceram as praias de Tubiacanga, dos Gregos, do Itacolomi e das Flecheiras, eliminadas por aterros durante a construção da segunda etapa do Aeroporto Internacional do Galeão. No lado leste da ilha, menos afetado pela expansão da cidade, desapareceram as praias Funda, de São Lourenço e da Luz.

III CARACTERÍSTICAS DA BAÍA DE GUANABARA

Com coordenadas geográficas de 22°54′23″ de latitude sul e 43°10′2″ de longitude oeste de Greenwich, a Baía de Guanabara ocupa uma área de cerca de 380km^2, o que inclui a superfície de suas ilhas, ilhotas e pedras, com um perímetro de 131km. Sua maior largura é de 28km, entre a foz dos rios São João de Meriti e Guapi-Macacu, enquanto a maior extensão é de 38km, entre a barra e a foz do rio Magé. A barra tem 1.500m de largura e está dividida em dois canais pela ilha de Cotunduba.

A bacia hidrográfica

A bacia hidrográfica contribuinte à Baía de Guanabara tem área aproximada de 4.000km^2 e características topográficas contrastantes, incluindo zonas montanhosas, áreas planas de baixada e restingas, mangues e praias. Ao norte, limita-se com a serra do Mar, com altitudes entre 1.000 e 2.000m. Na fronteira sul, as cadeias de montanhas são mais baixas, entre 500 e 1.000m, paralelas ao litoral.

Os rios que desaguam na baía podem ser classificados como de regime torrencial. Nascem no interior da Mata Atlântica e descem pelas encostas abruptas da escarpa frontal da serra do Mar e dos maciços costeiros com o alto curso reduzido, forte poder erosivo e grande energia. Esta energia se perde rapidamente na baixada pela queda brusca de velocidade de escoamento, que os faz extravasar de seus leitos em grandes alagados e meandrar na planície sedimentar quaternária, estreita e de drenagem inexpressiva. Entre os principais, aproximadamente 35, os de maiores bacias de drenagem são Guapi-Macacu, Cacerebu e Iguaçu, que formam meandros e deltas estuarinos, cobertos por extensos manguezais.

Vale mencionar que, nas áreas mais urbanizadas da bacia, alguns rios foram canalizados e cobertos por ruas, tornando-se parte do sistema de drenagem e esgotamento sanitário das cidades. É o caso do Berquó e Banana Podre, na bacia de Botafogo; de grande parte do Carioca, na bacia do Flamengo; e do Papa Couve, na bacia do canal do Mangue.

Durante muito tempo se trabalhou com vazões estimadas a partir de medições feitas pelo antigo Departamento de Rios e Canais (DRC), da Sursan, em rios do ainda estado da Guanabara. Em 1992, campanhas de medição de vazão em diversos rios da bacia hidrográfica foram realizadas como parte do projeto Jica/Feema. Entretanto, nos locais de medição próximos à baía, a influência da maré alterou a confiabilidade de alguns resultados.

Na tabela seguinte, são apresentados os principais rios que constituem atualmente o sistema natural de drenagem da bacia hidrográfica da Baía de Guanabara (veja também o Mapa 1 na p. 262).

Principais afluentes à Baía de Guanabara

Número	Rio principal	Área aproximada da sub-bacia (km²)
1	Rio Carioca (rio Lagoinha e rio Silvestre)	***
2	Canal do Mangue (rios Comprido, Trapicheiro, Maracanã e Joana)	42,8
3	Canal do Cunha (rios Jacaré, Faria-Timbó)	63,6
4	Rio Irajá e canal da Penha	35,7
5	Rios São João de Meriti e Acari	164,5
5.1	Rios Meriti/Pavuna	106,6
5.2	Rios Acari/ das Pedras	57,9
6	Rio Iguaçu-Sarapuí	755,3
6.1	Rios Iguaçu, Pilar, Bandeira, Pati e Tinguá	446,1
6.2	Rio Bota	116,7
6.3	Rios Sarapuí e Tintas	165,5
7	Rio Estrela	342,5
7.1	Rio Saracuruna	186,0
7.2	Rio Inhomirim	139,0
8	Rio Suruí	68,8
9	Rio Iriri	27,8
10	Rio Roncador	111,4
11	Canal de Magé	18,3

12	Rio Guapi-Macacu	1.253,1
12.1	Rio Soberbo	132,4
12.2	Rios Iconha e Bananal	215,4
12.3	Rio Guapi-açu	349,5
12.4	Rio Macacu	502,7
13	Rio Cacerebu	846,7
13.1	Rio Cacerebu	655,3
13.2	Rio Aldeia	191,4
14	Rio Guaxindiba (rios Alcântara e Goiana)	144,6
15	Rio Imboassu	30,8
16	Rio Bomba	26,2
17	Canal do Canto do Rio	7,4

*** — Informação não encontrada.

As sub-bacias que compõem a bacia hidrográfica da Baía de Guanabara podem ser divididas em urbanas, geralmente com áreas menores, e rurais, com maiores extensões. Como seria repetitivo fazer uma descrição de cada uma delas, buscou-se, à guisa de exemplo, caracterizar a sub-bacia do rio Iguaçu-Sarapuí, a terceira mais extensa depois das do Guapi-Macacu e do Cacerebu.

A bacia do rio Iguaçu-Sarapuí apresenta uma área de drenagem de 726km^2 — dos quais 168km^2 representam a sub-bacia do Sarapuí — e abriga todo o município de Belford Roxo e parte dos municípios do Rio de Janeiro, Nilópolis, São João de Meriti, Nova Iguaçu e Duque de Caxias, inseridos na região metropolitana do Rio de Janeiro. Limita-se ao norte com a bacia do rio Paraíba do Sul, ao sul com a dos rios Pavuna-Meriti, a leste com a dos rios Saracuruna e Inhomirim-Estrela e a oeste com a do rio Guandu e outros afluentes da baía de Sepetiba.

Com nascente na serra do Tinguá, a uma altitude de aproximadamente 1.000m, o rio Iguaçu desenvolve seu curso no sentido sudeste, com uma extensão total próxima a 43km, até desaguar na Baía de Guanabara. Seus principais afluentes são os rios Tinguá, Pati e Capivari, pela margem esquerda, e Botas e Sarapuí, pela direita. O Sarapuí passou a pertencer à bacia do Iguaçu na década de 1930, por ocasião das primeiras grandes obras de saneamento na Baixada Fluminense, quando seus cursos médio e inferior foram retificados e sua foz desviada para o curso inferior do rio Iguaçu. Ambos os rios mostravam-se anteriormente bastante sinuosos.

A fisiografia da bacia Iguaçu-Sarapuí caracteriza-se principalmente por duas unidades de relevo: a serra do Mar e a Baixada Fluminense, com um forte desnível de cerca de 1.600m de seu ponto mais alto (o pico do Tinguá) até a planície. Seu clima é quente e úmido, com estação chuvosa no verão, temperatura média anual em torno de 22°C e uma média anual de precipitação pluviométrica de cerca de 1.700mm.

A cobertura vegetal ainda remanescente ocorre sobretudo ao norte e nordeste, nas serras do Tinguá e de Madureira-Mendanha. Na primeira, um expressivo trecho de Mata Atlântica encontra-se bem preservado na Reserva Biológica do Tinguá. A área florestada ocupa cerca de 20% da bacia. Na parte central, um relevo de morrotes meias-laranjas é entremeado de várzeas, cultivadas ou não, onde predomina a atividade pecuária em pastagens extensivas.

As ilhas da Baía de Guanabara

A Baía de Guanabara abriga uma grande quantidade de ilhas, entre as quais se destaca a do Governador, com área de mais de 40km². De forma geral, a maioria dessas ilhas se situa na parte interior e mais ampla da baía, onde as águas tendem a ser tranqüilas. Em número superior a oitenta, cada uma delas tem características diferentes: umas isoladas, outras dispostas em arquipélago, muitas habitadas, outras desertas, algumas cobertas de vegetação, outras por pedras nuas, mas todas contribuindo para a beleza da região.

Com ocupação territorial diferenciada, diversas dessas ilhas sofreram modificações que muitas vezes transformaram completamente suas características originais, e, em casos extremos, levaram ao seu desaparecimento. Assim, elas podem ser classificadas nas seguintes categorias:

a) Ilhas que, pela proximidade, foram incorporadas ao continente por aterros:

- Ilha dos Melões e ilha das Moças, agregadas por ocasião da construção do porto do Rio de Janeiro, na primeira década do século XX.
- Ilha do Ferreiro, na Ponta do Caju.
- Ilha do Saravatá, na foz do rio São João de Meriti, e ilha dos Pinheiros, na enseada de Inhaúma, à época da execução dos aterros do Projeto Rio, em 1979.
- Ilha da Conceição, na Ponta da Areia, em Niterói.
- Ilha Semana e outras, em frente a Neves, em Niterói.
- Ilha de Fora, em frente a Barreto, em Niterói.
- Ilha do Ane, incorporada aos terrenos da Marinha, em Maria Angu.

b) Ilhas agregadas por meio de um aterro comum, como foi o caso da ilha do Fundão, que agregou as seguintes ilhas (obra iniciada em 1949):

- Ilha de Bom Jesus ou Caqueirada.
- Ilha da Sapucaia (antigo vazadouro de lixo da cidade do Rio de Janeiro).

- Ilha do Catalão.
- Ilha do Baiacu.
- Ilha do Fundão, que deu o nome ao conjunto.
- Ilhas das Cabras.
- Ilhas Pindaí do França e Pindaí do Ferreira.

c) Ilhas ligadas ao continente por pontes ou viadutos:

- Ilha do Governador.
- Ilha do Fundão.
- Ilha das Cobras.
- Ilha Fiscal.
- Ilha de Villegaignon (Escola Naval).
- Ilhas do Mocanguê.
- Ilha da Boa Viagem (com construções históricas).

d) Ilhas agregadas por aterro à Ilha do Governador, pelas obras do Aeroporto do Galeão:

- Ilha do Boticário.
- Ilha de Santa Rosa.

e) Ilhas com ocupação industrial:

- Ilha d'Água (Petrobras).
- Ilha Redonda (depósito de gás engarrafado).
- Ilha Comprida (Atlantic).
- Ilha do Braço Forte (Marinha).
- Ilha Seca (Texaco).
- Ilha Itapacis (depósito de óleo bruto).

f) Ilhas de ocupação institucional:

- Ilha do Boqueirão (paiol da Marinha).
- Ilha das Enxadas (Centro de Instrução Almirante Wandenkolk, da Marinha — CIAW).
- Ilha Fiscal (antiga Diretoria de Hidrografia e Navegação da Marinha).
- Fortaleza de Lage (Marinha).
- Ilha do Rijo (Marinha).
- Ilha de Brocoió (de propriedade do governo do estado do Rio de Janeiro).

g) Ilhas de utilização/ocupação turística:

- Ilha de Paquetá.
- Ilhas de Jurubaíba e várias outras.
- Ilha Tapuamas de Dentro e de Fora.

Das quase quarenta ilhas restantes, muitas são pequenas, com pouca serventia ou de uso particular; outras são pedras ou conjunto de rochas (como a dos Cardos, dos Cocos, dos Lobos, Passagem, Pedras Brancas, Pedra Rachada e tantas outras).

As praias e os costões rochosos

Na época em que os manguezais formavam uma grande faixa quase contínua ao redor da baía, as praias eram bastante numerosas. Na costa oeste, do lado da cidade do Rio de Janeiro, além de reduzida extensão tinham também pouca largura. Era o caso de várias delas já desaparecidas, como as de Santa Luzia, Dom Manoel, Prainha, dos Mineiros, da Gamboa, Formosa, de São Cristóvão, do Caju, de Inhaúma e de Maria Angu. Do lado oeste, as praias maiores eram as da Saudade, de Botafogo e do Flamengo. Na costa leste, do lado de Niterói, havia a Funda, a de São Lourenço e a da Luz, que, como as da costa oeste, tinham reduzida extensão e pouca largura. As maiores eram as de Jurujuba, Charitas, do saco de São Francisco, de Icaraí e Grande.

Segundo Ronaldo Fernandes de Oliveira, em seu trabalho *Flora e fauna dos ecossistemas da Baía de Guanabara e seus entornos*, as praias de baía têm características típicas das reentrâncias estuarinas, com águas pouco turbulentas e areias com textura granulométrica, tendendo para fina. No caso da de Mauá e do Anil, no fundo da baía, ainda hoje têm granulometria finíssima e extensão regular.

Nas muitas ilhas, em especial na do Governador, as areias tinham textura granulométrica bastante variável. O que acontecia também nas praias do Galeão, São Bento, do Engenho Velho, da Bica, do Matoso, Brava, da Furna, do Jequiá, da Ribeira, da Engenhoca, do Zumbi, das Pitangueiras, da Bandeira, da Olaria, do Cocotá, do Barão de Capanema, da Guanabara, do Bananal, das Polônias, do saco da Rosa, do Dendê, dos Gregos, de Tubiacanga, do Itacolomi e das Flecheiras. Muitas, inclusive as quatro últimas, foram eliminadas por aterros, hoje sob as pistas do Aeroporto Internacional do Rio de Janeiro.

A ilha de Paquetá, segunda maior da baía, conta com cerca de dez praias separadas por matacões e elevações da costa. É o caso do Lameirão, Catimbau, Tamoios, Marechal Floriano, da Imbuca, Manoel Luís, José Bonifácio, dr. Aristão, Pintor Castagneto e dos Coqueiros.

Antigamente, nas areias submersas das praias de granulometria não muito fina, eram abundantes os moluscos comestíveis, em especial as tariobas e as unhas-de-velho, que nelas viviam enterrados. As águas rasas eram também o habitat de ouriços achatados ou ferraduras-do-mar, enquanto as praias de areias mais finas e, às vezes, quase lamacentas pela proximidade dos mangues, abrigavam os samanguaiás, as neritinas (um caramujinho de concha ornamentada) e a orelha-da-praia, de propriedades fosforescentes.

Capim-da-praia e outros elementos típicos das restingas compunham a vegetação rasteira que orlava as praias da baía. Por trás dessa pequena faixa verde, havia muitos cactos, pequenos coqueiros e aroeiras, que faziam a transição para as matas que se seguiam. Esses ambientes desapareceram sob os aterros ou sob o pisoteio constante, à medida que as praias passaram a ser mais freqüentadas pela crescente população da cidade. Entretanto, até meados do século XX, ainda perduraram resquícios dessa vegetação.

Os costões rochosos são ecossistemas marinhos nos quais os desabamentos geológicos ou afogamentos da costa colocaram o substrato rochoso em contato direto com o mar. Consideram-se costões rochosos não só as grandes abas gnáissicas ou graníticas dos morros que têm suas bases mergulhadas no mar, como é o caso do Pão de Açúcar e do Cara de Cão, no lado carioca, e da Ponta de Santa Cruz, no niteroiense, mas também as lajes, os grandes blocos ou os amontoados de fragmentos que circundam as ilhas.

A variação dos níveis das marés e o conseqüente tempo de submersão, as temperaturas elevadas durante o dia e baixas durante a noite, e o embate das ondas sobre os organismos são fatores ecológicos determinantes para o estabelecimento das comunidades bióticas.

De um modo geral, os costões da Baía de Guanabara podem ser classificados em função da distribuição dos seres vivos: supralitoral, médio litoral e infralitoral. O primeiro é uma zona apenas borrifada pelos salpicos das ondas, onde vivem algas cianofíceas microscópicas, responsáveis por tornar as pedras escorregadias. Também aí vivem os caramujos litorina e as baratinhas-da-praia. Essa conformação biótica, embora muito alterada, ainda se mantém nos dias atuais.

O médio litoral é a zona abrangida pelas variações das marés e apresenta maior diversidade de espécies que o supralitoral. Nos costões da Baía de Guanabara existia uma faixa escura, de largura variável, abaixo do nível das litorinas, com numerosas colônias de um molusco semelhante ao mexilhão, mas de menor tamanho e coloração quase negra. Até a metade do século XX, as faixas desse molusco ainda eram freqüentes, escasseando à medida que aumentaram os níveis de poluição. Hoje, só podem ser observadas na entrada da baía. O mesmo aconteceu com as ostras, as cracas, os diversos tipos de caramujos e pequenos caranguejos. As algas verdes, que formavam pequenos tufos rígidos sobre a rocha, também quase já não existem, mesmo na entrada da barra.

A maior diversidade biótica é encontrada no infralitoral, zona em que plantas e animais ficam sempre submersos. Muitas espécies já desapareceram ou estão em vias de desaparecer dessas zonas. Mesmo com todas as perdas, esse ecossistema mantém reservas de biodiversidade marinha que, à semelhança de um banco genético, estão prontas a fornecer ovos e esporos para repovoar os costões rochosos da baía durante a sua gradativa e sempre esperada recuperação.

Hoje, no entanto, por causa do gradativo desaparecimento das espécies, em decorrência do processo quase secular de poluição, que tem danificado seu ambiente natural, essa classificação perdeu sua evidência. Apesar disso, a Baía de Guanabara ainda é suficientemente encantadora, com sua infinidade de ilhas e com produtividade biológica suficiente para sustentar as cadeias alimentares de muitas espécies que dependem do alimento produzido em suas águas, inclusive os homens.

A flora e a fauna dos ecossistemas

Ainda segundo Ronaldo Fernandes de Oliveira, pelos poucos testemunhos de vegetação arbórea que ainda se pode detectar, constata-se que as matas dos arredores da baía, assim como as das ilhas, pertenciam ao que, generalizadamente, se denomina Mata Atlântica. Estabelecida sobre a serra do Mar e os pequenos maciços dos seus contrafortes litorâneos, a Mata Atlântica é um dos ambientes mais ameaçados do mundo. Consagrada para quase toda a cobertura florestal litorânea do Brasil, a denominação compreende, na realidade, diferentes tipos de ecossistemas florestais agrupados.

Entre os principais ecossistemas da bacia hidrográfica da Baía de Guanabara, a Mata Atlântica se destaca, incluindo as matas paludosas, os brejos e os manguezais. Apesar das grandes modificações sofridas ao longo do processo de ocupação do território, a área circunjacente à baía e as próprias coleções d'água ainda apresentam habitats nos quais se encontram populações vegetais e animais de numerosas espécies. Mesmo submetidos a fortes pressões antrópicas, que os mantêm sob ameaça constante, estes habitats ostentam flora e fauna de incalculável valor científico, educativo, econômico, paisagístico, turístico ou voltado apenas para o lazer.

De fundamental importância, por conter as nascentes de todos os rios que deságuam na baía, a Mata Atlântica da região foi seriamente desfalcada de seus elementos mais nobres em termos de flora e fauna. Dela já desapareceram as espécies de madeiras-de-lei, que começaram a ser retiradas para obras civis e construções navais logo nos primórdios da colonização. Sumiram também os carnívoros de maior porte, como a onça e a suçuarana, e os grandes primatas, como o bugio e o muriqui.

As matas paludosas, que correspondem à modalidade de Mata Atlântica denominada floresta ombrófila densa de terras baixas, resultam do extravasamento das águas dos rios que descem pelas encostas abruptas da serra do Mar e dos maciços costeiros para desaguar na baía, criando amplas áreas embrejadas com habitats específicos. Classificados como áreas úmidas, esses ambientes requerem cuidados especiais por se tratar de pouso de aves migratórias. Ainda que muito danificadas e drasticamente reduzidas pela retificação dos cursos dos rios e pela eliminação de muitos meandros, há manchas de matas paludosas, determinadas pela geomorfologia do ambiente.

As árvores típicas das matas do fundo da baía são as figueiras, a árvore-de-coral, os ingás, o araticum-do-brejo, o pau-de-viola, o ipê-do-brejo, o jenipapo, a embaúba e a palmeira coco-de-tucum. Nas áreas em que o substrato está sempre inundado, havia antigamente abundância de pau-de-tamanco, explorado quase à exaustão. Nas partes mais enxutas crescem a aroeira, o tapiá e o tapiri. Os animais que fazem parte desses habitats são a cuíca, o gambá, o furão, a irara, o cachorro-do-mato e o guaxinim. Há também grandes morcegos frugívoros.

Nas áreas encharcadas, próximas às matas paludosas, é freqüente a taboa, que muitas vezes cobre grandes extensões de brejo e propicia não só alimento, mas locais apropriados para abrigo e nidificação de numerosas espécies de aves palustres e aquáticas, como saracuras, socós, socozinhos, frangos-d'água, piaçocas, picaparras e diversas outras, entre as quais os marrequinhos ananaí e o irerê. Na vegetação dos brejos também encontramos o algodoeiro-da-praia, a samambaia-do-brejo e vários tipos de gramíneas e ciperáceas. Há ainda espécies flutuantes, como o aguapé, a erva-de-santa-luzia, a lentilha-d'água etc. Das submersas, destacam-se a elódea e o pinheirinho-d'água.

Os peixes mais comuns dessas águas rasas e quase paradas são a traíra e o acará, além do barrigudinho, que serve de alimento para aves, como o bem-te-vi e o martim-pescador. A avifauna dessas áreas é especialmente rica. Nelas, habitam o quero-quero, a garça-vaqueira, o anu-branco, o anu-preto, o alma-de-gato, a viuvinha, a lavadeira, o tiê-sangue e o tiziu. Mas é raro encontrar capivaras e quase não mais se vê o jacaré-de-papo-amarelo, ameaçado de extinção.

Ocorrência freqüente e incontestável na baía, as maiores extensões de manguezais situavam-se junto ao saco de São Diogo (desaparecido sob aterros, restando dele apenas o canal do Mangue) e no estuário de Manguinhos, onde ficava a enseada de Inhaúma (também desaparecida sob sucessivos aterros) e na qual desembocavam os rios Jacaré, Faria e Timbó (hoje com desembocaduras unificadas pelo canal do Cunha). Havia manguezais também na Ilha do Governador, principalmente no saco de Juquiá, e na foz dos diversos rios que desembocam na baía, incluindo Irajá, Meriti, Sarapuí, Iguaçu, Estrela, Saracuruna, Iriri, Magé, Guapi, Macacu, Imboassu, Guaxindiba e Imboacica, entre outros.

À época do descobrimento, uma faixa praticamente contínua de manguezais acompanhava o perímetro da baía. Ao que tudo indica, além de ocuparem maior área (hoje só ocupam 40% da área original), eram também mais exuberantes. No Rio de Janeiro, esse ecossistema era formado por três espécies típicas: o mangue-siriúba, o mangue-vermelho e o mangue-sapateiro. Nos bancos de lama à frente dos manguezais, ocorria, como ainda hoje em alguns trechos, uma importante gramínea fixadora de sedimentos finos, o capim-praturá. As raízes-escoras e os pneumatóforos — raízes respiratórias dos mangues submetidos à inundação na maré alta — eram cobertos por várias espécies de cracas, atualmente bastante reduzidas e algumas extintas. Sobre esse suporte, cresciam algumas algas típicas desse tipo de habitat, formando densos emaranhados em que viviam anfípodes, que provavelmente também não mais existem.

Havia abundância de ostras nos mangues e nas rochas das ilhas, além de crustáceos de bom tamanho, como lagostas e camarões. Hoje, já não há ostras sobre raízes e troncos dos mangues da baía, mas ainda existem moluscos, como o caramujo-do-mangue e a litorina. Outros moluscos vivem enterrados no substrato lamacento, como o samanguaiá, a tarioba e a unha-de-velho. São todos comestíveis, mas suas populações foram drasticamente reduzidas. Entre os caranguejos, podem ser citados o guaiamu, o uçá, o aratu-vermelho, o catanhém e os caranguejos-chama-maré. Nas águas rasas vivem os siris-azuis.

As áreas remanescentes dos manguezais são freqüentadas por várias aves, como a garça-branca-grande, a garça-branca-pequena, a garça-azul e o colhereiro, que outrora era presença assídua na região, mas hoje é bastante raro. O guará, ave típica dos manguezais, está extinto na baía.

Características socioeconômicas/demográficas

O século XIX foi uma época de profundas alterações não só para o Brasil como, muito especialmente, para o Rio de Janeiro. A vinda da família real, em 1808, e a conseqüente abertura dos portos às nações amigas aumentaram incrivelmente o comércio. Cresceu a abertura de entrepostos, lojas de atacado e varejo, trapiches etc. A população do Rio de Janeiro subiu de 50 mil para 60 mil habitantes, e missões artísticas e científicas de vários países estrangeiros começaram a visitar o país.

A mancha urbana da cidade espalhou-se para a Zona Norte, em direção a São Cristóvão, a partir do aterro do mangal de São Diogo, e para a Zona Sul, seguindo da Glória e Catete, em direção a Botafogo. No início do século XIX, as grandes chácaras de lazer e recreação, fruto do desmembramento das sesmarias, passaram a ser loteadas, transformando-se em bairros suburbanos de ocupação residencial. Além de Botafogo e São Cristóvão, começaram a ser ocupadas as áreas ao longo das praias, ao sul da cidade, as regiões altas, como o morro de Santa Teresa, e os vales da Tijuca e da Gávea.

A tabela a seguir mostra a evolução da população da cidade, desde a vinda da família real portuguesa até o início do século XX.

Estimativa da população da cidade do Rio de Janeiro

Ano	População
1808 (Antes da vinda da família real)	50.000
1808 (Depois da vinda da família real)	60.000
1821	113.000
1836	139.000
1850	180.000
1870	235.000
1906	621.000

A colonização das margens da baía e de sua bacia hidrográfica, iniciada no século XVI, seguiu sua marcha ininterrupta através de florestas, pântanos e morros. O caminho traçado utilizava os rios, que influíram decisivamente na penetração para o interior. Meriti, Sarapuí, Iguaçu, Saracuruna, Inhomirim, Suruí, Magé, Guapimirim, Macacu e Guaxindiba transformavam-se em verdadeiras estradas, que permitiam aos colonizadores instalar engenhos de açúcar e fazendas e escoar a produção agrícola do recôncavo.

Uma análise do entorno da baía mostra a importância do desenvolvimento social da região no século XVII. Foi nesse século que se deu a fixação do homem à terra, impulsionada pela cana-de-açúcar como fator econômico. Na época funcionavam aproximadamente 120 engenhos no entorno da baía, uma vez que o açúcar era o grande responsável não só pelo impulso ao desenvolvimento econômico do Rio de Janeiro, como também pelo crescimento demográfico, com a crescente chegada de escravos para as lavouras.

Em termos sociais, ressaltava-se a importância da religiosidade entre os colonos, motivo pelo qual a construção de uma capela constituía-se na célula inicial de uma futura aldeia, freguesia, vila ou cidade. No Brasil colônia, a sistemática de criação de povoados e cidades se dava a partir de fazendas, onde se construíam capelas. Com a chegada do cura em caráter permanente, a localidade passava à categoria de curato, para, posteriormente, no caso de concretizar-se um crescimento maior, virar freguesia. Se este crescimento perdurasse, atingia-se o *status* de vila.

Ainda no século XVII, e 114 anos depois da fundação do Rio de Janeiro, foi criada, em 1679, a primeira vila do interior do recôncavo da Baía de Guanabara. Chamava-se Santo Antônio de Macacu, atual município de Cachoeiras de Macacu. Em 1692, foram estabelecidos os distritos da capitania por onde seriam distribuídas as diversas companhias de ordenanças (regimentos policiais): Guaxindiba, Irajá, Icaraí, Itaipu, Piratininga, São Bento, Campo Grande, Inhomirim, Sarapuí, Iguaçu, Itambi, Botafogo, Tairaponga, Guapimirim, Guapiguaçu, Macubaí. Foram a semente inicial de futuros municípios. Em alguns deles, inclusive, já existiam paróquias. Muitos, porém, não prosperaram e foram absorvidos pelo desenvolvimento das localidades vizinhas.

Em 1789, foi criada a vila de Magé. É interessante notar que, nessa época, Niterói não existia como vila. Sua história é pouco conhecida. Para a maioria, o que se sabe, praticamente passa dos aldeamentos do índio Araribóia para o século XIX, época em que a vila de Niterói finalmente foi criada, em 1819. As únicas menções sobre a localidade durante o século XVIII citam apenas fazendeiros, o que deixa uma lacuna de informações sobre a cidade de quase duzentos anos. Entretanto, ela abrigou vários núcleos bem antigos, como a igreja de São Francisco Xavier, fundada por Anchieta no saco de São Francisco, a capela de São Lourenço dos Índios, o forte de Gragoatá e a capela de Nossa Senhora da Conceição de Jurujuba.

Apesar do crescimento demográfico, a inexistência de vilas no recôncavo da Baía de Guanabara até o princípio do século XIX pode ser explicada pelas curtas distâncias da cidade do Rio de Janeiro, pela facilidade do transporte fluvial e marítimo, e pela dependência financeira dos colonos em relação aos comerciantes da capital. Os produtos agrícolas, incluindo a farinha, o feijão, o milho e o arroz saíam diretamente das fazendas para os mercados cariocas, sem intermediários. Dessa forma, nem os colonizadores se interessavam em novos povoados, nem os administradores, que preferiam ver a cidade do Rio de Janeiro crescer ainda mais. Nisso eram incentivados inclusive pelo governo de Portugal. Assim, a germinação de vilas foi bastante lenta nos séculos XVI e XVII.

O Município Neutro, ou Corte, foi criado pela lei conhecida como ato adicional à Constituição do Império, de 12 de agosto de 1834, em terras da antiga província do Rio de Janeiro. Delimitava-se ao norte com o município de Iguaçu, atual Nova Iguaçu, a leste com a Baía de Guanabara, a oeste com o município de Itaguaí e ao sul com o oceano Atlântico. Sua área territorial era menor do que o atual município do Rio de Janeiro, não incluindo as áreas a oeste do rio Guandu nem a faixa na região norte, onde se situa a encosta sul da serra de Gericinó.

A tabela a seguir mostra a data de criação dos municípios localizados na bacia hidrográfica da Baía de Guanabara.

Data de criação dos municípios da bacia hidrográfica

Município	Data de criação	Desmembramento
Rio de Janeiro	01/03/1565	
Cachoeira de Macacu	07/08/1679	
Magé	12/06/1789	
Niterói	11/08/1819	
Itaboraí	22/05/1833	
Nova Iguaçu	20/07/1833	
Rio Bonito	01/10/1846	
Petrópolis	27/06/1859	
São Gonçalo	23/02/1893	
Duque de Caxias	01/01/1944	
São João de Meriti	22/08/1947	Nova Iguaçu
Nilópolis	22/08/1947	Nova Iguaçu
Belford Roxo	01/01/1993	Nova Iguaçu
Guapimirim	01/01/1993	Magé
Tanguá	01/01/1997	Itaboraí
Mesquita	01/01/2001	Nova Iguaçu

Fonte: Centro de Informações e Dados do Rio de Janeiro (Cide).

Com área aproximada de 4.000km^2, a bacia hidrográfica da Baía de Guanabara engloba total ou parcialmente 16 municípios. Os municípios parcialmente incluídos são Rio de Janeiro, Niterói, Nova Iguaçu, Rio Bonito, Cachoeira de Macacu e Petrópolis. Já os que nela se incluem inteiramente são Nilópolis, São João de Meriti, Mesquita, Belford Roxo, Duque de Caxias, Guapimirim, Magé, Itaboraí, Tanguá e São Gonçalo. A pequena parte de Petrópolis incluída na bacia é uma área onde não se localiza qualquer centro populacional. Por outro lado, Cachoeiras de Macacu tem apenas um trecho não habitado fora da bacia. Assim, por motivos práticos, pode-se excluir Petrópolis e considerar Cachoeiras de Macacu inteiramente incluído na bacia.

População urbana e rural nos municípios da bacia hidrográfica da Baía de Guanabara

Município	População		
	Total	Urbana %	Rural %
Belford Roxo	434.474	100,0	0,0
Cachoeiras de Macacu	48.548	84,7	15,3
Duque de Caxias	775.456	99,6	0,4
Guapimirim	37.952	67,4	32,6
Itaboraí	187.479	94,5	5,5
Magé	205.830	94,3	5,7
Mesquita	165.843	100,0	0,0
Nilópolis	153.712	100,0	0,0
Niterói*	459.451	100,0	0,0
Nova Iguaçu*	754.756	100,0	0,0
Rio Bonito*	49.691	65,3	34,7
Rio de Janeiro*	5.857.904	100,0	0,0
São Gonçalo	891.119	100,0	0,0
São João de Meriti	449.476	100,0	0,0
Tanguá	26.057	86,1	13,9
População total dos 15 municípios	10.497.743		

Fonte: IBGE, Censo Demográfico 2000.

*Municípios não totalmente incluídos da bacia.

Dos 15 municípios, os assinalados com asterisco têm parte da população fora da bacia. Em Niterói, por exemplo, o distrito de Itaipu, com 57.436 habitantes, está fora dela. No Rio de Janeiro, as regiões administrativas de Copacabana, Lagoa, Rocinha, Jacarepaguá, Barra da Tijuca, Cidade de Deus, Campo Grande, Santa Cruz e Guaratiba, somando 1.970.485 habitantes, também ficam de fora da bacia da Baía de Guanabara. Do mesmo modo, estão parte de Rio Bonito — distrito de Boa Esperança e parcela da população rural, num total de cerca de 15 mil habitantes — e Nova Iguaçu — distrito de Cabuçu e outros, num total de aproximadamente 200 mil habitantes. Verifica-se, assim, que a população da bacia é da ordem de 8,2 milhões de habitantes (Censo de 2000).

A situação de saneamento básico desses municípios pode ser ilustrada pela cobertura dos serviços de abastecimento de água, esgotamento sanitário e coleta de lixo, conforme as tabelas seguintes.

Distribuição percentual dos domicílios, por situação do domicílio e forma de abastecimeno de água

Municípios e classes de tamanho da população	Municípios da Bacia da Baía de Guanabara					
	Domicílios particulares permanentes, por situação do domicílio					
	Urbana			Rural		
	Forma de abastecimento de água					
	Rede geral	Poço ou nascente	Outra forma	Rede geral	Poço ou nascente	Outra forma
Belford Roxo	72,2	23,3	4,5	-	-	-
Cachoeiras de Macacu	78,7	18,5	2,8	14,9	83,9	1,3
Duque de Caxias	69,5	27,7	2,7	20,3	78,7	1,0
Guapimirim	49,0	44,7	6,3	38,2	57,8	4,0
Itaboraí	23,8	69,5	6,6	30,1	68,0	1,9
Magé	47,5	47,1	5,5	33,2	57,5	9,3
Mesquita	95,0	3,2	1,8	-	-	-
Nilópolis	96,2	3,2	0,6	-	-	-
Niterói	78,3	14,7	6,9	-	-	-
Nova Iguaçu	77,8	19,3	3,0	-	-	-
Rio Bonito	65,5	32,7	1,8	18,9	79,3	1,8
Rio de Janeiro	97,8	1,0	1,2	-	-	-
São Gonçalo	80,4	13,6	6,0	-	-	-
São João de Meriti	95,4	2,8	1,8	-	-	-
Tanguá	28,5	68,9	2,6	0,5	98,3	1,1

Fonte: IBGE, Censo Demográfico 2000.

Distribuição percentual dos domicílios, por situação do domicílio e tipo de esgotamento sanitário

Municípios	Municípios da Bacia da Baía de Guanabara – 2000							
	Domicílios particulares permanentes, por situação do domicílio							
	Urbana				Rural			
	Tipo do esgotamento sanitário (%)				Tipo do esgotamento sanitário (%)			
	Rede geral	Fossa séptica	Outra forma[1]	Sem instalação sanitária (%)	Rede geral	Fossa séptica	Outra forma[1]	Sem instalação sanitária (%)
Belford Roxo	53,5	25,4	19,9	1,2	-	-	-	-
Cachoeiras de Macacu	53,7	15,6	30,0	0,7	1,2	32,8	60,1	5,9
Duque de Caxias	56,6	20,7	21,5	1,2	1,7	12,2	83,9	2,2
Guapimirim	25,6	45,9	27,4	1,2	12,6	47,3	37,7	2,4
Itaboraí	28,9	40,8	28,9	1,4	8,9	46,2	42,4	2,5
Magé	31,1	32,8	34,8	1,3	1,3	26,7	68,7	3,3
Mesquita	56,9	29,8	12,7	0,6	-	-	-	-
Nilópolis	79,5	17,2	2,9	0,4	-	-	-	-
Niterói	73,0	14,0	12,0	1,0	-	-	-	-
Nova Iguaçu	50,1	28,8	20,1	1,0	-	-	-	-
Rio Bonito	34,1	54,8	10,5	0,6	10,9	39,2	45,5	4,4
Rio de Janeiro	78,0	15,6	5,9	0,5	-	-	-	-
São Gonçalo	40,3	40,6	18,3	0,7	-	-	-	-
São João de Meriti	66,7	25,1	7,6	0,6	-	-	-	-
Tanguá	28,5	42,8	27,5	1,2	1,1	34,4	57,1	7,4

Fonte: IBGE, Censo Demográfico 2000.

[1] Fossa rudimentar, vala, rio, lago ou mar e/ou outro escoadouro.

Distribuição percentual dos domicílios, por situação do domicílio e destino do lixo

Municípios e classes de tamanho da população	Municípios da Bacia da Baía de Guanabara - 2000					
	Urbana			Rural		
	Destino do lixo (%)			Destino do lixo (%)		
	Coletado	Queimado ou enterrado	Outra forma[1]	Coletado	Queimado ou enterrado	Outra forma[1]
Belford Roxo	88,4	6,4	5,1	-	-	-
Cachoeiras de Macacu	81,6	15,6	2,8	11,7	83,2	5,2
Duque de Caxias	89,2	6,6	4,1	21,3	74,5	4,3
Guapimirim	90,7	8,1	1,2	52,5	44,9	2,6
Itaboraí	62,5	27,4	10,1	17,0	73,0	10,0
Magé	86,2	10,5	3,3	48,8	46,9	4,3
Mesquita	96,0	1,6	2,4	-	-	-
Nilópolis	99,0	0,3	0,7	-	-	-
Niterói	96,9	1,4	1,6	-	-	-
Nova Iguaçu	86,5	9,0	4,5	-	-	-
Petrópolis	97,0	2,0	0,9	84,9	13,9	1,2
Rio Bonito	95,8	3,4	0,8	44,2	47,2	8,6
Rio de Janeiro	98,9	0,5	0,7	-	-	-
São Gonçalo	91,2	5,6	3,2	-	-	-
São João de Meriti	97,7	0,9	1,4	-	-	-
Tanguá	86,2	12,3	1,5	20,5	65,8	13,7

Fonte: IBGE, Censo Demográfico 2000.

[1] Jogado em terreno baldio ou logradouro, jogado em rio, lago ou mar e/ou outro destino.

Uso do solo na bacia hidrográfica da Baía de Guanabara em 1984 e 1991

A ocupação da bacia da Baía de Guanabara remonta aos primeiros anos após o descobrimento do Brasil. Depois do primeiro ciclo econômico, caracterizado pelo extrativismo de pau-brasil, seguiram-se três séculos de domínio da cultura de cana-de-açúcar, até a metade do século XIX. A região norte e nordeste da Baía de Guanabara abrigou o último ciclo agrícola expressivo, a cultura da laranja, entre 1925 e 1950.

Para caracterizar o uso do solo mais recente na bacia, foram analisadas fotos de satélite Landsat, do Instituto Nacional de Pesquisas Espaciais (Inpe), referentes aos anos de 1984 e 1991, utilizadas no relatório Jica/Feema de 1994.

Os tipos de uso do solo foram classificados em seis categorias:

- área urbana;
- florestas;
- manguezais;
- pântanos e alagados (áreas permanentemente alagadas, sem manguezais);
- pastagens, incluindo pastos, áreas agrícolas e fazendas de gado;
- terra nua, incluindo costões rochosos e praias arenosas.

Uma comparação entre as duas fotos do Landsat, com apenas sete anos de diferença, mostra a triste realidade da redução e degradação dos recursos naturais da bacia, com a área urbana crescendo cerca de $80km^2$, as florestas diminuindo quase $100km^2$ e as pastagens aumentando $150km^2$, o que corresponde a quase 40% da área total.

Assim, com a pressão exercida pela população sobre os recursos naturais, entendidos como florestas, manguezais e corpos d'água, torna-se fundamental elaborar um plano de desenvolvimento sustentável. Não apenas para diminuir esta pressão, mas também eliminando ou minimizando ciclos nocivos e quebrando cadeias, como:

Diminuindo-se as florestas, aumenta-se o assoreamento da baía e provoca-se a extinção de espécies animais.

Diminuindo-se os manguezais, afeta-se a cadeia alimentar, reduz-se a quantidade de peixes, com prejuízo para os pescadores.

Tipos de uso do solo da bacia hidrográfica

Tipo de uso	1984		1991	
	Área (km^2)	%	Área (km^2)	%
Urbano	798	19,6	882	21,6
Florestas	1.362	33,5	1.267	31,1
Manguezais	70	1,7	69	1,7
Pântanos / Alagados	234	5,8	128	3,1
Pastagens	1.443	35,5	1.594	39,1
Terra nua	159	3,9	140	3,4
Total	4.066	100,0	4.080	100,0

O Mapa 2 (p. 263) ilustra a situação das áreas urbanas e as de cobertura vegetal da bacia hidrográfica da Baía de Guanabara, em 2002.

IV OS ESGOTOS DA REGIÃO METROPOLITANA DO RIO DE JANEIRO

Após os noventa anos previstos por contrato — que terminou em 1947 —, todo o acervo da City foi transferido para a prefeitura do Distrito Federal, formando o Serviço de Esgotos do Departamento de Águas e Esgotos, da Secretaria Geral de Viação e Obras. Os últimos anos foram uma época ruim para o sistema de esgotamento da cidade. Além da ineficiência e inoperância da companhia, que se limitava a fazer o estritamente necessário para cumprir o contrato, verificou-se que o DAE dava ampla preferência ao setor de abastecimento em detrimento dos esgotos municipais. Uma preferência que continua a existir até hoje.

Embora várias obras de esgotamento sanitário tivessem sido contratadas pelo DAE no período — incluindo a ampliação da Estação de Tratamento de Esgoto (ETE) da Penha (1948/1949), o coletor geral da avenida Brasil, a construção de 39km de redes sanitárias nos subúrbios (Ramos, Penha, Olaria, Maria da Graça, Bonsucesso e Guaratiba) e elevatórias em vários bairros (Leblon, Leme, Glória, Botafogo, Bonsucesso) —, a situação dos serviços mostrava-se bastante precária.

Em 1953, ao assumir a chefia dos serviços de esgotos, o engenheiro Enaldo Cravo Peixoto dá início a uma fase de prestígio técnico e administrativo à empresa, promovendo o serviço a divisão e posteriormente a Departamento de Esgotos. Egresso da City, Cravo Peixoto procurou imediatamente não só assegurar a melhoria das precárias condições existentes, como também fazer um remanejamento em larga escala no sistema de esgotos, de modo a eliminar a poluição dos rios, praias e da Baía de Guanabara. Em 1957, a lei nº 899, de 28 de novembro, criava a já mencionada Sursan, autarquia que absorveria todos os encargos do antigo DAE e que daria grande impulso à questão de saneamento do Rio de Janeiro.

Planejamento e estudos realizados

Em 1958, um convênio assinado entre o Ministério da Saúde — por meio do Serviço Especial de Saúde Pública (Sesp) — e a Sursan tinha por objetivo fazer o planejamento geral do esgotamento da cidade, incluindo estudos de locais de lançamento e condições de destino final dos rejeitos domésticos. Pelo mesmo convênio, criava-se a Comissão de Planejamento dos Esgotos Sanitários (Copes), cuja finalidade era elaborar o macroplanejamento desse sistema. Dentre os principais estudos realizados pela Copes, podemos citar:

- Estudo feito com a Diretoria de Hidrografia e Navegação do Ministério da Marinha (Almirante Paulo Moreira da Silva, da Fundação dos Estudos do Mar), sob orientação do professor Erman Pearson, da Universidade da Califórnia, sobre as condições de lançamento dos esgotos da Zona Sul da cidade, utilizando a metodologia de cartões à deriva. As praias da Zona Sul encontravam-se em estado crescente de poluição, por causa principalmente dos despejos que vinham sendo feitos na ponta do Vidigal desde 1953.
- Estudo sobre o interceptor oceânico de Copacabana, continuação do trecho Glória — Botafogo, iniciado entre 1950 e 1952, para levar os esgotos por gravidade, incluindo as vazões de tempo seco de águas pluviais que poluíam a praia de Copacabana.
- Estudos de remanejamento da rede de esgotos, utilizando levantamentos cadastrais, orientados pelo professor Eugênio Silveira de Macedo, do Departamento de Esgotos Sanitários da Sursan.
- Estudos da poluição da Baía de Guanabara, já bastante contaminada pelos esgotos do Rio e de Niterói, despejos industriais, óleo da refinaria de Manguinhos e de navios, e também pelos rios que desaguavam suas águas poluídas na baía.

É importante mencionar que o Departamento de Esgotos Sanitários (DES) contratou a firma de consultoria americana Engineering Science, de Arcadia, Califórnia, para a elaboração do Plano geral de disposição dos esgotos do Rio de Janeiro (1964) e, posteriormente, do projeto do Sistema de disposição marinha de esgotos do Rio de Janeiro (1969). Ambos os projetos viriam a se constituir no emissário submarino de Ipanema, que lançaria esgotos a 4.325m da costa.

As grandes obras de saneamento

Por ocasião do fim do contrato, em 1947, as principais obras realizadas pela City podiam ser assim resumidas:

- 708km de redes de esgotos (coletores e galerias);
- sete estações de tratamento, sendo seis por processo de sedimentação e coagulação química e uma (Paquetá) por filtração biológica;
- 15 estações elevatórias, sendo 13 subterrâneas;
- oito emissários de descarga das estações;
- uma grande oficina em São Cristóvão.

Somando-se as redes construídas pelo antigo DAE e pelo DES e as construídas por particulares em diferentes épocas chegava-se a um total de 1.142km, correspondente à rede pública de esgotos existente em 31 de dezembro de 1960, época de criação do estado da Guanabara.

Por vontade política, durante o governo Carlos Lacerda, foram tomadas duas decisões que permitiram a execução de um espetacular programa de saneamento, transformando em realidade vários projetos e estudos elaborados pela Copes. A primeira delas foi a reformulação total do critério de cobrança das tarifas de esgotos domésticos. A segunda foi a iniciativa do governador de conseguir recursos vultosos junto ao Banco Interamericano de Desenvolvimento (BID), para abastecimento de água e esgotos sanitários.

O financiamento do BID foi de 11 milhões de dólares, obrigando-se o estado da Guanabara a uma contrapartida com recursos próprios no valor de 11.473.000 de dólares. Assim, o total de investimentos foi superior a 22 milhões de dólares. O contrato foi assinado em maio de 1962 e a programação das obras ficou dividida em:

- Construção de novas redes de esgotos sanitários nas bacias dos rios Timbó e Faria, rio Irajá, Ilha do Governador (incluindo estações elevatórias e de tratamento), Jacarepaguá e Pedra de Guaratiba, num total de cerca de 700km de coletores.
- Reforma das instalações prediais e de suas ligações à rede pública, utilizando-se concorrência pública para um grande número de instalações compulsórias, feitas à custa do DES, para pagamento posterior em diversas prestações (até cinqüenta). Dessa forma, atendia-se à questão sanitária sem descuidar do lado social.
- Interceptor oceânico da Zona Sul para transportar por gravidade todos os esgotos da zona litorânea, desde o centro da cidade (rua Santa Luzia) até o Arpoador ou Leblon, dependendo do local do lançamento submarino.

Em 1969, teve início a construção do emissário submarino de Ipanema que, por dificuldades técnicas, só foi concluído e inaugurado em 1975. O emissário atende a mais de um milhão de habitantes, moradores dos bairros da Glória,

Santa Teresa, Cosme Velho, Laranjeiras, Flamengo, Botafogo, Urca, Copacabana, Ipanema, Leblon, Lagoa, Jardim Botânico, Gávea e São Conrado. Calculado para transportar uma vazão média de $8m^3/s$, o emissário pode chegar a um pico de $12m^3/s$, correspondente à população de saturação do Rio.

As tubulações de concreto armado têm diâmetro de 2,40m e um comprimento total de 4.350m, incluindo-se os 450m finais, onde se localizam os difusores através dos quais o esgoto é lançado ao mar. Com a obra, foram eliminados vários pontos de despejo no litoral da Zona Sul, inclusive o do costão do Pão de Açúcar e o do costão do Vidigal, que por mais de vinte anos poluiram as praias da cidade.

A partir de 1975, começaram a ser desenvolvidos modelos matemáticos para monitorar a qualidade da água da Baía de Guanabara e aquilatar sua capacidade em receber esgotos domésticos, tratados em diferentes graus. Este assunto será explicitado mais adiante, no capítulo referente à modelagem matemática.

Apesar de todos os estudos realizados, nenhuma obra de maior vulto foi executada na década de 1980, considerada a década perdida em termos de saneamento. Em relação à bacia da Baía de Guanabara nada também foi feito. Na ocasião, chegou-se à conclusão de que, no Brasil, país em desenvolvimento, as cidades não estavam necessariamente organizadas como as dos países desenvolvidos. De forma geral, elas podiam ser divididas em três áreas típicas, bem caracterizadas e distintas entre si, com condições e situações diversificadas: áreas centrais organizadas ou zonas residenciais luxuosas; áreas periféricas mais pobres; e favelas ou assemelhados. Isso indicava claramente a necessidade de se considerar soluções também diferenciadas e ajustadas a cada um dos casos.

Admitindo-se que boa parte da população das cidades é muito pobre e está fora do mercado formal de compra ou locação de imóveis e dos programas governamentais de habitação ou lotes urbanizados a preços subsidiados, constatava-se, já naquela época, que a formação e a expansão de favelas era um processo irreversível a curto e médio prazos.

As áreas típicas mencionadas podem ser descritas como:

- Área de cidade organizada — Caracterizada pela existência de lotes individualizados, presença de edifícios altos, ruas pavimentadas, densidade demográfica razoavelmente elevada, serviços públicos construídos e operados com razoável eficiência.
- Área periférica — Regiões urbanizadas em loteamentos, com algumas ruas centrais calçadas, mas a grande maioria sem qualquer tipo de pavimentação, densidades demográficas menos elevadas, prestação deficiente de alguns serviços públicos e a inexistência de outros.

- Áreas de favelas e assemelhados — Inexistem ruas regularmente projetadas, as habitações construídas desconhecem quaisquer normas dos códigos de obras, não há lotes individuais definidos nem propriedade da terra. Os poucos serviços públicos presentes estão instalados de modo precário e funcionam com muita deficiência. As favelas quase sempre ocupam terrenos não apropriados para urbanização, como encostas de morros, baixadas e fundos de vale inundáveis, faixas ao longo de adutoras, oleodutos, linhas de alta tensão etc.

Grande parte da população urbana de baixa renda de áreas periféricas ou de favelas não é atendida por serviços de esgotamento sanitário. Para quantificá-la, utilizou-se metodologia específica. Com base em percentuais de população favelada e de áreas periféricas de regiões metropolitanas, como Rio de Janeiro e São Paulo, e cidades de porte médio, como Campinas e São Bernardo do Campo, assumiu-se que as populações dessas áreas típicas estão distribuídas da seguinte forma:

- população da cidade organizada: 55%;
- população das áreas periféricas: 30%;
- população das favelas e assemelhados:15%.

Dessa forma, na bacia hidrográfica da Baía de Guanabara, pode-se estimar preliminarmente que o universo das populações de baixa renda envolve cerca de 4 milhões de habitantes urbanos (45% da população da bacia) não servidos por redes públicas de esgotamento sanitário.

Desprovidas desses serviços, as populações faveladas e da maioria das áreas periféricas das grandes cidades vivem em condições ambientais adversas, em que os índices de doenças transmissíveis por via hídrica são elevados. Essa diferença marcante entre zonas urbanizadas distintas indicava que os governos deveriam dedicar especial cuidado a essas regiões menos favorecidas, criando inclusive um programa específico com esse fim. O Programa de Saneamento para População de Baixa Renda (Prosanear) foi criado pelo governo federal em 3 de outubro de 1985, por meio da RC nº 50/85, exatamente para isso.

O programa buscava atenuar esse quadro de pobreza, dando uma finalidade social ao saneamento básico, pela melhora do nível de saúde e bem-estar daquelas populações. Enfatizava ainda a importância dos municípios na concepção e implantação de projetos semelhantes que usassem tecnologias apropriadas ou alternativas entre os diversos sistemas de esgotamento sanitário. Podem ser citados os ramais condominiais, as fossas coletivas, a rede coletora simplificada, lagoas de estabilização, digestores anaeróbios etc.

O Prosanear também procurava promover uma tarifação social, adequada ao poder aquisitivo da população atendida, compatibilizando aspectos econômico-financeiros a objetivos sociais. Buscava ainda promover a participação da comunidade nos empreendimentos a ela destinados, desde a fase de planejamento até a fase de operação e manutenção. Infelizmente, o Prosanear não conseguiu, por várias razões, atingir as metas de esgotamento planejadas. Além disso, pouco tempo depois, o Banco Nacional de Habitação (BNH), principal financiador das políticas de saneamento da época por intermédio do Plano Nacional de Saneamento (Planasa), foi extinto, passando suas atribuições à Caixa Econômica Federal.

Atualmente, o Prosanear II visa principalmente comunidades de baixa renda nas periferias das grandes cidades e deve beneficiar entre um e dois milhões de pessoas. O empréstimo incorpora a experiência adquirida do Prosanear, financiado pelo Banco Mundial a partir de 1990, além do Prosanear Nacional, com recursos do Fundo de Garantia do Tempo de Serviço (FGTS). Os principais enfoques do novo financiamento são a sustentabilidade dos investimentos, com a participação ativa das comunidades e da sociedade civil desde a fase de preparação; o uso de tecnologias adequadas; a introdução de uma clara política de recuperação de custos; e a coordenação com os planos de desenvolvimento urbano dos governos locais.

No final da década de 1980, o Programa Reconstrução Rio teve início para corrigir as conseqüências calamitosas das chuvas do verão de 1988. No valor de 150 milhões de dólares (empréstimos do Banco Mundial e da Caixa Econômica Federal), o projeto envolvia componentes de drenagem, esgotamento sanitário, remoção de resíduos sólidos e reflorestamento. Na mesma época, a Cedae desenvolvia o Programa Ambiente Rio. Com investimentos no valor de 84 milhões de dólares, dos quais 50% eram financiados pela Caixa Econômica, suas principais obras projetadas eram a ampliação do sistema Guandu em $7m^3/s$ e a ampliação da rede sanitária de São Gonçalo.

Para ilustrar a implantação de estações de tratamento de esgotos na bacia da Baía de Guanabara, buscou-se relacionar na tabela a seguir a cronologia, o tipo e a capacidade das diferentes unidades construídas.

Evolução do tratamento de esgotos na bacia da Baía de Guanabara

ETE	Data	Vazão (l/s)	Tipo de tratamento	Observações
Glória	1864	28,0	Primário/Químico	–
Gamboa	1865	35,0	Primário/Químico	–
Arsenal	1866	50,0	Primário/Químico	–

ETE	Data	Vazão (l/s)	Tipo de tratamento	Observações
São Cristóvão	1877	30,0	Primário/Químico	–
Botafogo	1878	30,0	Primário/Químico	–
Alegria	1884	25,0	Primário/Químico	–
Paquetá	1910	5,0	Filtro biológico	–
Penha	1940	70,0	Primário	Acréscimo
Icaraí	1944	168,0	Secundário/Filtro biológico	–
Penha	1949	140,0	Primário	–
Penha	1960	434,0	Secundário/Filtro biológico	Passou p/sec.
Realengo	1966	38,0	Filtro biológico	–
Galeão	1966	34,5	Secundário incompleto	–
Vila Kennedy	1967	3,5	Valo de oxidação	Vazão projeto
ETIG	1969	200,0	Lodos ativados	–
Coqueiro	1970	3,5	Valo de oxidação	Vazão projeto
Realengo	1972	70,0	Filtro biológico	Vazão projeto
Acari	1973	70,0	Secundário/Compacta	–
Pavuna	1973	2,4	Valo de oxidação	–
Ceasa	1974	22,0	Aeração prolongada	–
Morro União	1976	25,0	Valo de oxidação	–
Acari	1976	210,0	Secundário/Compacta	Acréscimo
Vila Kennedy	1977	8,3	Valo de oxidação	Acréscimo
Galeão	1977	60,0	Secundário completo	Vazão total
Icaraí	1978	650,0	Lodos ativados	–
Palmares	1979	100,0	Valo de oxidação	–
Penha	1979	1686,0	Lodos ativados/Fil.biológ.	Acréscimo
Jd. Gramacho	1994	374,0	Lagoa de estabilização	Trat. terciário
Paquetá	1998	27,0	Secundário	Sistema Graúna
ETIG	1998	525,0	Lodos ativados	Acréscimo

ETE	Data	Vazão (l/s)	Tipo de tratamento	Observações
São Gonçalo	1998	765,0	Primário Convencional e lodos ativados c/ O2 puro	Secundário em 2001
Pavuna-Meriti	2000	1.000,0	Primário/CEPT	Q Atual/ 170l/s
Sarapuí	2000	1.000,0	Primário/CEPT	Q Atual/ 180l/s
Alegria	2001	5.000,0	Primário	Q Atual/ 1200l/s
Mocanguê	2002	15,0	Biológico/Nível secundário	Base naval Marinha
Icaraí	2003	975,0	Primário/CEPT/Emis. sub.	Acréscimo
Toque-Toque	2004	220,0	Biológico/Nível secundário	Sist.verticalizado
Jurujuba	2005	30,0	Rafa/Biofiltro aerado	–
Barreto	2007	120,0	Biológico/Nível secundário	–

É importante salientar que sempre houve um déficit grande entre o esgoto produzido pela população e o tratado, como pode ser visto no gráfico seguinte. O gráfico não inclui os esgotos lançados no mar através do emissário submarino de Ipanema, a partir de 1975.

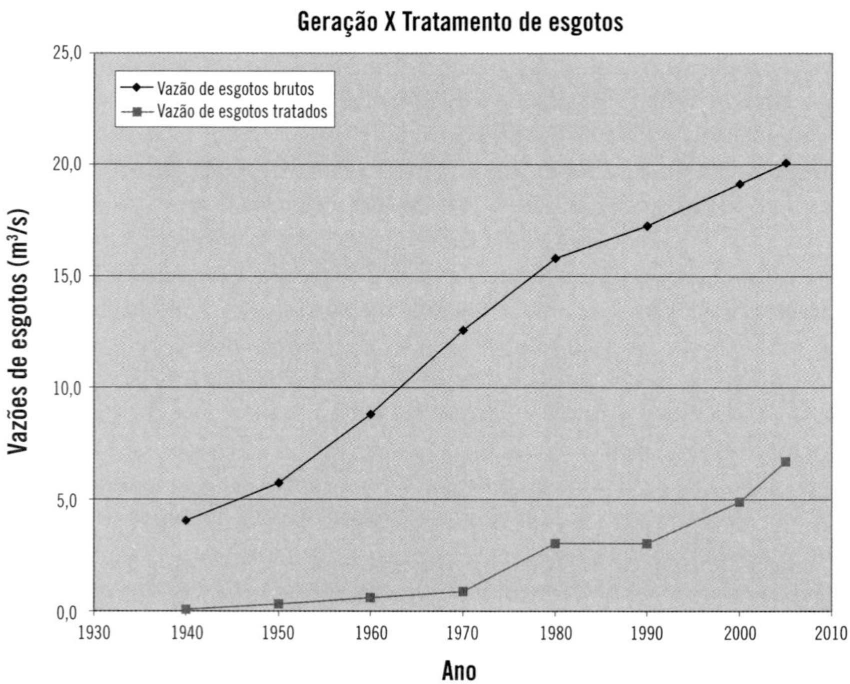

Analisando-se a tabela que mostra a evolução dos níveis de tratamento de esgotos na bacia da Baía de Guanabara, verifica-se que não houve investimentos nessa área no período de 1979 a 1994, o que levou a uma maior deterioração da qualidade de vida e da saúde da população. Grande parte dessa deterioração se deveu ao declínio econômico na década de 1980, conhecida como a década perdida, em que a crise provocada pelo crescimento da dívida externa e os conseqüentes ajustamentos dos países endividados resultaram numa redução de investimentos internacionais na América Latina e Caribe e numa evasão líquida de recursos de quase 200 bilhões de dólares (BID, *Investindo num futuro comum*, 1992).

Esse desempenho econômico causou enorme impacto social. Estimativas do BID mostraram que, em 1990, aproximadamente 45% da população da América Latina se incluíam no nível de pobreza. No Brasil, esse impacto social refletia-se na desigualdade entre ricos e pobres, na grande proliferação de favelas e no aumento espantoso da criminalidade e da violência urbana.

Evidentemente, o declínio econômico gerou também uma deterioração ambiental que, no Brasil e na América Latina, aconteceu particularmente no meio urbano, no qual se observa até hoje a associação entre pobreza, falta de saneamento e degradação do meio ambiente. Na maioria das cidades, os problemas de saneamento continuam quase intransponíveis, principalmente na área de coleta, transporte e tratamento de esgotos.

Uma solução alternativa mediante concessão dos serviços a empresas privadas

Analisando-se o gráfico apresentado anteriormente, verifica-se uma inflexão positiva na curva, no período 2000/2005. Além da entrada em operação da ETE de Alegria, em 2001, outra causa para esse incremento foi a concessão dos serviços de coleta e tratamento de esgotos para empresas privadas. Uma dessas empresas foi a Águas de Niterói, constituída em 1997 como uma sociedade de propósito específico: destina-se a explorar a plena concessão dos serviços de águas e esgotos daquele município, por um período de trinta anos.

Formada a partir de um consórcio que reuniu quatro empresas do setor de construção civil (Carioca Engenharia, Queiroz Galvão, Cowan e Trana) e a Developer, a Águas de Niterói faz parte do grupo que, no Rio de Janeiro, é responsável pelas concessões Águas do Paraíba (Campos), Águas do Imperador (Petrópolis) e Águas de Juturnaíba (Região dos Lagos). Atua desde 1999, após uma contenda judicial com o governo do estado do Rio de Janeiro, melhorando consideravelmente a amplitude dos serviços de esgotos no município.

Atualmente, a cobertura de esgotos coletados e tratados é de 75%; considerando-se apenas o esgoto coletado, esse percentual sobe para 88%. A companhia também conseguiu reduzir as perdas de água para 22% e, com isso, mais de 120 mil habitantes passaram a ser atendidos sem que se precisasse aumentar o volume de água tratada e distribuída. É importante destacar que a tarifa de água no município de Niterói é 7% mais baixa que a do Rio de Janeiro.

Em 2003, a concessionária conseguiu aprovação do Banco Nacional de Desenvolvimento Econômico e Social (BNDES) para um financiamento de 11,2 milhões de reais, destinado à ampliação do abastecimento e coleta e tratamento de esgotos. Foi uma das primeiras empresas a conseguir recursos desse tipo.

Atualmente, em termos de tratamento de esgotos, a Águas de Niterói opera as seguintes ETEs:

- Camboinhas — Inaugurada em fevereiro de 2002, com vazão de 120l/s e tratamento biológico de nível terciário. A ETE remove nutrientes, tendo em vista que o corpo receptor é o canal de Camboatá, que deságua nas lagoas de Piratininga e Itaipu. O efluente final é utilizado como água de reuso para irrigação de praças e jardins da prefeitura de Niterói.
- Mocanguê — Inaugurada em abril de 2002, com vazão de 15l/s e tratamento biológico de nível secundário. O sistema atende à base naval da Marinha.
- Icaraí — A ampliação foi inaugurada em agosto de 2003, quando passou a tratar uma vazão total de 975l/s e tratamento primário quimicamente assistido (físico-químico), com lançamento no canal principal da baía através de um emissário submarino com 3.300m de extensão. Nessa ETE, são tratados os esgotos de São Francisco e Charitas, a vazão de tempo seco do canal do Canto do Rio (Ary Parreiras), bem como 5.000m^3/mês de chorume provenientes de aterros sanitários.
- Itaipu — Inaugurada em janeiro de 2004, com vazão de 120l/s e tratamento biológico de nível terciário, faz a remoção dos nutrientes, tendo como corpo receptor a própria lagoa de Itaipu.
- Toque-Toque — Inaugurada em maio de 2004, com vazão de 220l/s e tratamento biológico de nível secundário. O sistema foi construído de forma verticalizada, considerando a pouca disponibilidade de área.
- Jurujuba — Inaugurada em novembro de 2005, com vazão de 30l/s e tratamento biológico de nível secundário, utiliza reator anaeróbio de fluxo ascendente, seguido de biofiltro aerado submerso.
- Barreto — Em construção, com previsão de inauguração para 2007, terá capacidade de 120l/s e tratamento biológico de nível secundário. Este sistema atenderá a zona norte de Niterói, especificamente os bairros de Barreto e Engenhoca.

O planejamento de obras da Águas de Niterói está descrito no plano de investimentos do Sistema de Esgotos Sanitários para o período 2006 a 2008, que compreende:

- construção da Estação de Tratamento de Esgotos de Barreto, conforme já mencionado;
- implantação do Sistema de Esgotos da Região de Pendotiba;
- ampliação da Estação de Tratamento de Esgotos de Camboinhas;
- ampliação da Estação de Tratamento de Esgotos de Toque-Toque.

Com a execução desse plano de obras, cujos investimentos estão orçados em 32 milhões de reais, a concessionária Águas de Niterói pretende atingir, em novembro de 2008, o atendimento de 90% da população com esgoto coletado e tratado. Só com esgoto coletado, o percentual sobe para 95%. Os investimentos globais previstos ao longo dos trinta anos da concessão da empresa são de 314,3 milhões de reais. Desde o início das operações, já foram gastos 170,3 milhões de reais.

A estratégia da Águas de Niterói para os esgotos das favelas do município consiste na coleta por meio de tomadas de vazão de tempo seco (que não é água de chuva, mas, sim, esgotos clandestinos ligados às galerias de águas pluviais), em pontos que interceptem os efluentes, não permitindo seu lançamento *in natura* nos corpos receptores e assegurando o tratamento em alguma das ETEs existentes. Em diversas comunidades, parcerias com as associações de moradores têm viabilizado a implantação de rede coletora, inclusive no sistema separador absoluto.

Em novembro de 2005, a concessionária inaugurou a primeira rede coletora de chorume do Brasil, que interliga o aterro sanitário do morro do Céu, na zona norte de Niterói, à ETE Icaraí, na zona sul da cidade. Os 150.000l de chorume produzidos diariamente pelo lixo do aterro são encaminhados através de 5,5km de tubulações e três elevatórias, de um lado a outro da cidade. Antes da implantação dessa rede, o sistema de recolhimento era o mesmo usado em aterros de Minas Gerais e São Paulo: transporte por caminhões, de alto custo para o município.

O chorume é líquido extremamente poluente, resultante da decomposição do lixo orgânico, e com altos níveis de metais pesados. Sem captação e tratamento, há risco de infiltração no solo e contaminação dos lençóis freáticos.

A um custo de 1,5 milhão de reais, a obra serviu para atender às exigências da Feema para o cumprimento do Termo de Ajustamento de Conduta (TAC), assinado junto ao Ministério Público pela Águas de Niterói, Companhia de Limpeza Urbana de Niterói (Clin), prefeitura e Feema, para ampliar o tempo de vida útil do aterro. Em funcionamento desde 1983, ele recebe atualmente

400t/dia de resíduos e ainda vai produzir chorume por mais vinte anos depois de desativado.

A concessão dos serviços de água e esgotos a empresas privadas não é a solução preconizada para todos os casos, porém pode melhorar sensivelmente a qualidade do esgotamento sanitário em diversas regiões, desde que se consigam recursos para investimentos. O BNDES concorda que um dos grandes problemas no Brasil é o desemprego e, dessa forma, com o financiamento para obras de saneamento básico, poderiam ser gerados cerca de 500 mil empregos em todo o país, com investimentos de 10 bilhões de reais por ano.

Para avaliar o impacto da participação da iniciativa privada na situação do saneamento básico no país, o Ministério das Cidades realizou licitação pública para elaboração de um estudo. A partir de uma convocação da ministra da Cooperação Econômica e Desenvolvimento da Alemanha durante a Conferência Internacional de Água Doce de Bonn, em 2001, pesquisas no gênero, financiadas pelo Banco Mundial, vêm sendo desenvolvidos em diversos países, de todos os continentes, com o suporte da GTZ, agência alemã para cooperação técnica. Para tornar participativa a discussão sobre o tema, que ainda é controverso, foi assinado pelo governo federal um acordo de cooperação técnica. De qualquer forma, o estudo avaliará o impacto da participação do setor privado, da eficiência das concessionárias e das projeções dos gastos de governos estaduais e municipais associados a esses serviços, sob a ótica do consumidor.

Águas pluviais contaminadas

Embora sejam uma das principais fontes de carreamento e transporte de poluentes e sedimentos para o interior da baía, as águas pluviais têm sido sistematicamente esquecidas. O método de saneamento operado pelo estado adota o sistema separador absoluto de esgotos sanitários, que pode ou não receber os despejos industriais, preliminarmente tratados. Existe também o sistema de drenagem urbana.

O entendimento e a compreensão dos mecanismos poluidores e de assoreamento da baía dependem essencialmente do estudo sistemático da hidrologia de sua bacia, do sistema de drenagem existente e do extravasamento dos esgotos sanitários para as redes de águas pluviais, tanto em tempo seco quanto em tempo chuvoso. Depende ainda do conhecimento dos diferentes estágios de eficiência dos sistemas de esgotamento em operação.

As águas pluviais de uma bacia hidrográfica sem edificações transportam sólidos da superfície do solo desnudo para os corpos d'água da bacia e também nutrientes das áreas vegetadas. Em zonas urbanizadas, no entanto, as águas das chuvas transportam as cargas não pontuais da cidade, que contêm sólidos suspensos, óleos e graxas, metais pesados, nutrientes, matéria orgânica e lixo.

A quantificação dessas cargas não pontuais depende do intervalo entre as chuvas, de sua quantidade e intensidade. As pequenas chuvas, com baixo intervalo de recorrência (freqüência anual), transportam as cargas poluidoras para o fundo dos rios. Já as grandes, de elevado intervalo de recorrência, levam quase todas as cargas diretamente para dentro da baía.

Os esgotos sanitários do Rio de Janeiro e adjacências contam com sistemas muito antigos, construídos para regiões urbanizadas onde só existiam, em sua grande maioria, domicílios e edificações unifamiliares. Foram feitos como sistemas separadores, recebendo também águas pluviais dos pátios das edificações. Suas tubulações e juntas de barro vidrado, de pequeno diâmetro, foram, há muito, ultrapassadas em sua capacidade máxima diária pela construção generalizada de edifícios de apartamentos, com grande número de unidades. A impossibilidade de atender o escoamento da vazão de esgoto de uma população muitas vezes superior à de dimensionamento das redes tornou necessária a construção de ligações de extravasamento do sistema para a rede de galerias pluviais e para os rios e canais das bacias de esgotamento.

Esse extravasamento diário e sistemático, em especial nos dias de chuva, criou dois sistemas paralelos de esgotamento sanitário. No pluvial, acumulam-se não só os sólidos sedimentáveis dos esgotos, como também os sedimentos de cargas não pontuais trazidos pelas chuvas. Dessa forma, é importante quantificar e dimensionar a carga poluidora transportada pelas águas pluviais contaminadas, que não passam por estações de tratamento e, diretamente ou por meio dos rios afluentes, chegam à baía.

Outro problema de grandes dimensões, associado às águas pluviais contaminadas, é o número de favelas existentes nas cidades da região da bacia hidrográfica da Baía de Guanabara, áreas de difícil esgotamento. Os esgotos gerados pela população favelada formam valas negras e acabam chegando aos sistemas de drenagem urbana e, a partir daí, aos rios e à própria baía. Várias soluções foram tentadas, porém sem muito sucesso.

Entre as possíveis soluções, podem ser mencionadas as redes condominiais e ligação final com o sistema de esgotamento sanitário da cidade, as captações de tempo seco de rios, riachos e canais muito contaminados, que posteriormente seriam encaminhadas para as estações de tratamento de esgotos ou emissários submarinos.

Para os rios maiores e mais deteriorados, se poderia pensar na construção de reservatórios situados em sua foz, com capacidade para captar as águas dos primeiros 15 minutos de chuvas — aquelas que lavam as ruas e carreiam as maiores cargas poluidoras. As águas assim armazenadas sofreriam um processo de sedimentação e mais tarde seriam bombeadas para a baía, enquanto os sólidos sedimentados, retirados do reservatório, seriam encaminhados como material de cobertura para aterro ou usado para outra finalidade. Esta retirada de sedimentos livraria a baía de uma enorme quantidade de descarga sólida, nutrientes e carga orgânica, vinda de diferentes fontes.

O Programa de Despoluição da Baía de Guanabara — PDBG

No início da década de 1990, o governo do estado conscientizou-se de que a poluição ambiental afetava gravemente os usos benéficos da Baía de Guanabara, trazendo sérios danos à saúde da população e ao ecossistema, além de prejuízos econômicos às áreas de pesca, turismo, lazer etc. Quase todas as praias do interior da baía apresentavam-se impróprias para o banho de mar, os manguezais vinham sendo paulatinamente destruídos, o assoreamento crescia de forma progressiva e a pesca comercial sofria um decréscimo marcante de produção.

As maiores causas da contaminação eram os lançamentos de esgotos domésticos — uma quantificação aproximada indicava quase $20m^3/s$, dos quais somente $3m^3/s$ recebiam tratamento de nível secundário —, de efluentes líquidos das indústrias, óleo e lixo. No caso dos bairros da Glória, Flamengo e Botafogo, os esgotos eram captados pelo interceptor oceânico e lançados no emissário submarino de Ipanema, diminuindo o grau de contaminação da baía. Já as indústrias, além dos efluentes tóxicos, eram responsáveis por cerca de 20% da carga orgânica total afluente à baía (465t/dia).

É importante mencionar que nesta época o Rio de Janeiro foi palco de dois eventos de importância na área ambiental. O primeiro foi a realização, em junho de 1992 e vinte anos depois de Estocolmo, da Eco 92 — Conferência das Nações Unidas para o Meio Ambiente —, focando a atenção do mundo inteiro para o Rio de Janeiro e para a Baía de Guanabara. O segundo foi o Estudo do Plano Diretor para Recuperação do Ecossistema da Baía de Guanabara — Projeto Jica/Feema, efetivado entre março de 1992 e março de 1994.

Assim, influenciado por esses acontecimentos, foi assinado em 1994 o Programa de Despoluição da Baía de Guanabara (PDBG), envolvendo recursos da ordem de 793 milhões de dólares, com financiamento de 350 milhões de dólares do BID e 237 milhões de dólares do Overseas Economic Cooperation Fund (OECF), do Japão. A contrapartida do governo do estado era de 206 milhões de dólares.

O conjunto de obras previstas numa primeira etapa do PDBG voltava-se para o saneamento básico na bacia, principalmente coleta, tratamento e destino final de esgotos domésticos, mas envolvia também abastecimento de água, coleta e destino final de lixo, drenagem, controle ambiental e mapeamento digital. Esperava-se, com essas obras, beneficiar particularmente a população de baixa renda das áreas de influência dos projetos, diminuindo a incidência de doenças de veiculação hídrica, acabando com as valas negras, tirando o esgoto das portas das casas e melhorando ainda as condições de banho das praias e o saneamento de uma forma geral.

As atividades e obras incluídas no projeto foram divididas em cinco partes: saneamento, envolvendo abastecimento de água e esgotamento sanitário; macrodrenagem; resíduos sólidos; projetos ambientais complementares; e mapeamento digital. O que mostra que o PDBG era praticamente um programa de saneamento básico, com ênfase na coleta e tratamento de esgotos, como um primeiro passo na reversão da poluição da baía, e fundamental, uma vez que cerca de $13m^3/s$ de dejetos eram lançados *in natura*.

O programa contemplava os sistemas (bacias de esgotamento) da Alegria, Pavuna, Sarapuí e São Gonçalo, com redes coletoras, coletores-tronco e estações de tratamento de nível primário. Compreendia também melhorias e ampliações das ETEs da Ilha do Governador e Paquetá, da ETE de Icaraí, em Niterói, e emissário submarino para o canal principal da baía. Previa ainda a instalação de um sistema de condicionamento de lodos na ETE da Penha, destino final desse material em aterro sanitário e esgotamento de 29 comunidades faveladas. Assim, só a parte do PDBG relativa à coleta, transporte e tratamento de esgotos domésticos montava a 400 milhões de dólares, representando mais da metade da verba total.

Além da ênfase em esgotamento sanitário, o programa também apresentava melhorias no abastecimento de água da Baixada Fluminense e São Gonçalo, com a construção de adutoras, redes distribuidoras e 12 reservatórios. E previa, além disso, a instalação de 525 mil hidrômetros para racionalizar o consumo e a cobrança da tarifa.

Sobre a parte relativa a resíduos sólidos, o programa estabelecia a ampliação e modernização de estações de transferência, a aquisição de veículos e equipamentos, e a ampliação do percentual de lixo coletado nos municípios de Niterói, Nilópolis, São João de Meriti, Magé, Duque de Caxias e São Gonçalo. Compreendia ainda a construção de usinas de reciclagem e compostagem em Niterói, Magé e São Gonçalo, além da edificação ou melhoria de aterros sanitários nestes municípios, visando diminuir a quantidade de lixo que chegava à baía. Havia ainda um pequeno componente de macrodrenagem na bacia do rio Acari.

Os projetos ambientais complementares, que se somavam a um programa típico de saneamento básico, constavam dos seguintes itens:

- projeto de controle da poluição industrial e situações de emergência;
- projeto de monitoramento ambiental das águas da baía, praias, manguezais e emissário submarino de Icaraí;

- projeto de educação ambiental integrada, comunicação participativa e modelos de gestão ambiental;
- projeto de reforço institucional, melhoria dos laboratórios e da informatização (banco de dados integrado com outros órgãos do governo).

Ainda havia o mapeamento digital e arrecadação tributária, com a atualização dos cadastros imobiliários de uma área urbana de 640km^2, o que permitiria maior eficiência na arrecadação e um reforço no planejamento urbano dos municípios da bacia hidrográfica da Baía de Guanabara.

Infelizmente, porém, os prazos para conclusão do PDBG foram se perdendo numa infinidade de adiamentos. O programa começou em 1994, a assinatura do contrato deu-se em 1995 e um novo acordo foi feito em 1996. Em março de 1999 houve uma prorrogação e, em 2001, foi solicitado novo adiamento.

Em reportagem do *Jornal do Brasil*, de 23 de fevereiro de 2003, o vice-governador do estado e secretário de Meio Ambiente, Luiz Paulo Conde, assegurava que 80% das obras do PDBG estavam prontas. Ele acertava prorrogar mais uma vez, para o ano de 2004, o término do contrato com os financiadores do projeto e atribuía o atraso à alta do dólar, às alterações no projeto inicial e à falta de vontade política do seu próprio governo.

Como a população das áreas da Zona Norte da cidade, da Baixada Fluminense e de São Gonçalo (Alegria, Sarapuí, Pavuna e São Gonçalo) preferia não fazer ligações domiciliares para não ter que pagar tarifa, as estações de tratamento recebiam um volume reduzido de esgoto. Assim, de um lado, as ETEs permaneciam subutilizadas e funcionando com baixa eficiência, enquanto, de outro, parte dos esgotos de uma vasta região não era tratado e a qualidade das águas da Baía de Guanabara continuava piorando. Segundo relatórios da prefeitura do Rio de Janeiro e da Feema, pouquíssimas praias estiveram dentro dos padrões de balneabilidade no verão de 2003.

Em termos de resultados práticos, o PDBG deixa muito a desejar. Grande parcela de seus recursos está vinculada aos sistemas de coleta e tratamento de esgotos domésticos, o que, como já se disse, não está funcionando ou opera precariamente. Como a implantação desses sistemas não é feita de forma adequada, a qualidade dos rios permanece péssima, muitos deles se tornando canais de esgoto a céu aberto.

As críticas do vice-governador ao PDBG se estenderam à questão dos resíduos sólidos na área da região metropolitana do Rio de Janeiro. Embora ainda em funcionamento, o aterro de Gramacho está condenado, e o programa devia ter previsto uma solução para o lixo. Em vez disso, financiou apenas a construção de pequenas usinas de reciclagem e algumas estações de transferência, contribuindo para que o problema permanecesse sem solução em toda a área.

Assim, as fontes básicas de poluição da baía de Guanabara até o presente continuam contaminando suas águas. Além disso, com a implantação e operação das novas ETEs, vem crescendo o problema da disposição do lodo nelas gerado. No âmbito do PDBG, foi contratado e elaborado um Plano Diretor de Lodos, prevendo duas alternativas: o transporte desse material para fora da baía, em barcaças e navios lameiros; ou a construção de um terminal ferroviário, de onde o lodo, previamente seco, seria levado de trem até regiões agrícolas, onde pudesse ser aplicado.

Também os programas de educação ambiental não foram efetivos e não contribuíram para minimizar problemas ambientais, como destruição de manguezais, desmatamento e conseqüente assoreamento de rios e cursos d'água. Dessa forma, a segunda etapa do PDBG atualmente (2007) ainda está distante, a Feema segue desestruturada para cumprir suas inúmeras atribuições e a população periférica e favelada continua crescendo e gerando esgotos não tratados. Problemas que precisam ser analisados e equacionados para que a degradação das águas da Baía de Guanabara seja revertida.

Saneamento ambiental e saúde

A exclusão social se mostra evidente na proliferação de habitações construídas de um dia para o outro, na ocupação de espaços públicos pelas denominadas populações de rua e pelo aumento espantoso da criminalidade e da violência urbana. Caracteriza-se dessa forma um estreito vínculo entre pobreza e meio ambiente, com questões quase intransponíveis nos serviços de coleta e tratamento de esgotos, de lixo e até no abastecimento de água.

Assim como na educação, a descentralização pode ser a solução de maior eficiência no saneamento ambiental e na saúde. A disseminação da coleta e o tratamento de esgotos em diferentes localidades podem evitar a proliferação de muitas doenças de veiculação hídrica. Tanto a implantação de saneamento básico constitui-se num programa preventivo de saúde quanto sua ausência está diretamente ligada à má qualidade de vida e de saúde da população, em especial nas favelas e áreas pobres das grandes regiões metropolitanas do Brasil. Sabe-se que apenas o abastecimento seguro e eficiente de água e a coleta e o tratamento adequados de esgotos poderiam reduzir a mortalidade infantil em mais de 50%, assim como prevenir 25% dos episódios de diarréia.

A região metropolitana do Rio é um exemplo claro dessa situação. Discrepâncias gritantes separam as diferentes áreas. Estudos feitos mostram claramente que a parte da cidade organizada, com infra-estrutura de saneamento, tem índice de apenas 4% de mortalidade infantil, enquanto as favelas e regiões mais pobres da cidade aparecem com 64% e os restantes 32% correspondem às áreas intermediárias. Enquanto a Zona Sul da cidade apresenta valores da ordem de 17 mortos por mil nascidos vivos, a Baixada Fluminense tem taxas de 45. Das 7 mil mortes registradas entre crianças menores de 1 ano, em 1986, apenas 230 (3,2%) ocorreram na Zona Sul do Rio; outras 2.764 (39%) aconteceram na Baixada Fluminense.

Panorama que se repete em todo o país. De acordo com o nº XVIII do Catálogo Brasileiro de Engenharia Sanitária e Ambiental (Cabes), de 1998, a situação do Brasil entre os anos de 1993 e 1996 era sumamente crítica. A população abastecida de água era de 113,8 milhões de habitantes, correspondendo a 71,1% da população total e 83,3% da população urbana. Em termos de esgotamento sanitário, somente 48,8 milhões de brasileiros contavam com algum serviço do gênero, geralmente incompleto, numa população total estimada de 160 milhões de habitantes.

Um boletim recente do Programa das Nações Unidas para o Desenvolvimento (Pnud), de 10 de abril de 2006, noticiou que a cobertura de esgotos no Brasil não avança há quatro anos e que o atendimento dos serviços de coleta permaneceu em 50%, entre 2001 e 2004, segundo relatório do Ministério das Cidades. Este relatório, uma radiografia do saneamento, mostra que nos últimos anos pouca coisa tem mudado no setor, e que o Brasil figura entre as piores *performances* da América Latina. Nem a elevação das tarifas em 41% e o aumento dos investimentos em 22,8% melhoraram esse atendimento. Os investimentos foram suficientes apenas para suprir o crescimento vegetativo da população.

V A POLUIÇÃO INDUSTRIAL NA BAÍA DE GUANABARA

Com a vinda da família real e a abertura dos portos às nações amigas, em 1808, o funcionamento de indústrias, fábricas e oficinas foi autorizado no Brasil. No Rio de Janeiro, instalaram-se a Imprensa Régia, os arsenais de Marinha e de Guerra na área portuária, uma fábrica de pólvora às margens da lagoa Rodrigo de Freitas, enquanto a indústria de construção naval iniciava-se em Niterói.

Em meados do século XIX, a introdução da máquina a vapor e, mais tarde, a Guerra do Paraguai (1865-1874) impulsionam a industrialização. Era preciso suprir a demanda da guerra, com a construção de navios na oficina de fundição e estaleiros da Ponta da Areia, fundada pelo barão de Mauá, em 1847. Já em 1850, ali se produziam caldeiras para máquinas a vapor, maquinismos para engenhos de açúcar, equipamentos de calderaria e serralheria, bem como tubos de ferro fundido para encanamentos de água.

A construção do canal do Mangue e da Estrada de Ferro Central do Brasil (1858) e as vias de acesso unindo o Centro à Quinta da Boa Vista, em São Cristóvão (Caminho do Aterrado), favorecem a instalação de uma área industrial naquele bairro, voltada para a produção de bens de consumo, como tecidos, vidros, couros, velas e sabões. As fábricas de tecidos também se espalharam pela cidade, principalmente nos desmembramentos de chácaras e loteamentos nas encostas dos morros na Tijuca, em Vila Isabel e também na Zona Sul. Podem ser citadas a Fábrica de Chitas (1820), que posteriormente deu nome a um bairro, a Companhia de Fiação e Tecidos Confiança, em Vila Isabel, e a Fábrica Borel de Rapé e Tabaco. Na Zona Sul, são implantadas a Fábrica de Tecidos Corcovado, às margens da lagoa Rodrigo de Freitas, e a Companhia de Fiação e Tecidos Carioca, próxima à atual rua Pacheco Leão. O ramo têxtil era o setor mais avançado da indústria nacional, sobressaindo-se a Companhia América Fabril, que teve um crescimento acelerado.

No centro do Rio, instalam-se pequenas fábricas artesanais, principalmente joalherias, e do ramo gráfico. A partir de 1880, novo surto industrial acompanha não só a modernização dos transportes (navegação, estradas de ferro, bondes e carris urbanos), mas também o crescimento do mercado de capitais no Rio de Janeiro, maior centro financeiro do país. É nessa época que o fenômeno do Encilhamento favorece a criação de várias empresas, como a Companhia de Pedra Plástica, que produzia mármore sintético, além de bancos, ferrovias e empresas destinadas à colonização de terras.

Além disso, o declínio das plantações de café em função da abolição da escravatura desloca a mão-de-obra para as atividades industriais, cuja localização obedecia em princípio os seguintes critérios: proximidade do mercado consumidor, das fontes de matéria-prima e do mercado de capitais. Entre 1890 e 1900, o Rio de Janeiro preenchia estas condições melhor que qualquer outro lugar do país.

De acordo com o Censo Industrial de 1907, existiam no país 3.410 estabelecimentos, nos quais trabalhavam 156.250 operários. O Distrito Federal, o mais adiantado centro fabril, detinha 30% da produção total, 24% do operariado e 20% do número de estabelecimentos. Suas 1.101 empresas encontravam-se assim distribuídas:

Distribuição de empresas por setor produtivo

Setor produtivo	**Nº de empresas**	**%**
Alimentos e bebidas	280	25,43
Tecidos e roupas	221	20,07
Madeira	133	12,07
Couro	94	8,53
Materiais de construção	86	7,81
Metal	80	7,26
Produtos químicos	47	4,26
Papel e papelão	22	1,99
Meios de transporte (carros, carroças, naval)	20	1,81
Fumo	19	1,72
Sabão, velas, lamparinas e véus	17	1,54
Instrumentos de trabalho (balanças, aparelhos elétricos)	11	0,99
Diversos	71	6,44

Fonte: Lobo, E. M. L.

O perfil da indústria do Rio de Janeiro caracterizava-se por unidades de pequeno e médio porte, que empregavam de vinte a quarenta operários. Embora já houvesse algumas fábricas que poderiam ser identificadas como produtoras de bens de capital, como as de construção de máquinas, peças e motores elétricos, além de produtos químicos e minerais não-metálicos, predominava a produção de bens de consumo, como têxteis, alimentos, calçados e vestuário, itens farmacêuticos e metalúrgicos.

A existência de terrenos mais baratos nas regiões por onde passavam as ferrovias levou várias fábricas para os subúrbios. Em 1917, a produtora de vidros Cisper instalou-se em Maria da Graça. Em 1921, foi a vez da General Electric implantar uma fábrica de lâmpadas no mesmo bairro, exemplo que foi seguido por outras indústrias, como a Marvin, fabricante de parafusos e pregos.

No final da década de 1930, havia no Distrito Federal 4.169 unidades industriais, e o setor de alimentos e bebidas continuava ocupando o primeiro lugar em número de empresas, seguido pela produção em madeira, vestuário e calçados. A indústria alimentícia também estava na frente em termos de valor da produção, acompanhada de perto pela construção civil, produtos químicos e farmacêuticos.

Nos anos 1940, a instalação da Companhia Siderúrgica Nacional, em Volta Redonda, abriu caminho para novas e importantes etapas no desenvolvimento industrial do Brasil. Mais tarde, outro marco desse crescimento foi a inauguração, em 1961, da Refinaria Duque de Caxias (Reduc). Era a maior do país na época, processando 220 mil barris/dia e dando lugar à implantação de outras petroquímicas na região.

Tipologia industrial

A atividade industrial constitui um dos principais fatores de contaminação da Baía de Guanabara. É responsável por cerca de 20% da carga orgânica lançada em suas águas e pela quase totalidade da carga de substâncias tóxicas. De acordo com os dados do Censo Industrial do IBGE (1985), os municípios localizados na bacia hidrográfica da Baía de Guanabara respondem por 74% do total de indústrias do Estado do Rio de Janeiro, 77% do número de empregados e 72% do valor da produção do setor.

A tabela a seguir explicita estes números para algumas regiões socioeconômicas:

Distribuição de indústrias no estado do Rio de Janeiro

Região	Nº de indústrias	%	Nº de empregados	%
Estado do Rio de Janeiro	16.892	100,0	528.657	100,0
Município do Rio de Janeiro	8.959	53,0	320.820	60,7
Baixada Fluminense	1.998	11,8	46.734	8,9
Niterói e São Gonçalo	1.092	6,5	28.265	5,4
Demais municípios da Região Metropolitana	443	2,6	9.525	1,9

Fonte: IBGE Censo Industrial 1985.

É interessante assinalar alguns aspectos em relação ao número de fábricas, número de empregados e valor de produção. As unidades com menos de dez funcionários representam cerca de 61% do total, mas respondem por apenas 7% dos postos de trabalho do setor. Por outro lado, 11% das indústrias com cinqüenta ou mais empregados respondem por 72% do total de mão-de-obra. Verifica-se, assim, que um pequeno número de unidades, de porte excepcional, domina o mercado de contratação.

De uma forma geral, a tipologia das indústrias instaladas na bacia hidrográfica da Baía de Guanabara concentra-se nos ramos de processamento de alimentos e bebidas, têxteis e vestuários, metalúrgicas, químicas e petroquímicas. O ordenamento por setor é o seguinte:

Ordenação das principais tipologias industriais

Ordem por	Alimentícias e bebidas	Têxteis e vestuário	Metalúrgicas	Químicas e petroquímicas
Nº de indústrias	1º	2º	3º	4º
Nº de empregados	3º	1º	2º	4º
Valor de produção	2º	4º	3º	1º

Em termos de poluição na baía, é importante destacar o enorme impacto da indústria química e petroquímica, notadamente a Reduc, e o pólo de outras unidades do mesmo gênero que se desenvolveram ao redor da refinaria.

Indústrias que historicamente contribuíram para a contaminação da baía

Do parque industrial de cerca de 14 mil fábricas, algumas historicamente tiveram participação direta no processo de contaminação das águas da Baía de Guanabara por períodos mais ou menos longos.

Refinaria Duque de Caxias (Reduc)

Iniciadas em 1957, as obras de construção da Reduc só foram inauguradas em janeiro de 1961 pelo presidente Juscelino Kubitschek. À época, a refinaria processava 90 mil barris de petróleo, produção que mais tarde será quase triplicada. Com 2.300 funcionários trabalhando na produção de derivados de petróleo, trata-se de indústria de porte excepcional.

Na margem esquerda do rio Iguaçu, próximo a sua foz, a Reduc provavelmente ocupou grande parte da área do primitivo manguezal, gerando impacto pelo lançamento de óleo e outros resíduos, que chegaram a cerca de 2,8t/dia, provenientes de seu sistema de refrigeração, despejadas no rio Iguaçu. Em 1991, este número fora reduzido à metade, mas ainda representava pouco menos que o total de óleo lançado por todas as outras indústrias da orla da baía (1,7t/dia).

Em 2002, a Coordenação do Setor de Meio Ambiente da Reduc informou que todos os efluentes da refinaria encontravam-se dentro dos limites preconizados por lei, e a quantidade de óleo lançada pelo sistema de refrigeração era inferior a 650kg/dia. Apesar disso, o descarte das dragagens periódicas no canal da Tomada d'Água prejudicava o manguezal remanescente. Efetuadas, em média, a cada 18 meses, seu objetivo era manter a profundidade do canal em 2m. Somente a partir de 1995, por exigência da Feema, a empresa deixou de lançar o material dragado no manguezal vizinho. Com as medidas de controle de poluição adotadas ultimamente, o ecossistema vem se recuperando de forma significativa.

A Estação de Tratamento de Despejos Industriais da Reduc (ETDI) engloba dois separadores de óleo tipo API, um flotador a ar induzido e um sistema de lagoas: uma para equalização aerada; duas para mistura completa operando em paralelo; e outras duas facultativas aeradas, também operando em paralelo. Inclui ainda um pulmão para águas contaminadas e excedentes do sistema oleoso fechado.

Os efluentes do circuito de refrigeração aberto eram despejados em um canal, seguindo para uma bacia de resfriamento, onde permaneciam em um sistema de chicanas e recolhimento do óleo sobrenadante, antes de ser lançados no rio Iguaçu. Recursos de 124 milhões de reais permitiram a substituição desse sistema aberto de resfriamento das unidades de produção de combustíveis e de tratamento de águas ácidas por outro fechado, com capacidade de circulação de 45.000m^3/h. A obra possibilitou significativa redução da carga de efluentes na Baía de Guanabara, e economia na captação de água pela Reduc. Com a instalação de um sistema biológico Biodrum, reduziu-se também de forma expressiva os teores de amônia nas fontes geradoras e conseqüentemente sua presença nos efluentes, enquadrando-os na legislação ambiental.

Antes dessas medidas, a carga de óleo e graxa despejada pelo circuito aberto de refrigeração constituía uma parcela considerável do total lançado pela Reduc, fato bastante minimizado com o fechamento daquele circuito. Em termos de carga lançada na baía, recente relatório da Feema, de maio de 2005, indicava que, com o fechamento da bacia de refrigeração, nos anos de 2003/2004, eliminara-se o despejo de cerca de 660kg/dia de óleos e graxas (O&G). Com a construção das Torres 1363/1364, outros 264kg/dia de O&G também deixaram de ter as águas da baía como destino. Com a continuação do fechamento do circuito aberto, em 2005/2006, previa-se uma redução de 40% desses efluentes.

Bayer do Brasil

No Brasil desde 1896, a Bayer inaugurou, em 1958, na cidade de Belford Roxo, na Baixada Fluminense, seu maior complexo da América Latina. Indústria química de grande porte, fabrica biocidas, produtos veterinários e poliuretânicos, corantes, sais de cromo etc., emprega cerca de 1.300 funcionários, tem licença de operação expedida pela Feema e participa do Programa de Autocontrole (Procon). Mesmo assim, continua lançando seus efluentes no rio Sarapuí.

Um dos objetivos de suas unidades produtivas, no entanto, é minimizar a geração de efluentes. Para isso foram implementados sistemas de pré-tratamento, melhorando a sua tratabilidade, antes de serem encaminhados à estação de tratamento. O controle implantado engloba uma ETDI, que faz uso dos métodos físico-químico e biológico por lodos ativados e remove carga orgânica (cerca de 90% de DBO e 73% de DQO). Conta ainda com um sistema de redução e precipitação de cromo, seu principal poluente, que durante muito tempo contaminou o rio Sarapuí e a Baía de Guanabara. Cabe salientar que sua estação de tratamento só foi construída em meados da década de 1980. Portanto, durante quase trinta anos a empresa poluiu severamente as águas da baía, em particular com cromo.

Os resíduos gerados pelo complexo industrial são analisados, classificados e quantificados, para que possam ser definidas formas mais viáveis de tratamento e de disposição. Com essa avaliação, resíduos sólidos e pastosos podem ser incinerados ou dispostos em aterro industrial (após solidificação, no caso dos pastosos), enquanto rejeitos líquidos são incinerados.

Refinaria de Petróleo de Manguinhos

Outro complexo químico de grande porte, encravado em plena avenida Brasil, no município do Rio de Janeiro, a Refinaria de Manguinhos foi criada em 1954, e é a terceira mais antiga do Brasil. Uma das duas únicas refinarias privadas do país (a outra é a Ipiranga, no sul), tem capacidade para processar 15 mil barris de petróleo por mês. No entanto, usa como corpo receptor o canal do Cunha, perto de sua desembocadura na Baía de Guanabara.

Seus principais produtos são gasolina e derivados, gás liquefeito de petróleo, óleo combustível e diesel. Conta com quatrocentos funcionários, tem licença de operação da Feema e participa do Procon. Seu programa de controle de poluição consiste em um sistema de remoção de óleo, composto por uma estação de tratamento primária, que inclui dois separadores de água e óleo em série, e outra biológica, além de uma unidade de flotação. Antes das melhorias, o teor de óleos e graxas era de 462mg/l, reduzido posteriormente a 59mg/l.

Os efluentes finais da refinaria, anteriormente lançados no canal do Cunha, são agora recuperados em mais de 90% e reutilizados, após tratamento de floculação/decantação, como água industrial. A meta é reusar 100% dos efluentes finais. Essa reciclagem reduziu em mais de 50% o consumo de água da Cedae na refinaria.

O GLP (gás liquefeito de petróleo) e a gasolina que produz são "lavados" com soda cáustica para retirada dos compostos de enxofre. Após a saturação, a soda cáustica — agora chamada de soda exausta — é enviada à Unidade de Tratamento de Soda Exausta, onde, por oxidação em fase líquida, todo mercaptan é transformado em sulfato, possibilitando sua destinação como efluente, sem risco ambiental.

A Refinaria de Manguinhos teve suas atividades de refino de petróleo paralisadas em agosto de 2005. Em julho de 2006, informações do então secretário de Energia, Indústria Naval e Petróleo davam conta de que poderia se transformar na primeira produtora de biodiesel no estado, em escala comercial.

Companhia Eletroquímica Pan-Americana

Segunda companhia a produzir cloro no Brasil, a Pan-Americana iniciou suas atividades no ano de 1950. Sua capacidade inicial era de 3t/dia. Em 1985, com a geração de diversos subprodutos, como soda cáustica, hipoclorito de sódio e potassa, sua produção passou a aproximadamente 100t/dia. Sua principal matéria-prima é o sal marinho, que decomposto por processo eletrolítico resulta em cloro e sódio.

Indústria química de grande porte na cidade do Rio de Janeiro, cerca de 70% do cloro líquido que produz são destinados à Cedae, que consome algo em torno de 1.200t/mês. Conta atualmente com cerca de 450 funcionários e sua capacidade instalada é da ordem de 35.000t/ano de cloro. Participa do Procon e só obteve a licença de operação da Feema em dezembro de 2004. Usa como corpo receptor o rio Acari, afluente do rio Meriti.

Durante anos, o principal problema da Pan-Americana foi o lançamento de mercúrio nos rios Acari e Meriti e também na baía, numa região de pouca circulação de águas. Tudo isso resultou na contaminação e sedimentação dessas águas. Como o mercúrio é altamente tóxico e as perdas provenientes do processo expõem trabalhadores e ambiente a riscos significativos, o antigo processo eletrolítico com células à base de mercúrio vem sendo gradativamente substituído. Para se ter uma idéia dessa contaminação, sabe-se que dados de medição da Feema, em 1975 (ano de criação da instituição), indicavam uma carga de mercúrio lançada da ordem de 118kg/mês. Em 1979, essa carga estava reduzida a pouco mais de 2kg/mês. Considerando que os rios Acari e Meriti são praticamente anóxicos, sem vida aquática, acredita-se que o mercúrio lançado neles durante anos venha sofrendo transformações que necessitam de estudos mais detalhados.

A Pan-Americana possui duas salas de eletrólise. Ambas contam com sistemas de controle para efluentes líquidos contendo mercúrio, que vêm sofrendo modificações, com vistas a sua manutenção e otimização.

- Eletrólise 1 — Mais antiga, com 36 células de mercúrio para a produção de cloro, soda cáustica, sulfeto de sódio e hidrogênio;
- Eletrólise 2 — Mais moderna, com 16 células de mercúrio para a produção de cloro, hidróxido de potássio, soda cáustica e hidrogênio.

Em 1992, foi firmado um acordo para a desativação da Eletrólise I com células de mercúrio. Foi então implantada a Eletrólise II, com oxidação de mercúrio e sua retenção na forma iônica. Essas medidas resultaram em melhorias que reduziram o lançamento do metal para 0,15kg/mês (dados de 1995). Atualmente, a lama que contém mercúrio, resultante do processo produtivo e do sistema de tratamento de efluentes, é encaminhada ao aterro industrial da Bayer. Entretanto, os sedimentos dos rios Acari e Meriti encontram-se severamente contaminados (Feema, 1998).

A efetiva participação da sociedade civil organizada e dos órgãos governamentais de saúde e meio ambiente levou à assinatura, em maio de 1992, do Acordo para Mudança de Tecnologia e Defesa do Meio Ambiente — Controle do Mercúrio e do Cloro na Pan-Americana S.A., assinado pelas seguintes entidades:

- Secretaria de Meio Ambiente — Feema;
- Secretaria Estadual de Saúde — Programa de Saúde do Trabalhador;
- Assembléia Legislativa do RJ — Comissão de Energia, Ciência e Tecnologia;
- Sindicato dos Trabalhadores das Indústrias Químicas do RJ;
- Pan-Americana S.A.

Em função desse acordo, que tinha como referência o projeto-lei 214-A/91, concedendo prazo de um ano para efetivar mudanças tecnológicas, a empresa deveria, até setembro de 2001, fechar a unidade de eletrólise a mercúrio (Eletrólise I). Os prazos previstos foram ampliados para três anos, de acordo com a lei 2.436/95, mas, somente em novembro de 2000, a Pan-Americana viabilizou a aquisição das novas células eletrolíticas à membrana. No final de 2002, a empresa substituiu as células de mercúrio da Eletrólise I e em dezembro de 2004 obteve a licença de operação.

Petroflex

Em março de 1962, entrava em funcionamento a Fabor, antiga denominação da Petroflex, como unidade operacional da Petrobras. Com capacidade de produzir 40.000t/ano de borracha, utilizava inicialmente matérias-primas importadas. Em 1967, começava a produção de butadieno, com capacidade para 33.000t/ano, numa de suas unidades. Em 1968, a Fabor foi incorporada, como unidade operacional, à Petroquisa. Com a aprovação, em 1977, da criação de uma subsidiária da Petroquisa — que viria a ser a Petroflex Indústria e Comércio S.A. voltada para a produção e o comércio de elastômeros e produtos químicos diversos — as instalações da Fabor foram transferidas para a Petroflex, e uma nova unidade produtora de estireno, com capacidade de 60.000t/ano, entrou em operação.

Em 1985, na fábrica de Duque de Caxias, começava a funcionar a unidade produtora de polibutadieno hidroxilado (PBLH), com capacidade de 1.000t/ano. No ano seguinte, por razões econômicas, a produção de butadieno foi descontinuada. Em abril de 1992, a empresa foi privatizada; nove anos mais tarde, em 2001, a Petroflex produzia mais de setenta tipos de elastômeros.

Trata-se de indústria de porte médio, localizada no município de Duque de Caxias, que tem como corpo receptor de seus efluentes líquidos o rio Estrela, que deságua na Baía de Guanabara. Embora tenha construído uma estação para tratamento primário (físico-químico) de seus efluentes em 1985 e, em 1992, a tenha ampliado com a etapa de tratamento secundário (biológico), o sistema operava com baixa eficiência. A indústria busca o enquadramento de seus efluentes finais dentro dos padrões legais. Para tal:

- ampliou em 30% a capacidade da Estação de Tratamento de Efluentes Industriais em Duque de Caxias;
- aumentou em 120% a capacidade de equalização de seus efluentes;
- instalou uma terceira fase para tratamento dos efluentes, com duas lagoas de estabilização;
- eliminou a utilização de água da Baía de Guanabara para fins de refrigeração.

Companhia Progresso Industrial do Brasil — Fábrica Bangu

As origens da Fábrica Bangu remontam ao século XVII, quando, em 1673, Manoel de Barcelos Domingues construiu uma capela particular em sua Fazenda do Bangu, onde se situava o Engenho da Serra. A partir daí, a fazenda passou por vários donos, até que em 1889, ano da proclamação da República, foi constituída a Companhia Progresso Industrial do Brasil. Situada na freguesia de Campo Grande, a Fazenda Bangu foi escolhida para a instalação de uma fábrica de tecidos, tendo em vista a existência na região de grandes mananciais de água, indispensáveis ao funcionamento do empreendimento.

Para se ter uma idéia de suas dimensões, a chaminé da fábrica, que começou a ser construída em 1890, tinha 57m de altura e diâmetro na parte superior de 2,4m. Em 1891, chegaram os técnicos ingleses contratados para a parte têxtil e no mesmo ano foi concluído o encanamento que trazia água do reservatório do Guandu até a unidade. A inauguração, em 1893, contou com a presença do presidente da República marechal Floriano Peixoto e do prefeito do Distrito Federal. No final do ano, o quadro funcional da fábrica tinha 745 empregados, dos quais 310 homens, 171 mulheres, 165 meninos e 99 meninas, com mais de oitocentos teares em movimento.

A partir daí, o espaço rural foi se transformando rapidamente em urbano, contribuindo para um povoamento acelerado, em função do número de operários necessários ao funcionamento da fábrica Ela também foi responsável por trazer para a região importantes empreendimentos e obras, como a Estação Ferroviária de Bangu, em 1890, o ramal ferroviário de Santa Cruz, em 1892, a paróquia de São Sebastião e Santa Cecília, em 1908, viabilizando um progressivo processo de urbanização e desenvolvimento. Em 1904, um grupo de empregados ingleses e brasileiros fundou o Bangu Athletic Club, para dois anos mais tarde inaugurar, com um jogo entre operários, o campo de futebol.

Na Exposição Nacional da Indústria de 1908, na praia Vermelha, a Bangu montou um pavilhão e recebeu um grande prêmio de tecidos, assim como medalha de ouro em gravura mecânica e triconia. Por várias décadas, manteve a alta qualidade de seus tecidos, cuja variedade e beleza de padrões ficaram comprovadas em desfiles realizados nas principais cidades do Brasil, o que lhe garantiu projeção internacional. Apesar disso, verifica-se que nunca houve, por parte de sua diretoria, qualquer preocupação com o meio ambiente. Até hoje, o principal formador do rio Sarapuí é conhecido como rio das Tintas, por receber, ao longo dos anos, os efluentes coloridos dos processos de tingimento de seus tecidos.

Em 1992, a indústria têxtil nacional passou a enfrentar a concorrência dos chamados tigres asiáticos, que, graças a uma conjugação de fatores — entre eles a superexploração da mão-de-obra —, produziam tecidos a um custo baixíssimo. A crise atingiu em cheio a Fábrica Bangu, com muitas demissões e máquinas paradas. Nesse cenário, a fábrica continuou sem atender nenhuma exigência ambiental. Segundo relatório de uma das últimas vistorias da Feema para o PDBG, em abril de 1997, a Bangu ainda não havia iniciado as obras de implantação do tratamento dos despejos industriais (500m^3/dia), lançando uma carga orgânica significativa nos rios locais. Em maio do mesmo ano, o caso foi encaminhado à Comissão Estadual de Controle Ambiental (Ceca) pela Feema.

Um decreto de 10 de maio de 1995 determinava o tombamento definitivo da Fábrica Bangu. Com a desativação da fábrica, foi elaborado um projeto para a construção do Bangu Shopping em suas instalações, respeitando-se a arquitetura em estilo inglês neoclássico. Com duzentas lojas, um complexo de cinemas, uma universidade e um centro médico, o shopping terá um total de 2.500m^2.

A descrição quase exaustiva do caso da Fábrica Bangu justifica-se por ser um dos mais antigos poluidores de seu entorno e importante para este livro.

Companhia Brasileira de Antibióticos (Cibran)

Trata-se de indústria química de grande porte, no município de Itaboraí, com quinhentos funcionários, e dedicada à fabricação de produtos químicos e farmacêuticos a partir de princípios ativos básicos de antibióticos. Seus principais contaminantes líquidos são as altas concentrações de DBO (Demanda Bioquímica de Oxigênio) e DQO (Demanda Química de Oxigênio). O sistema de controle implantado é do tipo biológico, com lagoas aeradas e de decantação, que não operavam de forma adequada. Por lançar seus efluentes no rio Cacerebu, foi acusada da morte de animais a jusante do ponto de despejo.

Atlantic Indústria de Conservas

Fábrica de alimentos de médio porte, no município de Niterói, conta com quatrocentos funcionários trabalhando no beneficiamento de pescado. Seus principais poluentes são as altas concentrações de DBO, DQO, óleos e graxas, que têm como corpo receptor a Baía de Guanabara, uma vez que a Atlantic nunca implantou qualquer sistema de tratamento. Por descumprir as exigências feitas pela Ceca, foi interditada no início da década de 1980. Mas é interessante notar que a mesma população que reclamava do mau cheiro do processamento de sardinhas e do péssimo aspecto dos efluentes despejados na Baía de Guanabara, algumas semanas depois da interdição, vieram pedir a reabertura da empresa. Como muitos membros da comunidade trabalhavam na fábrica, queriam retomar suas atividades, temendo a perda dos empregos. Este sempre foi um dos paradoxos do controle da poluição industrial (Foto 1, p. 251).

Avaliação do controle industrial na Baía de Guanabara

Segundo o Relatório de Controle Industrial da Feema, de maio 2005, o licenciamento das indústrias prioritárias do PDBG, antes da implantação do projeto (1994), representava um percentual baixo de indústrias prioritárias com controle de efluentes líquidos, cerca de 20%. De acordo com a tabela a seguir, no entanto, em 2004, quase dez anos mais tarde, este percentual já equivalia a cerca de 97%.

Situação de controle de efluentes líquidos das 155 Indústrias Prioritárias do PDBG

Licenciamento	Ano 1		Ano 2	
	55 indústrias		100 indústrias	
	1995	2004	1997	2004
Com licença	27%	95%	16%	98%
Sem licença	73%	5%	84%	2%

Fonte: Relatório Controle Industrial da Feema (maio 2005).

O controle das 155 indústrias prioritárias reduziu de forma significativa a poluição lançada na baía, particularmente em termos de carga orgânica (DBO), óleos e graxas (O&G) e metais pesados. A tabela a seguir ilustra essa redução.

Percentual de Redução de Carga Poluidora das 155 Indústrias Prioritárias entre 1994 e 2004

Indústrias	DBO	O&G	Metais pesados
Prioridade 1 (55 Ind)	**94%**	**97%**	**75,5%**
Prioridade 2 (100 Ind)	**90%**	**97%**	**71,4%**

Fonte: Relatório Controle Industrial da Feema (maio 2005).

Por outro lado, o Sistema Firjan (Federação das Indústrias do Estado do Rio de Janeiro) vem fazendo um diagnóstico das indústrias no estado, baseado na Pesquisa de Gestão Ambiental, que chegou a sua terceira edição em dezembro de 2006. A pesquisa mostra que houve um relativo aumento da conscientização, mas que ainda existem dificuldades, como a falta de entendimento sobre a necessidade de licenciamento ambiental e a obediência aos novos instrumentos de gestão, como a outorga e a cobrança pelo uso da água. A Pesquisa de Gestão Ambiental trabalha com dois importantes objetivos:

- promover a desburocratização do estado, cujo indicador é o prazo de obtenção da licença ambiental;
- incentivar a prática da responsabilidade social e ambiental nas indústrias, cujo indicador é o investimento realizado na área de meio ambiente.

A pesquisa envolveu 366 indústrias, distribuídas como de grande porte (13,4%), médio porte (31,1%) e pequeno porte (55,5%), quase 50% delas localizadas no município do Rio de Janeiro. De uma forma geral, todas as empresas conhecem os aspectos ambientais relacionados a suas atividades. E apontam as principais dificuldades para melhorar seu desempenho nessa área:

- falta de recursos e de financiamento;
- custo muito elevado dos equipamentos, das certificações e da mão-de-obra;
- relacionamento com os órgãos ambientais, burocracia e morosidade dos processos.

Em termos de ações futuras, a principal meta mencionada na pesquisa é manter os procedimentos já adotados no setor. Entre as grandes indústrias, destacam-se a intenção de alterar a infra-estrutura para promover essa adequação ambiental (30,6%) e implementar o reuso da água (22,4%).

Finalmente, também foi mencionado que os investimentos feitos visam em especial adequar-se à legislação ambiental (66,1%), melhorar a imagem da empresa diante dos consumidores e da sociedade (37,4%) e reduzir os custos de produção (29,8%). Apenas 3,3% das indústrias pesquisadas mencionaram a preservação do meio ambiente como justificativa para iniciativas no setor.

Entretanto, a mais recente ameaça de origem industrial à Baía de Guanabara, e, pior ainda, aos seus manguezais, é a resolução da Petrobras de implantar o novo Complexo Petroquímico do Rio de Janeiro (Comperj) nos municípios de Itaboraí e São Gonçalo. Segundo a empresa, a escolha do local foi baseada em estudos econômicos, ambientais e sociais que mostraram a disponibilidade de infra-estrutura portuária, dutoviária e rodoferroviária para recebimento de matéria-prima e escoamento da produção.

O novo complexo terá capacidade para processar 150 mil barris/dia de petróleo pesado nacional para a produção de matérias-primas petroquímicas e derivados. Ao contrário das refinarias convencionais, que produzem grandes volumes de gasolina, diesel e GLP, a tecnologia de craqueamento catalítico fluido, desenvolvida pelo Centro de Pesquisas da Petrobras (Cenpes), permite obter grandes volumes de propeno, eteno e aromáticos.

O Comperj será projetado com tecnologia avançada, obedecendo a rigorosos padrões ambientais e levando em conta o reuso e a recirculação da água utilizada no processo, desenvolvendo ainda um conjunto de soluções tecnológicas que reduzam o consumo de água e a geração de efluentes. Porém, mesmo com medidas preventivas, acidentes acontecem. E na hora em que houver um vazamento de óleo pesado, os manguezais poderão ser atingidos, uma vez que o terreno do complexo faz divisa ao norte com o rio Macacu e ao sul com o rio Cacerebu, ambos cortando os manguezais antes de desaguar na baía.

Em fevereiro de 2006, a criação da Estação Ecológica da Guanabara, dentro da APA de Guapimirim, tinha o objetivo específico de preservar os remanescentes de manguezal da Baía de Guanabara, a fauna e a flora a ela associadas, bem como a realização de pesquisas científicas. Entretanto, essa proteção não durou muito tempo, pois já em 13 de junho do mesmo ano — e portanto, apenas poucos meses mais tarde —, um decreto da Presidência da República declarava área de utilidade pública 40km^2 nos municípios de Itaboraí e São Gonçalo; o Complexo Petroquímico se instalará numa área de 24km^2, em Itaboraí.

A Estação Ecológica será administrada pelo Instituto Brasileiro do Meio Ambiente e dos Recursos Naturais Renováveis (Ibama), que, passado mais de um ano de sua criação, ao que se saiba, ainda não teve nenhuma iniciativa específica nesse sentido. Contudo, várias medidas já foram tomadas para agilizar o licenciamento ambiental do Comperj. A instrução técnica para elaboração do estudo de impacto ao meio ambiente foi entregue em janeiro de 2007 e a licença para o início das obras poderá ser concedida em outubro do mesmo ano.

Resíduos tóxicos industriais

O problema dos resíduos industriais, ou lixo químico, como ficou conhecido, ganhou maior dimensão no noticiário internacional no final da década de 1970, com a tragédia de Love Canal, em Niagara Falls, no estado de Nova York. Mais de duas mil pessoas tiveram que abandonar suas casas, construídas no local onde, havia mais de 25 anos, a Hooker Chemicals and Plastic

Corp. tinha enterrado mais de 20.000t de lixo químico. Os moradores de Love Canal apresentavam taxas muito altas de doenças e risco de câncer.

No estado do Rio de Janeiro, o lixo industrial, muitas vezes tóxico, era lançado sem qualquer cuidado maior em vazadouros municipais ou em terrenos públicos ou baldios, geralmente nas margens da Baía de Guanabara e demais corpos d'água. Em 1980, a Feema recebia um consultor especialista em resíduos industriais da Organização Panamericana de Saúde, que fez várias recomendações, entre elas a de elaborar normas, padrões e regulamentos e criar uma bolsa de resíduos para incentivar a reciclagem. Uma das orientações foi para que o órgão ambiental permitisse que as indústrias cuidassem dos resíduos em seus próprios terrenos. O consultor comentou ainda que o Aterro Metropolitano de Gramacho estava situado em local inadequado, mas que era melhor utilizá-lo do que não ter lugar para vazar resíduos industriais.

Em 1982, aprovou-se a diretriz de implantação da Bolsa de Resíduos (DZ 949), que estabelecia a metodologia para participação de atividades poluidoras em programas de reciclagem de resíduos, como parte integrante do Sistema de Licenciamento de Atividades Poluidoras da Feema. A bacia hidrográfica da Baía de Guanabara foi definida como uma das áreas prioritárias para aplicação do programa.

Por iniciativa do engenheiro José Felício Hadad, na metade da década de 1980, discutiu-se a idéia de um centro de recebimento e tratamento adequado de resíduos industriais e/ou tóxicos. Para isso, buscou-se o apoio da Firjan, que reúne as principais empresas geradoras de resíduos, e da Feema. Nesses moldes, foi criado o Proteção e Tecnologia do Meio Ambiente (Protema), que acabou não vingando. Dentro dessa mesma idéia, nasceu o Centro Tecnológico de Resíduos (Centres), que iniciou suas operações em 1987, como pátio de estocagem transitória, já obedecendo certas normas ambientais, como manter uma camada de 1m de argila no fundo. Embora o Centres tenha funcionado durante algum tempo com uma licença prévia da Fema, não conseguiu a licença de instalação, porque a prefeitura de Nova Iguaçu, que na época englobava o distrito de Queimados, não deu anuência.

Em 1994/1995, o Centres foi vendido para a empresa paulista Emterpa, porém seu passivo ambiental até os dias de hoje não teve solução adequada. São milhares de toneladas de produtos tóxicos abandonados em tambores enferrujados, muitos sem tampa ou numa lagoa de resíduos. Apesar de o local não se situar na bacia contribuinte à Baía de Guanabara (atualmente fica no município de Queimados, na bacia da baía de Sepetiba), recebeu durante muito tempo resíduos químicos gerados na área da baía.

Pelos últimos levantamentos (Relatório de Controle Ambiental do PDBG — Gestão de Resíduos, agosto de 2000), estima-se que na bacia hidrográfica da Baía de Guanabara sejam gerados 10.000t/mês dos resíduos perigosos do estado do Rio de Janeiro, o que representa cerca de 41% do total. Os principais municípios geradores desses resíduos — compostos principalmente por óleos usados (31%), metais pesados (11%) e solventes (3%) — são o Rio de Janeiro (4.150t/mês), Duque de Caxias (3.540t/mês) e Nova Iguaçu (1.380t/mês). Em termos de sub-bacias hidrográficas, a que gera maior volume de resíduos é a do rio Iguaçu (38%), seguida pela do rio Acari (18%) e a do canal do Cunha (17%).

O principal destino final dos rejeitos industriais é o Aterro Metropolitano de Gramacho, que recebe 16.500t/mês provenientes da bacia da Baía de Guanabara (6.200t/mês), da bacia da baía de Sepetiba (5.300t/mês) e da bacia de Jacarepaguá (5.000t/mês). Dos resíduos Classe 1, 2,5% são incinerados; 13%, dispostos em aterro industrial; e 49%, reciclados. Os de Classes 2 e 3, estima-se que 46% sejam lançados em vazadouros municipais; 41%, reciclados; e apenas 4%, incinerados, co-processados ou encaminhados a aterros industriais.

Alguns passivos ambientais ainda estão por solucionar. O mais conhecido é o da Petroflex (60.000t): 32.000t já tiveram destino adequado, enquanto 28.000t aguardam equacionamento pela Reduc/Petrobras, conforme termo de compromisso. Em termos de PCBs, ou materiais contaminados com PCBs, 374.000l estocados esperavam eliminação.

A situação da destinação final de resíduos industriais na região metropolitana do Rio de Janeiro é a seguinte:

- sistema integrado das empresas Bayer/Tribel: incineração e aterro industrial (Belford Roxo);
- três unidades de produção de cimento licenciadas pela Feema para co-processamento;
- quatro ou cinco empresas de produção de cerâmica adequadas para incorporar resíduos com metais pesados em seus produtos (Itaboraí e Queimados);
- uma unidade de re-refino;
- uma central de destinação de resíduos perigosos (Santa Cruz).

VI O PROBLEMA DA POLUIÇÃO POR ÓLEO

Impactos ambientais

O consumo mundial de petróleo e derivados vem crescendo progressivamente ao longo dos anos. Sabe-se que os maiores produtores não são os maiores consumidores, o que leva a um aumento crescente na quantidade de óleo transportado pelos mares, e conseqüentemente a um número mais expressivo de navios petroleiros, cada vez maiores, navegando pelos oceanos.

Vazamentos acidentais de petróleo em mar aberto e águas costeiras vêm se tornando motivo de freqüentes preocupações. Na década de 1970, as estimativas mostravam que esses acidentes eram responsáveis por mais de 200.000t de óleo derramadas anualmente ao redor do mundo. Eles não representam apenas a perda do produto, mas também consideráveis custos de limpeza, de possíveis responsabilidades e indenizações. Considera-se assim que o óleo é um dos maiores poluidores individuais do planeta.

Um marco em problemas desse tipo ocorreu quando, em março de 1967, o petroleiro *Torrey Canyon* bateu em um recife a sudoeste da Inglaterra, espalhando 119.000t de óleo na região e poluindo mais de 300km de praias. Para ilustrar a falta de conhecimento específico sobre grandes vazamentos de petróleo no mar à época, pode se descrever resumidamente as várias medidas tomadas no caso. Centenas de toneladas de detergente foram lançadas de 36 navios sobre a imensa mancha que se formou, na esperança de que com isso se conseguisse conter o óleo antes que ele chegasse à costa.

Alguns biólogos falavam que o detergente poderia afetar peixes, ostras e mexilhões, enquanto outros afirmavam que a camada de óleo impediria a reaeração e a entrada de luz solar na água matando os peixes. Mais de 100 mil aves morreram sujas e aprisionadas pelo óleo. Jatos da Força Aérea Britânica bombardearam a mancha, iniciando um gigantesco incêndio, que era mantido pela gasolina despejada de aviões. Apesar disso, três semanas mais tarde, ele chegou às costas da França, e mesmo em camadas bem mais finas, afetou pássaros e criadouros de ostras.

Em janeiro de 1969, outro grande vazamento, dessa vez numa plataforma de perfuração *off-shore* em Santa Bárbara, Califórnia, onde pelo menos 7.200t foram derramadas numa fase inicial. Mais um acidente sério ocorreu em São Francisco, em janeiro de 1971, quando dois petroleiros pertencentes à Standard Oil Co. colidiram perto da ponte Golden Gate, derramando cerca de 26.000t de óleo.

Na década de 1970, vários cientistas preocupavam-se com a poluição do pólo Ártico, já que a degradação do óleo em baixas temperaturas é bastante lenta, o que faz com que seus efeitos tóxicos permaneçam por mais tempo. Essas preocupações foram comprovadas com o desastre do *Exxon Valdez*, em março de 1989, no Alasca. Na ocasião, 40.000t de óleo cru vazaram para um dos mais ricos ecossistemas do mundo, matando aves, mamíferos marinhos e peixes. A mancha estendeu-se por uma área de 26.000km^2, contaminando uma faixa de litoral de mais de 2.400km, o equivalente a quatro vezes o litoral do estado do Rio de Janeiro. Embora a Exxon afirme que a costa do Alasca foi recuperada, isso não é verdade. Mais de uma década depois do acidente, o ecossistema ainda sofre diversos efeitos, como a contaminação de moluscos, diminuição de arenques etc., com severos impactos na cadeia alimentar, o que se traduz em menores populações de animais marinhos, como focas, orcas, patos e aves.

Quando acontece um vazamento de óleo no mar, ele flutua sobre a superfície e se espalha. A exceção são alguns óleos pesados, como os combustíveis residuais, que têm densidade maior que a da água. A principal preocupação com a poluição marinha se volta para esses óleos persistentes, incluindo os do tipo cru, combustível, diesel pesado e lubrificante, que permanecem na água por longos períodos, podendo ser levados por ventos e correntes até as áreas costeiras.

Os óleos crus são misturas complexas de hidrocarbonetos de peso molecular variável, compreendendo os grupos parafínicos, aromáticos e naftênicos. Variam de substâncias simples altamente voláteis até parafinas complexas e compostos asfálticos, que não podem ser destilados. Nas várias combinações, podem estar presentes oxigênio, nitrogênio, enxofre, vanádio, níquel e sais minerais.

Quando um óleo altamente refinado é lançado sobre a superfície do mar, dependendo do tipo, forma uma película com espessura da ordem de 0,5 micra. O cru, no entanto, mesmo em pequenas quantidades, rapidamente se espalha, formando sobre a água uma película que pode atingir espessura menor que 0,3 micra, com a coloração raiada, que caracteriza a presença de finas camadas de óleo na superfície marinha. Seu deslocamento é fortemente influenciado pelos ventos — estima-se um movimento da ordem de 3 a 4% da velocidade do vento.

Os efeitos dos processos naturais sobre uma camada de óleo na superfície do mar introduzem modificações, que incluem desde evaporação e solubilização à oxidação e ataque bacteriano. Uma mistura complexa, como os crus, inicialmente se evaporará por perda de suas partes mais leves, enquanto combustíveis, lubrificantes, resíduos de limpeza de navios e piches evaporarão bem mais devagar, uma vez que não contêm componentes voláteis.

O óleo pode sofrer oxidação direta pelo oxigênio do ar num processo auxiliado pelos sais minerais e pelas radiações ultravioletas da luz solar. No entanto, quando derramado sobre o mar, sua oxidação se dá principalmente pela ação de bactérias oxidantes. Os hidrocarbonetos são atacados por microrganismos; diversas espécies de bactérias marinhas estão em condições de efetuar esse ataque.

Em alto-mar, os vazamentos de óleo geralmente resultam em efeitos adversos temporários ao meio ambiente. Em áreas costeiras, porém, isso não ocorre. Os efeitos se tornam permanentes, não só em relação à poluição física do litoral, mas principalmente em relação à contaminação da flora e da fauna. Em áreas confinadas, como baías e estuários, a situação é mais grave, e os efeitos maléficos, muitas vezes irreparáveis. A morte da fauna litorânea pode se dar por envenenamento (efeitos químicos), asfixia, impedimento mecânico ou perda da capacidade de movimentação (efeitos físicos). As plantas perdem a capacidade fotossintética, podendo haver perda de folhas (efeitos físicos) e descoloração (efeitos químicos).

A catástrofe do *Exxon Valdez,* no Alasca, dizimou a vida selvagem mais do que qualquer outro desastre ambiental nos Estados Unidos. Os cientistas acreditam que a poluição por óleo é pelo menos cem vezes mais tóxica para os peixes do que se cogitava anteriormente. O vazamento produziu grandes efeitos fisiológicos nos peixes e na biota em geral, incluindo falhas na reprodução, danos genéticos, crescimento e peso abaixo do normal, alterações nos hábitos alimentares, danos ao fígado, tumores nos olhos e lesões cerebrais.

O acidente do *Tarik* na Baía de Guanabara

Parte da frota da Iraquian National Oil Co., o petroleiro iraquiano *Tarik Ibn Ziyad* foi construído em estaleiros japoneses e agenciado pela brasileira Frota Nacional de Petroleiros (Fronape). Partiu em 30 de janeiro de 1975 para o Iraque, onde foi carregado com petróleo destinado ao Brasil. Em sua viagem inaugural, atracou no dia 24 de março de 1975 no Terminal de São Sebastião (Tebar), em São Paulo, onde descarregou parte do petróleo.

Seguindo viagem, no dia seguinte entrou na Baía de Guanabara, fundeando pouco depois da ponte Rio-Niterói, onde ficou aguardando autorização para atracar no Terminal da Guanabara (Torguá), da Petrobras. Na noite do dia 26, começaram as manobras de aproximação ao terminal, em condições de baixa-mar. Pouco depois, o navio começou a bater no fundo, parando finalmente sem que se tivesse notado propriamente um choque. Eram 20h45. O forte cheiro e a claridade da lua permitiram que se percebesse notar que grande quantidade de óleo estava vazando do navio para o mar.

A embarcação de 42.000t de arqueamento apresentava um calado de 52 pés (15,85m), o máximo permitido, e navegava pelo canal principal com uma folga muito pequena para um canal varrido a 17m. Este canal passa pelo vão central da ponte Rio-Niterói com profundidade de 20m para atingir os 17m, na laje de Barroso, a menor profundidade em toda a sua extensão e onde se deu o acidente (ver Mapa 3, p. 264).

Com capacidade máxima para transportar 114.000t de óleo, distribuídas em cinco tanques centrais e dez laterais, o *Tarik* chegou ao Rio carregando 104.000t de petróleo cru, com as seguintes características: cor preta brilhante, odor agradável, densidade de 1,16932 e fração volátil em torno de 17%. Considerando a quantidade de petróleo bombeado para o terminal, e a que permaneceu nos tanques afetados, verificou-se que o óleo cru vazado para o mar foi da ordem de 6.000t.

A quantidade derramada, bem como o fato de ter sido o primeiro grande acidente do gênero na Baía de Guanabara, atrasou as primeiras providências para contenção do desastre, situação agravada por circunstâncias desfavoráveis, como o fato de o acidente ter ocorrido de noite (20h45), coincidir com o início dos feriados da Semana Santa e ser aquela a viagem inaugural do petroleiro e, portanto, com tripulação nova. Essas condições adversas impediram que fossem tomadas algumas medidas imediatas que, talvez, pudessem ter reduzido o vazamento, entre elas, a transferência do óleo dos compartimentos afetados e seu confinamento com barreiras flutuantes.

Dessa forma, o navio vazou por cerca de dez horas seguidas, espalhando óleo, que foi levado pelo vento (Sudeste 10 nós e 220 graus de direção) e pela maré enchente até várias praias da Baía de Guanabara, principalmente na Ilha do Governador. Bananal, Freguesia, Pitangueiras, Bandeiras, Engenhoca e Jardim América ficaram completamente poluídas. Ao entrar pelo rio Jequiá, a mancha destruiu manguezais e a reserva biológica daquela área. Com a maré vazante, espalhou-se pelo canal principal, atingiu o Cais do Porto, ultrapassou a ponte Rio-Niterói e sujou as praias interiores do Flamengo, Botafogo e Urca. Em Niterói, manchou todas as praias (Icaraí, Grande, Boa Viagem, São

Francisco, Charitas e Jurujuba) e saiu barra afora, atingindo ainda as oceânicas (Piratininga, Itaipu, Itaquatiara e Itaipuaçu). Do lado carioca, alcançou as praias Vermelha, do Leme, de Copacabana, do Arpoador, de Ipanema, do Leblon, da Gávea (atual São Conrado) e da Barra da Tijuca.

É importante notar que a densidade maior da poluição ficou restrita às praias do interior da baía, em particular as da Ilha do Governador. Na altura da ilha do Boqueirão, a combinação de vento e correnteza, curiosamente, não permitiu que a mancha se deslocasse para o fundo da baía em direção à Paquetá, que, assim, ficou protegida da poluição. Nos dias subseqüentes, a evolução da mancha foi observada de helicóptero (ver Foto 2, p. 252).

Dois incêndios queimaram o petróleo cru espalhado pelo mar. Isso acontece devido à fração volátil, que oferece maior perigo no início do vazamento, já que após alguns dias ela evapora e o restante do óleo dificilmente se queima. O primeiro ocorreu às 11h do dia 28 de março, quase quarenta horas depois do vazamento, na parte nordeste da ilha do Fundão, entre as pontas do Baiacu e do Catalão, causado pela queima de lixo na praia. Estima-se que tenha tido uma duração de 15 a 30 minutos, espalhando-se por uma extensão de aproximadamente 100m, com labaredas chegando perto de 10m de altura. Os danos materiais restringiram-se à destruição de um pequeno barco, além de ameaçar três casinhas próximas à praia.

O segundo, bem mais grave, teve lugar no rio Jequiá, em área de reserva biológica, totalmente invadida pelo óleo. Trata-se de região bastante povoada. O rio, nesse trecho, situa-se entre a estrada do Jequiá, em frente ao décimo Batalhão da Polícia Militar, e a estação de rádio da Marinha, onde fica a colônia de pesca Z-1. O incêndio começou às 16h30 e durou de 90 a 120 minutos, sem que suas causas tenham sido determinadas. O fogo espalhou-se rapidamente numa extensão de 300m do rio (área estimada de 20.000m^2), destruindo os manguezais da reserva e até árvores à beira da estrada. Os ventos impediram que as casas da colônia e a vegetação que cerca a estação de rádio da Marinha fossem destruídas. Grande parte da rede elétrica da estrada do Jequiá, no entanto, não resistiu. A ação dos bombeiros evitou que as chamas atingissem a ponte entre o rio Jequiá e a Baía de Guanabara, próxima dos terminais da Shell e da Atlantic, onde o óleo espalhado poderia arder com conseqüências imprevisíveis.

As primeiras providências da Petrobras foram tomadas na manhã de 27 de março. Após reuniões de emergência na Feema e análises de experiências anteriores em acidentes semelhantes, achou-se mais adequado, naquele momento, o lançamento do dispersante P-69 em áreas selecionadas. Hoje, essa medida é terminantemente proibida em baías e estuários; ao mesmo tempo desenvolvem-se estudos de emergência com diversos outros materiais.

No dia 30 de março, a Companhia Municipal de Limpeza Urbana (Comlurb) deu início ao trabalho de limpeza da areia das praias atingidas, principalmente na Ilha do Governador. Para estudar possíveis alternativas, bem como para centralizar as ações que pudessem ser levadas a efeito, a Feema procurou coordenar todas as atividades, realizando uma primeira reunião no dia seguinte, 31 de março, com participação da Petrobras e da Marinha. No encontro, decidiu-se adotar o seguinte plano de ação:

- Mapeamento da mancha — Voar diariamente de helicóptero para acompanhar o deslocamento do óleo.
- Utilização de dispersante — Continuar usando o dispersante P-69 (fabricado pela Hempel — Tintas Marítimas) nos locais mais críticos (Cais do Porto, estaleiros, terminais e manchas que estivessem se deslocando para praias ainda não poluídas).
- Utilização de palha — Com a ajuda de lanchas, jogar nas praias já poluídas e também em manchas no meio da baía.
- Canal do Jequiá — Com equipamento da Petrobras e balsa coletora, espalhar 400m de barreiras em pontos concentrados de óleo.
- Testes e pesquisas — Fazer todos os tipos de experiências possíveis com materiais absorventes de óleo, objetivando melhorar o rendimento da limpeza.
- Óleo no fundo do mar — Verificar a quantidade de óleo depositado no fundo do mar em diversas situações.

As entidades envolvidas nesse plano de ação foram Feema, Ministério da Marinha (Diretoria de Portos e Costa/Capitania dos Portos), Petrobras, Comlurb, Salvamar — Corpo Marítimo de Salvamento e Corpo de Bombeiros (Sétimo Batalhão de Incêndio). Paralelamente, procurou-se realizar uma série de experiências que pudessem ser úteis no equacionamento de possíveis problemas futuros, e que permitissem um maior conhecimento sobre o assunto. De início, experimentaram-se diversos absorventes de óleo, visando selecionar materiais que além de boa capacidade de absorção fossem economicamente viáveis para aplicação em grandes quantidades. Diversos produtos foram testados, conforme especificado na tabela a seguir.

Materiais absorventes de óleo

Nº	Denominação comercial	Especificação	Fornecedor	Preço (em dólares)*
1	Vermiculita	Mica hidratada granulada	Vermiculita Com. Ind. Ltda.	0,4/kg
2	Palha de pinho	Aparas de madeira de pinho	Ind. Embalagens F. Ventura	0,3/kg

Nº	Denominação comercial	Especificação	Fornecedor	Preço (em dólares)*
3	Palha de cedro	Aparas de madeira de cedro		**
4	Serragem	Pó de madeira misturado		**
5	Bagaço de cana	Cana-de-açúcar moída	Usinas de açúcar e álcool	**
6	Isopor (placas)	Isopor em flocos	Vulcan Mat. Plástico S.A.	1,0/kg
7	Isopor (placas)	Isopor em lâminas	Isopor Ind. Com. Plast. S.A.	0,6/unid.
8	Isopor (bolas)	Isopor em esferas	Isopor Ind. Com. Plast. S.A.	3,5/kg
9	Isopor triturado	Styropor	Plásticos Tupiniquim S.A.	20/m³
10	Espuma em floco	Esponja de polietileno	Mundo dos Plásticos	0,9/kg
11	Ecoperl 66	Rocha vulcânica expandida	Orcama-Mannesman-Alemanha	10/m³
12	Petrobac	Bactérias vivas	Badgett Cook Biochemicals	**
13	Solubac	Bactérias vivas	Badgett Cook Biochemicals	**
14	Caulim	Calcáreo	Irmãos Guilhermino-Ubámg	0,2/kg
15	Papel absorvente	Resina fibrosa sintética — Leomat	Sumitomo Chemical Japan	1,8/folha

* Valores de 1975.

** Informação não encontrada.

Fonte: *O acidente do Tarik na Baía de Guanabara*, Feema, 1975.

Procurou-se ainda avaliar a eficiência desses materiais na absorção de óleo na água do mar e para isso desenvolveu-se metodologia para análise dos testes gravimétricos. Este trabalho foi publicado nos anais do 8º Congresso Brasileiro de Engenharia Sanitária promovido pela Associação Brasileira de Engenharia Sanitária (Abes), no Rio de Janeiro, em dezembro de 1975, sob o título *O acidente do Tarik na Baía de Guanabara*.

Os testes aplicados nos vários absorventes no laboratório da Feema, segundo metodologia definida à época, apontaram para o uso da palha de pinho, com enormes vantagens: custos mais baixos, facilidade de transporte e de colocação no local de combate e ainda rapidez de entrega nas quantidades requeridas. Além disso, a palha de madeira já tinha sido utilizada em outros países com bons resultados. É importante mencionar que esse material não deve permanecer dentro d'água por mais de duas horas, porque depois desse tempo é lavado pelas ondas e solta parte do óleo aderido. Empregada na limpeza de todas as praias da Ilha do Governador e Niterói, seu uso destacou-se nas de Icaraí e saco de São Francisco, as mais sujas na ocasião.

Buscou-se também recuperar o óleo derramado no mar através de processos mecânicos de separação física. Como na época do acidente ainda não se dispunha de nenhum equipamento dessa natureza, a não ser uma pequena balsa coletora da Petrobras, foram tentadas experiências com bombas de vários tipos. Porém, devido ao baixo rendimento, essas tentativas foram abandonadas. A balsa foi usada no canal do rio Jequiá, numa operação conjugada com duas barreiras flutuantes, em que o óleo era bombeado para terra através de mangotes.

O desastre também permitiu, já naquela época (1975), chegar-se a diversas conclusões sobre a questão do combate ao óleo em mar interior (baías):

- Uso de dispersante tensoativo para combater vazamentos de óleo no mar precisava ser restringido. Nos Estados Unidos ele já era bastante restrito, usado somente em locais onde houvesse possibilidade de incêndio, como portos, estaleiros e terminais. Apesar de biodegradáveis, a maioria desses dispersantes é altamente tóxica e seus efeitos se fazem sentir por muito tempo.
- Os métodos mecânicos são mais aconselháveis, por não prejudicarem a fauna e a flora marinhas. Materiais como a palha de pinho absorvem até dez vezes o seu próprio peso e são bastante baratos. Existem outros mais caros, como o poliuretano, papéis absorventes e produtos especiais com alta taxa de absorção.
- Os aglutinadores são recomendáveis para águas calmas, porém apresentam custo elevado (10 dólares por galão).
- Os agentes de afundamento de óleo, como o caulim, estão condenados porque prejudicam a flora e a fauna bentônicas do corpo d'água.
- O custo das operações de limpeza teria que ser ressarcido pelo responsável pelo vazamento, norma que deveria constar da proposta de uma nova legislação para substituir a lei nº 5.357, de 1967, ainda do tempo do presidente Costa e Silva. No caso do *Tarik,* esses custos ultrapassaram, e muito, o valor da multa aplicada.

O acidente com o *Tarik* motivou a criação do Grupo de Estudos de Controle da Poluição por Óleo (Gepol), pela resolução Sosp nº 05, de 15 de março de 1975. Enquanto existiu, o Gepol foi coordenado pelo presidente da Feema, com representantes da empresa, da diretoria de Portos e Costa da Marinha, da Petrobras e da Secretaria Especial de Meio Ambiente (Sema). Seus objetivos específicos eram elaborar um plano de contingência para fazer frente a acidentes semelhantes na Baía de Guanabara e adjacências (inclusive mapa elaborado pelo Gepol, com compartimentos codificados da área do espelho-d'água, editado pela Marinha), um manual de operação para esse plano, assim como subsídios e treinamento para adequação da legislação existente às modernas técnicas de controle de poluição por óleo.

Outra tarefa a ser desenvolvida pelo Gepol era a sugestão de lei específica de combate à poluição por óleo, reformulando a velha legislação que, embora tenha cumprido seu papel de fiscalização nos portos brasileiros, deixava de abordar relevantes aspectos do problema. O Gepol passou a funcionar em instalações do governo estadual, na praia de Botafogo, cedidas a Feema, em 1976, onde foi construído um píer de madeira para acesso de embarcações ao mar. Em 1983, dando continuidade a seus objetivos, criou-se no local o Serviço de Poluição Acidental (SPA), da Feema, que atende, em plantão permanente, vazamentos ou quaisquer outros desastres decorrentes de poluição acidental na Baía de Guanabara e no litoral fluminense.

Cumpre destacar o excepcional apoio dado pela Marinha na ocasião, através do almirante Hilton Berutti Augusto Moreira, da Diretoria de Portos e Costas/Capitania dos Portos do Rio de Janeiro, para se conseguir atingir os objetivos do Gepol no combate a acidentes e fiscalização de lixo e óleo no mar.

Principais acidentes de poluição por óleo

Os vazamentos têm se tornado cada vez mais freqüentes na Baía de Guanabara, indicando que os sistemas de prevenção não funcionam bem nas instalações de petróleo e derivados existentes em sua orla marítima. Eles se devem a causas diversas, como falhas operacionais, rompimento de tubos e válvulas, abalroamento de navios em pedras do fundo e as chamadas emissões fugitivas dos sistemas de armazenamento e drenagem de pátios de combustíveis.

Segundo o relatório do Programa de Despoluição da Baía de Guanabara (PDBG), intitulado Documento-base para formulação da fase II, de dezembro de 1997, a Feema participou do atendimento a 99 acidentes ocorridos na bacia da Baía de Guanabara, entre 1º de janeiro de 1995 e 22 de outubro de 1997. Dezessete deles envolveram vazamento nas águas da baía, como mostra a listagem a seguir.

- 19 de janeiro de 1995 — Vazamento de óleo no mar, com origem no navio *Antwerp Express*, ancorado no Armazém 14 do Cais do Porto, Rio de Janeiro.
- 12 de fevereiro de 1995 — Vazamento de óleo no mar, de origem não identificada, na praia das Flechas, em Niterói.
- 8 de março de 1995 — Vazamento de óleo no mar, de origem não identificada, entre os armazéns 7 e 8 do Cais do Porto, no Caju, Rio de Janeiro.
- 2 de abril de 1995 — Vazamento de óleo no mar, de origem não identificada, próximo ao Armazém 9 do Cais do Porto, no Caju, Rio de Janeiro.
- 22 de janeiro de 1996 — Vazamento de óleo da Refinaria de Manguinhos, no canal do Cunha, em Manguinhos, Rio de Janeiro.
- 24 de janeiro de 1996 — Vazamento de óleo no mar, provocado por acidente na Fronape — Terminal DTSE/PP2 da Petrobras, na Ilha do Governador, Rio de Janeiro.
- 31 de janeiro de 1996 — Vazamento de óleo no mar, de origem não identificada, na praia das Flechas, em Niterói.
- 18 de maio de 1996 — Vazamento de óleo no mar, de origem não identificada, na enseada de Botafogo, Rio de Janeiro.
- 20 de maio de 1996 — Vazamento de óleo no mar, devido a acidente no terminal do DTSE, Ilha do Governador, Rio de Janeiro.
- 8 de julho de 1996 — Vazamento de óleo diesel no mar, devido a acidente com o rebocador *Osa Vanguard*, no terminal da Petrobras, na Ilha do Governador, Rio de Janeiro.
- 8 de julho de 1996 — Vazamento de resíduo oleoso no mar, devido a acidente com rebocador *Apolo* do terminal da Petrobras, na Ilha do Governador, Rio de Janeiro.
- 2 de janeiro de 1997 — Vazamento de óleo no mar, devido a acidente com navio *Four Sterne*, em operação no PP2/DTSE, na Ilha do Governador, Rio de Janeiro.
- 30 de janeiro de 1997 — Vazamento de óleo no mar, de origem não identificada, no Cais do Porto, Rio de Janeiro.
- 9 de março de 1997 — Vazamento de óleo combustível no tubo PE-2 que liga a Reduc ao DTSE — Ilhas, atingindo o manguezal da Reduc, Rio de Janeiro.
- 1º de abril de 1997 — Vazamento de 1.500m^3 de óleo diesel do tanque 474 da Reduc, Rio de Janeiro.
- 8 de agosto de 1997 — Vazamento de óleo no mar, devido a acidente durante carregamento da chata da São Miguel, no Terminal da Guanabara (Torguá), Rio de Janeiro.
- 23 de agosto de 1997 — Vazamento de óleo no mar, proveniente da Plataforma P-XIX, da Petrobras, na Baía de Guanabara, Rio de Janeiro.

Destes 17 acidentes, nove aconteceram nas instalações da Petrobras. Seria importante que se pudesse quantificar o volume de óleo vazado em cada um deles, bem como os recursos naturais atingidos.

Porém, o desastre mais importante, com repercussão nacional e internacional, ocorreu em 18 de janeiro de 2000, numa das tubulações do sistema de transferência de produtos da Reduc para o Torguá, ambos da Petrobras. A ruptura provocou um vazamento de 1.300m³ de óleo combustível marítimo na mesma tubulação PE-2 que vazara em março de 1997.

O acidente dos dutos da Reduc/DTSE

O vazamento da tubulação PE-2 atingiu as águas da baía e ecossistemas costeiros, como praias, costões rochosos e manguezais. O duto rompeu-se parcialmente em um ponto enterrado a aproximadamente 2.600m da saída da Reduc, na orla da Baía de Guanabara. Durante quatro horas e 35 minutos, vazaram aproximadamente 1.300m³ de óleo combustível marítimo, caracterizando o desastre como de grande porte, conforme escala do Internacional Tanker Owners Pollution Federation (Itopf). Especificado como MF-380, a massa específica a 15° C desse tipo de óleo é da ordem de 984,8kg/m³.

Deve-se mencionar que a Reduc foi construída em 1961, no fundo da baía. Ocupa uma área de 13.000.000m² e é a mais complexa unidade da Petrobras no gênero e a segunda maior em capacidade de refino, com produção de 248 mil barris/dia. A refinaria elabora 54 tipos de produtos decorrentes do processamento de petróleo e gás natural. Destaca-se pela produção de lubrificantes (80% da produção nacional) e capacidade de tancagem (359 tanques), de 3.400.000.000l.

A Reduc abastece todo o estado do Rio de Janeiro, parte de Minas Gerais e, por cabotagem, Espírito Santo e Rio Grande do Sul. Exporta derivados de petróleo para vários países, como Argentina, Chile, Colômbia, Estados Unidos, Peru e Uruguai, e também fornece insumos e utilidades para indústrias localizadas em suas proximidades. Em 1992, o Sistema de Dutos e Terminais do Sudeste — DTSE/ ilha D'Água (Gegua) foi criado com a fusão dos terminais do Rio de Janeiro e Minas Gerais (Torguá) e da Ilha Grande (Tebig).

A unidade DTSE surgiu quando a Reduc precisou ser provida de um terminal marítimo na Baía de Guanabara para o transporte de óleo. Trata-se de um complexo operacional constituído de terminais, oleodutos e gasodutos marítimos e terrestres, que também armazena petróleo, derivados líquidos e gasosos e álcool. A sede em Campos Elísios atualmente é composta por 3.144km de dutos, 115 tanques de armazenamento, sete terminais marítimos e terrestres, além de duas estações intermediárias. O DTSE movimenta mensalmente cerca de 3.200.000m³ de gás natural, equivalentes a 70% do consumo no país.

O duto de produtos escuros (PE-2), que interliga a Reduc às instalações dos Dutos e Terminais do Sudeste — DTSE/ ilha D'Água (Gegua), teve a construção concluída em 1991, começando a operar em 1993. Com 16 polegadas de diâmetro, ele tem início no lançador da Reduc, percorre um trecho enterrado em região de mangue na direção do mar, atravessa a Baía de Guanabara até a Ilha do Governador, passa por novo trecho enterrado até a ponta do Barão, no outro lado da ilha, onde começa o segundo trajeto submarino até a ilha D'Água. Em seguida, interliga-se aos píeres por meio de duas linhas submarinas.

No dia 10 de março de 1997, cerca de 3.000.000l de óleo combustível (OC-2A) no PE-2 vazaram numa região de mangue entre as instalações da refinaria e a orla da Baía de Guanabara. Para apurar a ocorrência, na ocasião, foi designada pelo superintendente do DTSE uma comissão integrada por engenheiros da Petrobras. Em suas conclusões, a comissão relatou que o rompimento do duto se deu por falha do material, que, mesmo operado dentro das condições de projeto, fora atingido naquele pequeno trecho por intenso processo corrosivo.

Por trabalhar com produtos aquecidos, o PE-2 está sujeito a aumento de tensões por dilatação térmica, o que cria problemas principalmente nas juntas. Verificou-se que o duto aflorava exatamente no trecho em que ocorreu o vazamento, ficando sujeito à ação da água salgada e à aeração diferencial devido às variações de maré, além da falta de proteção catódica. Apresentava dois rompimentos, o menor deles no topo da linha e bastante característico de parede com perda de espessura por corrosão.

O impacto do acidente da Reduc/DTSE na qualidade das águas e sedimentos

A distribuição de hidrocarbonetos na água, nos sedimentos e na biota fornece importantes indicações sobre o impacto de lançamentos acidentais e rotineiros, ambos provenientes das atividades da indústria do petróleo sobre o ambiente marinho. Os hidrocarbonetos mais utilizados para avaliar-se esse impacto são os n-alcanos, os HPAs (Hidrocarbonetos Aromáticos Polinucleares) e a MCNR (Mistura Complexa Não Resolvida). Os hidrocarbonetos alifáticos são compostos orgânicos de hidrogênio e carbono. Os alcanos constituem uma família de alifáticos de cadeia aberta, contendo apenas ligações simples. Os n-alcanos são alcanos sem ramificações.

As principais fontes antropogênicas no ambiente marinho são as indústrias químicas e refinarias, produção de petróleo e gás natural, solventes orgânicos — elaboração e uso —, postos de gasolina, combustão estacionária e transporte. Os n-alcanos têm baixa mobilidade, alta associação com sedimento e fator de bioacumulação elevado. Suas principais fontes naturais no meio geológico são o gás natural e o petróleo. E seus efeitos tóxicos mais importantes sobre a cadeia alimentar em meio marinho se manifestam em particular nas interfaces ar/água e água/sedimento.

Para avaliação dos níveis de n-alcanos totais em sedimentos — base seca —, estudos da Universidade Federal da Bahia (UFBA), na Baía de Todos os Santos, selecionaram trabalhos de literatura que classificam o grau de contaminação associado a petróleo cru não degradado em sedimentos:

- ambientes costeiros "não contaminados": ≤ 0,5μg/g (Keiser, 1978; Ho & Saliot, 1982);
- ambientes costeiros "levemente contaminados": 0,5 a 20μg/g (Venkatesan, 1980; Wade & Quin, 1977);
- ambientes costeiros "contaminados": ≥ 20μg/g;
- ambientes costeiros "altamente contaminados": ≥ 100μg/g (Volkman, 1992, Fowler, 1993).

Os HPAs (Hidrocarbonetos Policíclicos Aromáticos Totais), também conhecidos como Hidrocarbonetos Aromáticos Polinucleares, são compostos orgânicos de hidrogênio e carbono, formados por dois ou mais anéis benzênicos, dispostos em forma linear, angular ou agrupada (UFBA, 1996). Com mobilidade baixa, sua associação com sedimentos e fator de bioacumulação são altos. Suas fontes antropogênicas mais freqüentes para o meio marinho são os derramamentos de petróleo, principalmente óleo pesado, deposição atmosférica e alguns efluentes líquidos industriais. Um grande número de HPAs são tóxicos aos primeiros elos da cadeia alimentar marinha e alguns deles, potentes carcinogênicos, tanto para invertebrados e vertebrados marinhos quanto para seus consumidores humanos.

O grau de contaminação nos sedimentos pode ser avaliado por meio de dados da literatura (UFBA, 1996, WHO, 1998), descritos a seguir:

- Ambientes costeiros "não contaminados ou levemente contaminados":
  Estuário Tamar, Inglaterra: ≤ 4,9μg/g (Eisler, 1987).
  Kuwait, Barein e Oman: < 11μg/g (Mille *et al.* 1992).
  Alasca: 0,005 a 0,113μg/g (Eisler, 1987).

- Ambientes costeiros "contaminados":
  Porto de Boston, USA: 8,5μg/g (Eisler, 1987).
  Porto de New Bedford: 63μg/g (Eisler, 1987).
  Antártica (imediatamente após derramamento): 125μg/g (Kennicut, 1990).
  Baía de Todos os Santos após derramamento em 1992: 13 a 118μg/g (UFBA, 1992).

- Programa de avaliação de sedimentos costeiros dos USA (NOAA, 1991):
  Média geométrica — HPAs de baixo peso molecular: 0,017μg/g.
  HPAs de alto peso molecular: 0,57μg/g.
  Valor definido como alto — HPAs de baixo peso molecular: 0,98μg/g.
  HPAs de alto peso molecular: 2,9μg/g.

- Níveis estabelecidos pela EPA para solos:
  Não contaminados: < 2μg/g.
  Contaminados: 20 a 200μg/g.
  Levemente contaminados: < 20μg/g.
  Irremediavelmente contaminados: > 200μg/g.

A Mistura Complexa Não Resolvida (MCNR) é composta por hidrocarbonetos e característica de petróleo bruto biodegradado, que não consegue ser separada por cromatografia gasosa, aparecendo como elevação na linha de base do cromatograma (UFBA, 1996). A principal fonte antropogênica no meio marinho é o petróleo degradado. As fontes naturais incluem o petróleo cru degradado, o intemperismo de rochas antigas e o detrito de algas. Têm baixa mobilidade, são persistentes em sedimentos marinhos. A MCNR é um traçador de derramamentos de petróleo passados ou crônicos (UFBA, 1996).

Os estudos da UFBA para avaliação do teor de MCNRs totais em sedimentos (base seca) na Baía de Todos os Santos utilizaram a seguinte classificação disponível na literatura:

- Não contaminados: < 2μg/g.
- Levemente contaminados: 2 a 4,9μg/g.
- Contaminados: 5 a 20μg/g.
- Significativamente contaminados: > 20μg/g.
- Altamente contaminados: > 100μg/g.

Para a avaliação do impacto de um vazamento acidental de óleo ocorrido em 18 de janeiro de 2000 nos ecossistemas da Baía de Guanabara, a Petrobras procedeu, em conjunto com órgãos ambientais e universidades, a uma série de estudos e análises de hidrocarbonetos de petróleo em amostras de água, sedimentos e peixes. No compartimento água foram coletadas amostras em 14 estações, cerca de dez dias após o derrame, e realizadas determinações de hidrocarbonetos. A avaliação da fração de óleo que permaneceu na água foi feita pela determinação de HPAs dispersos e dissolvidos, em técnica de fluorescência de ultravioleta. Os HPAs totais foram escolhidos por tratar-se da fração mais tóxica do óleo e por serem, entre os hidrocarbonetos, os de maior solubilidade na água. Os resultados situaram-se na faixa de < 0,04 a 11,56μg/l, em equivalentes de criseno e de < 0,08 a 24,5μg/l em equivalentes de óleo derramado (MF-380).

Comparando-se as concentrações de HPAs na água, determinadas dez dias após o acidente, com dados pretéritos levantados em 1996, verificou-se um aumento nas estações da porção norte/nordeste da baía, atrás das ilhas de Paquetá e do Governador, o que coincide com a região onde a mancha preferencialmente se dispersou. As amostras de superfície apresentaram sempre teores de HPAs mais altos do que as amostras de fundo, indicando maior presença de óleo nas camadas superficiais da coluna d'água. Concluiu-se que a distribuição de HPAs encontrada refletia a dispersão da mancha de óleo na baía.

Os sedimentos de fundo se constituem em registro fundamental das alterações ambientais sofridas por corpos d'água como a Baía de Guanabara. Metais e certos micropoluentes orgânicos tendem a ficar adsorvidos nos sólidos em suspensão, que podem sedimentar no leito dos corpos d'água. Por essa razão, o sedimento funciona como integrador da variação das concentrações desses poluentes na água ao longo do tempo, e também como concentrador, verificando-se em geral teores bem mais elevados nos sedimentos do que os encontrados na água.

Após o vazamento, coletaram-se amostras de sedimentos superficiais em 57 estações nas áreas central e norte da baía, abrangendo as regiões intermarés e de infralitoral. Foi uma cobertura de amostragem jamais realizada anteriormente, em que a malha de amostragem foi escolhida de forma a tornar possível a comparação com os poucos dados coletados anteriormente.

As análises de HPAs nas trinta amostras de sedimentos da região intermarés indicaram que 73% delas apresentavam teores inferiores a 2μg/g, valores típicos de ambientes não impactados; 20% situavam-se na faixa de 2 a 5μg/g; e 7% (duas estações próximas à Reduc) apresentaram HPAs na faixa de 20μg/g, considerados como típicos de ambientes costeiros contaminados.

Os resultados de n-alcanos (faixa de 1,24 a 56,7μg/g) para a região intermarés indicaram surpreendentemente que 80% das amostras estavam em níveis inferiores a 20μg/g, considerados como não contaminados. As estações com as maiores concentrações localizavam-se nas proximidades da ruptura do duto, à exceção de uma situada na APA de Guapimirim, com nítida contribuição de n-alcanos ímpares, típicos de origem de vegetais superiores. Os resultados de MCNR situaram-se na faixa de 15,4 a 2.127μg/g, e as maiores concentrações foram observadas na região de ruptura do duto. Nesse caso, 37% das amostras foram superiores a 200μg/g, sendo considerados altamente contaminadas.

Na região infralitoral foram estudadas 27 estações e, de um modo geral, os resultados de hidrocarbonetos foram inferiores aos encontrados na região intermarés. Os resultados para HPAs ficaram na faixa de 0,2 a 9,6μg/g, os de n-alcanos na faixa de 0,7 a 43,3μg/g e os de MCNR variaram de 17,8 a 1.250μg/g. As maiores concentrações de HPAs foram encontradas nas estações a sudoeste da ilha de Paquetá e na próxima à ilha do Fundão. As maiores concentrações de n-alcanos e MCNR foram observadas nas proximidades da Reduc.

Todas essas amostras foram comparadas com estudos prévios para sedimentos na região de infralitoral da Baía de Guanabara. Nos estudos anteriores, feitos por Hamacher, no ano de 1996, em seis estações de amostragem, determinaram-se concentrações de HPAs, n-alcanos e MCNR, enquanto nos realizados por Lima, naquele mesmo ano, em quatro locais, determinaram-se apenas HPAs. De um modo geral, os dados apurados após o acidente ficaram na mesma faixa dos trabalhos anteriores.

Também foram efetuadas análises com biomarcadores, que permitem a identificação do óleo presente nas amostras e sua correlação com o produto derramado. Essas análises, entretanto, indicaram que o combustível vazado ainda não tinha sido encontrado na maioria dos sedimentos de fundo, detectado somente em algumas amostras coletadas na área costeira ao norte da baía. Isso mostrou que o óleo talvez não tivesse se depositado no fundo e, naquele caso, as determinações de hidrocarbonetos nos sedimentos de fundo não tinham sido um bom indicador da contaminação acidental por óleo combustível.

Para evidenciar a contaminação nos sedimentos superficiais da região norte da baía, buscou-se agregar as estações de coleta em três grandes grupos: as localizadas entre a ilha de Paquetá e a APA de Guapimirim; as situadas entre a Reduc, ilhas do Governador e de Paquetá; e outras na zona central da baía.

Os gráficos a seguir mostram que, em comparação com outras áreas da baía, as maiores concentrações de hidrocarbonetos nos sedimentos, em especial n-alcanos e MCNR, foram observadas nas imediações da Reduc, evidenciando o impacto das atividades rotineiras da refinaria.

Box Plot dos HPAs nos sedimentos superficiais da Baía de Guanabara após o derrame

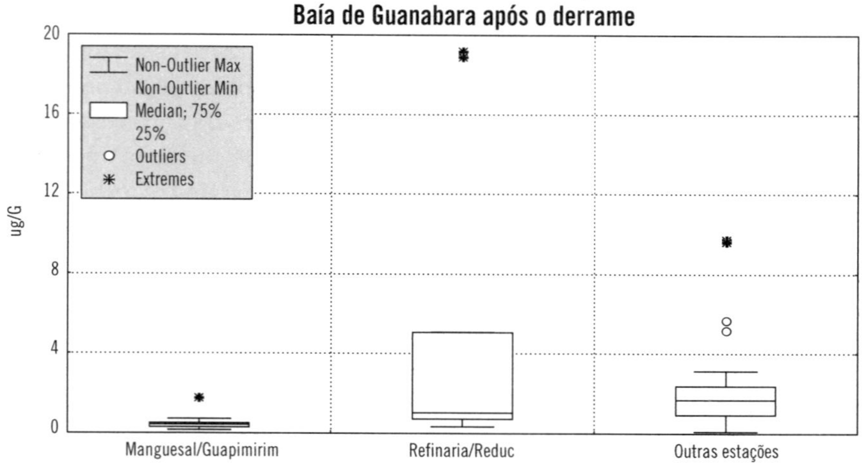

Fonte: FBDS — Fundação Brasileira para o Desenvolvimento Sustentável: Indicadores.

Box Plot dos n. Alcanos nos sedimentos superficiais da Baía de Guanabara após o derrame

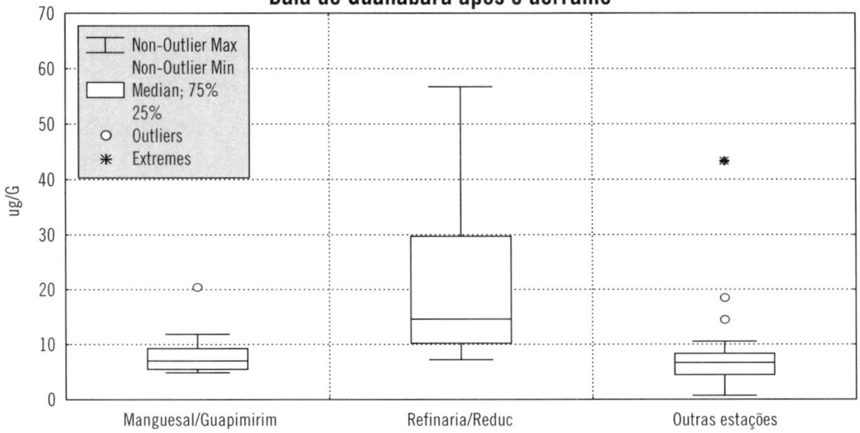

Fonte: FBDS — Fundação Brasileira para o Desenvolvimento Sustentável: Indicadores.

Box Plot do MCNRs nos sedimentos superficiais da Baía de Guanabara após o derrame

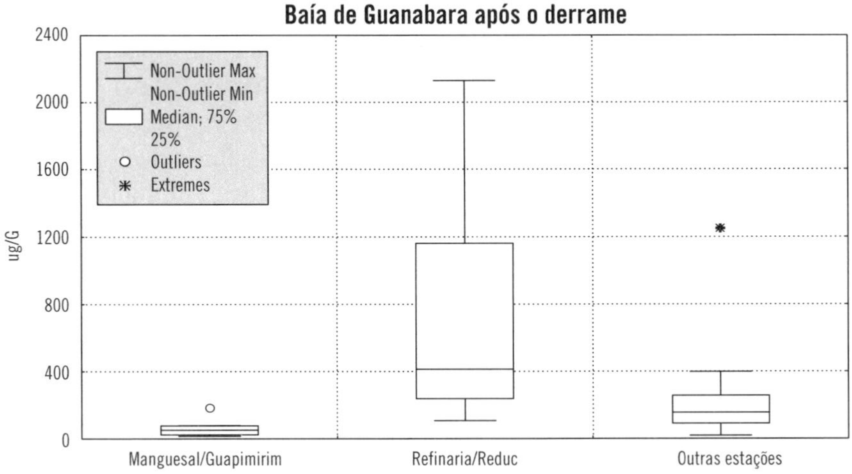

Fonte: FBDS — Fundação Brasileira para o Desenvolvimento Sustentável: Indicadores.

Atualmente, a Petrobras vem procurando se colocar num novo patamar em relação às questões de segurança operacional, meio ambiente e saúde (SMS). Em 2005, a companhia aplicou 2,8 bilhões de reais nessas atividades e, mesmo com o aumento da produção, suas operações registraram um dos mais baixos volumes de óleo vazado da história recente. Essa melhora de desempenho deve-se à implantação de programas de excelência em gestão ambiental e segurança operacional (Pegaso) e de segurança de processo (PSP). O Pegaso foi criado em 2000 e já investiu mais de 9 bilhões de reais para rever planos de contingência, criar novos mecanismos de gestão e reequipar unidades.

A Petrobras também passou a manter na Baía de Guanabara uma embarcação especializada no controle de vazamentos, com capacidade para recolher até 250.000l/h de óleo. A empresa vem procurando utilizar o conceito de "ecoeficiência", que traduz um esforço para compatibilizar o aumento da produção com a utilização mais racional de insumos naturais, como água e energia, e reduzir o volume de efluentes, resíduos e emissões em todas as unidades.

Em termos de controles automatizados e sistemas integrados de contingência, os planos de manutenção e supervisão dos dutos foram aprimorados, diminuindo a probabilidade de vazamentos e o tempo de resposta às emergências. Os sistemas da Reduc e do Terminal Aquaviário da Baía de Guanabara (TABG) foram integrados, permitindo o monitoramento dos tanques da refinaria em tempo real.

No TABG, concluiu-se o sistema de supervisão automatizada das operações de transporte e estocagem de óleo e derivados, com acompanhamento em tempo real, 24 horas por dia. São monitorados dados de temperatura, pressão e vazão nos dutos entre o TABG, a Reduc e os píeres, bem como o nível e a temperatura dos tanques da Reduc. Também foi instalado um sistema de bóias que detecta a presença de hidrocarbonetos na água do mar em torno do TABG. Conectado por computador, o sistema permite o monitoramento 24 horas por dia. Os mapas de sensibilidade ambiental da baía que vêm sendo elaborados vão possibilitar o planejamento e acelerar o tempo de resposta a acidentes, em diferentes locais e condições meteorológicas. Além dessas medidas, implantou-se proteção com barreiras para operações de carga e descarga no píer de barcaças na ilha D'Água. E o tratamento dos resíduos sólidos gerados em decorrência do acidente de janeiro de 2000 também foi concluído. Como se vê, a Petrobras vem tomando inúmeras medidas para proteger o ecossistema da Baía de Guanabara.

Poluição por postos de gasolina

Pelos levantamentos realizados pela Feema na década de 1990, existem mais de mil postos de gasolina localizados na área da bacia hidrográfica da Baía de Guanabara. A grande maioria está na cidade do Rio de Janeiro (75%) e na Baixada Fluminense (12%); Niterói e São Gonçalo concentram 11%. Com suas diversas atividades, eles são fontes de contaminação por resíduos de óleos, graxas e outros produtos químicos. Constatou-se que cerca de 90% deles fazem troca de óleo de motor armazenando o óleo retirado em tambores. Mais de 60% realizam serviços de lubrificação e lavagem de automóveis.

Quando esses postos não implantam os sistemas de controle exigidos por órgão ambiental, seus resíduos oleosos são drenados para as galerias de águas pluviais e chegam à Baía de Guanabara. Segundo estimativas da Feema, essa carga corresponde a cerca de 0,5t/dia de efluentes lançados na baía. Além desse tipo de poluição, os próprios tanques de armazenamento dos diversos tipos de combustível podem se tornar, em caso de vazamento, fontes de contaminação do solo e do lençol freático.

Entre os sistemas de controle exigidos pelo órgão ambiental podem ser citados: caixas separadoras de água e óleo (estima-se que cerca de 70% dos postos possuam esse tipo de dispositivo); sistema adequado para coleta e destino final dos resíduos oleosos (venda para re-refinadoras); sistema de monitoramento dos efluentes oleosos e dos tanques de combustível (poço para detecção de vazamento e proteção catódica); sistema de prevenção à corrosão dos tanques de armazenamento de combustível (quase 60% dos postos utilizam essa metodologia).

É importante mencionar que, de acordo com a deliberação da Comissão Estadual de Controle Ambiental (Ceca) nº 3.588, de 26 de dezembro de 1996, os postos de gasolina estavam isentos de licenciamento ambiental. Mas os municípios vinham trabalhando em conjunto com a Feema e concedendo os alvarás unicamente aos postos que tivessem atendido as exigências ambientais.

Em 29 de novembro de 2000, porém, o Conselho Nacional de Meio Ambiente (Conama) baixou a resolução nº 273, estabelecendo a obrigatoriedade de licenciamento ambiental para postos de combustível, que se configuram como empreendimentos potencial ou parcialmente causadores de acidentes ambientais. Considerando que a atividade possa contaminar corpos d'água subterrâneos e superficiais, que vazamentos de petróleo implicam riscos de incêndios e explosões em áreas densamente povoadas e que a manutenção inadequada ou insuficiente tem aumentado de forma significativa o número de vazamentos nos últimos anos, os postos dependerão do licenciamento prévio de órgãos ambientais competentes, sem prejuízo de outras licenças legalmente exigíveis.

Em São Paulo, a partir da decisão de diretoria nº 010/2006/C, de 26 de janeiro de 2006, a Companhia de Tecnologia de Saneamento Ambiental (Cetesb) passou a convocá-los para que se adequassem à resolução Conama 273/00.

Embora o conteúdo das exigências técnicas estabelecidas pela Cetesb não tenha sido alterado, o processo de licenciamento de postos de combustíveis foi modificado para oferecer maior agilidade ao empreendedor. As mudanças resultaram de sugestões apresentadas pela Câmara Ambiental do Comércio de Derivados de Petróleo, fórum que congrega técnicos da Cetesb e representantes do setor de combustíveis, da indústria de equipamentos e das empresas de consultoria ambiental.

Também em São Paulo, foi implementado um roteiro único para o licenciamento, válido inclusive para postos novos, e procedimentos para a investigação de passivos ambientais, para a inspeção de tanques aéreos e para a remoção/desmobilização de sistemas de armazenamento de combustíveis. A priorização das convocações baseia-se em informações cadastrais referentes às características das instalações e equipamentos, à proximidade de corpos d'água e à ocupação do entorno, além de registros de ocorrência de eventos de contaminação do solo ou das águas subterrâneas.

No estado do Rio de Janeiro, a Feema exige o atendimento às seguintes normas técnicas:

- DZ-1841.R2 — Diretriz para o licenciamento ambiental e para autorização do encerramento das atividades de postos de serviços, que disponham de sistema de acondicionamento e armazenamento de combustíveis, graxas, lubrificantes e seus respectivos resíduos.
- IT-1842.R2 e anexos — Instrução técnica para requerimento de licenças ambientais para postos de serviço e obtenção de autorização para sua paralisação ou encerramento.

Legislação de controle de poluição por óleo

Em 1967, pela lei nº 5.357, estabeleceram-se penalidades para embarcações e terminais marítimos ou fluviais que lançassem detritos ou óleo em águas brasileiras. Determinava-se que a fiscalização ficaria a cargo da Diretoria de Portos e Costas do Ministério da Marinha, em estreita cooperação com os órgãos federais e estaduais envolvidos.

Em julho de 1971, conscientes do elevado grau de poluição da Baía de Guanabara e considerando que suas águas eram de jurisdição federal, os então estados da Guanabara e Rio de Janeiro assinaram, juntamente com o Ministério da Marinha, o Convênio de Controle de Poluição das Águas da Baía de Guanabara. O que significava, na época, um substancial reforço às atividades de controle de poluição por óleo, através de uma fiscalização coordenada.

Entretanto, o crescimento acelerado das atividades e do transporte internacional de petróleo provocou acidentes e conseqüentes episódios de poluição largamente noticiados pela imprensa mundial. No Brasil, o desastre do *Tarik* na Baía de Guanabara alertou as autoridades sobre o despreparo em lidar com acidentes daquele porte. A criação do Gepol visava não apenas a elaboração de planos de emergência mas também promover sugestões para modificar a legislação existente. Essa mudança era importante, porque a antiga lei deixava de abordar relevantes aspectos da questão.

Passou-se, porém, um longo tempo sem que se criasse uma nova ordenação específica sobre o tema. Só em 28 de abril de 2000 o presidente Fernando Henrique Cardoso sancionou a lei nº 9.966, que dispõe sobre a prevenção, o controle e a fiscalização da poluição causada por lançamentos de óleo e outras substâncias nocivas ou perigosas em águas sob jurisdição nacional. Ela se aplica a embarcações nacionais, portos organizados, instalações portuárias, dutos, plataformas e suas instalações de apoio, em caráter complementar à Convenção Internacional para a Poluição Causada por Navios (Marpol 73/78).

A lei nº 9.966, em seu Capítulo II, fala dos sistemas de prevenção, controle e combate da poluição. No artigo sétimo, diz que os portos organizados, instalações portuárias, plataformas e suas instalações de apoio deverão dispor de planos de emergência individuais para o combate à poluição por óleo e substâncias nocivas ou perigosas, que deverão ser submetidos à aprovação do órgão ambiental competente.

Para atender a esse artigo, o Conama baixou a resolução nº 293, de 12 de dezembro de 2001, que dispõe e orienta a elaboração do conteúdo mínimo de um plano de emergência individual para incidentes de poluição por óleo em portos organizados, instalações portuárias ou terminais, dutos, plataformas e suas respectivas instalações de apoio.

VII O PROBLEMA DO LIXO E SUA INFLUÊNCIA NAS ÁGUAS DA BAÍA

O histórico do problema

Antes da chegada da família real ao Brasil, no começo do século XIX, a população da cidade do Rio de Janeiro mal chegava perto dos 50 mil habitantes. Numa época em que não havia coleta, o lixo era atirado em qualquer lugar. Praias, cercanias de lagoas, pântanos, rios e quaisquer outros corpos d'água eram usados como destino final para tudo o que os habitantes da cidade queriam se desfazer. Até que, em 1830, a Câmara Municipal baixou uma postura — que seria a base inicial da estruturação e concessão desses serviços — referindo-se não apenas à limpeza e desempacho de ruas e praças, mas definindo proibições e estabelecendo sanções para o lançamento de lixo em vias públicas. E, curiosamente, solicitava ainda providências contra loucos, embriagados e animais ferozes que podiam incomodar a população.

Em 1876, Aleixo Gary, francês radicado no Rio, foi contratado temporariamente pelo Ministério Imperial para administrar a limpeza urbana. Sua atuação, introduzindo métodos eficientes nos procedimentos, produziu mudanças tão importantes na organização e execução dos serviços que até hoje os empregados das companhias responsáveis são chamados de "garis". Além das vias públicas, o trabalho incluía a limpeza das praias, a coleta e transporte do lixo da cidade para a ilha de Sapucaia, próxima à enseada de Inhaúma, em frente ao bairro do Caju.

A situação estendeu-se até 1891, data do término do contrato. Foi criada então a Superintendência de Limpeza Pública e Particular da cidade. A partir daí, entrou-se num círculo vicioso, pois o trabalho da superintendência deixava muito a desejar. Com o agravamento dos problemas, a prefeitura resolveu contratar novamente empresas particulares, que, por sua vez, não conseguiam cumprir o que fora acordado. Em 1899, a prefeitura retomou a operação de limpeza urbana. Em 1906, o serviço dispunha de mais de mil animais para as tarefas de coleta e transporte de lixo, número considerado insuficiente para carregar as 560t diárias produzidas na cidade.

Durante a administração do prefeito Pereira Passos, a Superintendência de Limpeza Pública deixou de ser subordinada à Diretoria de Higiene, tornando-se autônoma. O lixo, porém, continuava sendo transportado para a ilha de Sapucaia, para onde ia também a lama resultante das estações de tratamento de esgotos da City. Tais operações, obviamente, tinham impacto sobre a qualidade das águas da Baía de Guanabara, principalmente nas imediações da ilha de Sapucaia e da enseada de Inhaúma.

Nas primeiras décadas do século XX, vários estudos sobre a destinação final do lixo enfocavam não só soluções por meio de aterros sanitários, como também a incineração. Os aterros surgiram como uma forma simples e de menor custo operacional de resolver o problema, já que nos vazadouros o lixo permanecia a céu aberto, favorecendo a proliferação de insetos e ratos e espalhando mau cheiro.

Assim, em 1933, instalou-se um aterro na praia do Retiro Saudoso, no Caju. Seguindo-se os métodos usados em localidades próximas a Londres, na Inglaterra, o lixo coletado era lançado num terreno pantanoso às margens da baía e coberto por uma camada de terra retirada do cemitério de São Francisco Xavier. A prática perdurou até 1976, quando foi escolhida outra área, de 1,3km^2 e também às margens da baía, onde foi implantado o Aterro Metropolitano de Gramacho, no município de Duque de Caxias.

Por mais de quarenta anos, o aterro do Caju poluiu a Baía de Guanabara, não só com o chorume produzido, como também com a perda do espelho d'água. À medida que o lixo era vazado, seu peso fazia aflorar o lodo do fundo da baía e, com isso, seguiam-se os procedimentos de aterramento da baía, num círculo vicioso. Dessa forma, foi criado um morrote de lixo com cerca de 40m de altura às margens da baía, que permanece até hoje, possibilitando inclusive a exploração de gás.

A questão do destino final do lixo do Rio de Janeiro

Em 1958, a antiga prefeitura do Distrito Federal promoveu concorrência pública para apresentação de propostas que sugerissem um destino final para os detritos coletados na cidade. Desde 1933, o aterro do Caju funcionava como vazadouro a céu aberto e contaminava a Baía de Guanabara com chorume e com valores altíssimos de DBO (Demanda Bioquímica de Oxigênio). Tudo isso causava não só enorme prejuízo à fauna aquática das regiões próximas, como exportava lixo flutuante para diversas outras áreas da baía, ao sabor das correntes e do vento. Em 9 de novembro de 1957, a prefeitura havia editado a lei municipal nº 897, visando a industrialização do lixo, o que poderia ser feito por meio da produção de adubo (com o lixo fino), ou a sua queima para geração de energia, utilizando o óleo, o lixo grosso e os resíduos industriais como combustível.

Quem ganhou a concorrência pública de 1958 foi o consórcio composto pela Companhia Marnito S.A. e a Cie. Générale de Construction de Fours, cuja proposta previa a construção de três usinas de industrialização do lixo: a maior seria implantada no Caju, enquanto as duas menores, com igual capacidade, equivalente a 50% da anterior, seriam instaladas uma na Zona Sul, perto do estádio de futebol do Clube de Regatas do Flamengo, e outra na Zona Norte, na avenida Suburbana, esquina da rua Estevão da Silva. O esquema previa:

- separação dos resíduos metálicos;
- peneiramento do lixo, com subseqüente moagem dos finos para venda como adubo;
- enriquecimento do lixo moído, com cinzas de combustão de detritos;
- combustão do lixo grosso e de refugos industriais em uma instalação de geração de vapor, com aproveitamento para produção de energia elétrica em grupo turbo-gerador.

A capacidade da Usina de Incineração do Caju seria de 1.000t/dia, e das duas usinas menores, de 500t/dia cada uma.

A Junta de Industrialização do Lixo (JIL), criada pela prefeitura e composta por grandes profissionais do ramo, analisou a proposta, julgando-a rentável e autofinanciável, caso se vendesse o adubo produzido.

Mas, em 1962, a Consultec — Sociedade Civil de Planejamento e Consultas Técnicas Ltda., chamada para revisar e opinar sobre os estudos feitos, não concordou com a aprovação da JIL. Suas restrições eram as seguintes:

- inexistência de mercado para a colocação do adubo de lixo verde e a estimativa exagerada para seu possível preço de venda, além do inconveniente higiênico de tal produção;
- defeituosa pluralidade de usinas, uma vez que a economia de transporte do lixo seria menor do que a que resultaria da construção de uma só usina no Caju, fosse quanto ao investimento, fosse quanto aos custos diretos e indiretos da operação.

A Consultec aconselhava, como solução para a industrialização do lixo no Rio de Janeiro, a construção de uma única usina de incineração no Caju, com aproveitamento do calor para geração de energia elétrica em grupo turbo-gerador e previsão de ampliação progressiva para atender o crescimento vegetativo da cidade. Baseando-se na inexistência de um mercado consumidor e no risco sanitário na manipulação do lixo verde, a empresa sugeria também eliminar a parte de produção de adubo. Segundo esse parecer, uma simples usina de incineração, apesar de mais barata em termos de investimento inicial, teria um custo alto de operação, necessidade de água de refrigeração e problemas de poluição atmosférica, enquanto a usina termoelétrica seria um empreendimento rentável, que permitiria atribuir valor ao lixo coletado.

A Consultec terminava seu relatório dizendo que a solução por ela proposta, de construção de uma usina termoelétrica baseada na combustão mista de lixo e óleo, transformaria um investimento de puro caráter social, não rentável, em empreendimento remunerador, que poderia também aliviar o déficit energético que afligia o então estado da Guanabara.

Na tentativa de encontrar destino final adequado para o lixo, em novembro de 1968, o então diretor do Departamento de Limpeza Urbana (DLU), Roberto Rodrigues de Castilho, preparou extenso relatório sobre a adoção de um sistema de eliminação para o estado da Guanabara. O trabalho, encaminhado ao superintendente da Sursan, Geraldo Reis Carvalho, analisava os principais métodos, que incluíam:

- sistema de aterros sanitários;
- sistema de incineração;
- sistema de aproveitamento do lixo, mediante sua transformação;
- sistema de lançamentos marítimos;
- sistema de integração com as galerias de esgotos sanitários.

Seguia-se um estudo comparativo dos diversos processos mencionados. Castilho comentava ainda sobre a baixa condição sanitária do vazadouro do Caju, que recebia cerca de 75% do lixo produzido na cidade lançado sobre as águas da Baía de Guanabara, e representava um exemplo clássico de poluição ambiental, uma vez que contaminava o solo, os detritos chegavam ao mar e ainda contribuía para a poluição atmosférica pela queima do lixo por combustão espontânea. Além disso, sua localização ocasionava uma série de inconvenientes à comunidade, como:

- assoreamento da foz dos diversos rios (Faria, Dom Carlos e Capivari) e galerias de água pluvial;
- dificuldade de drenagem das áreas urbanizadas da região a montante;
- assoreamento do canal em frente à ilha do Fundão, prejudicando a movimentação dos navios que saíam dos estaleiros;

- levantamento do lodo na ilha do Fundão;
- concentração de urubus, o que prejudicava o tráfego aéreo.

O relatório terminava tecendo considerações gerais sobre os diversos sistemas abordados e quantificando os custos anuais de cada um deles. Concluía desaconselhando a transferência do vazadouro do Caju para Jacarepaguá, em razão do aumento das distâncias de transporte.

Para que se possa avaliar o destino do lixo da cidade em 1968, a tabela a seguir mostra os locais e quantidades de vazamento, público e domiciliar.

Vazadouros e usinas de lixo em 1968 (unidade: m^3)

Vazadouro	Público	Domiciliar	Totais
Caju	294.290	1.165.248	1.459.538
Acari	45.785	215.154	260.939
Jacarepaguá	29.441	139.327	168.768
Gericinó	8.925	74.349	83.274
Praia de Guaratiba	–	14.417	14.417
Praia do Buraco	62	–	62
Praia do Dendê	12.425	165	12.890
Diversos	168.948	238.020	406.968
Total de vazadouros	*560.176*	*1.846.680*	*2.406.856*
Usina de Bangu	–	8.340	8.340
Usina de Irajá	–	13.637	13.637
Usina de Paquetá	7.459	5.474	12.933
Total de usinas	*7.459*	*27.451*	*34.910*
Total geral	567.635	1.874.131	2.441.766

Fonte: Departamento de Limpeza Urbana — Sursan.

Apesar do relatório de Castilho, que preconizava a substituição do vazadouro do Caju por uma usina de incineração e que, para os demais vazadouros, deveriam ser estudadas as soluções mais convenientes e adequadas a cada caso, nenhuma medida concreta foi tomada e o lixo continuou a ser derramado no vazadouro do Caju. No início da década de 1970, com o agravamento dos problemas, a Capitania dos Portos do Rio de Janeiro resolveu endurecer sua posição para acabar com o Caju, uma vez que os navios tinham dificuldade em navegar naquela área em função dos afloramentos de lodo.

O lixo passou a ter como destino terrenos da Marinha localizados na orla da baía, até ser transferido para um ponto no início da estrada Rio–Petrópolis (atual mercado São Sebastião), onde permaneceu por vários anos. Mais tarde, com a construção das novas pistas do antigo Aeroporto Internacional do Galeão, o aterro foi novamente intimado a se mudar, desta vez pela Aeronáutica, que receava que a concentração de urubus interferisse nos pousos e decolagens de aeronaves.

Na ocasião, com a fusão dos estados da Guanabara e do Rio de Janeiro, ampliou-se o leque de opções para instalação dos aterros de lixo. Assim, negociou-se uma área do Instituto Nacional de Colonização e Reforma Agrária (Incra), mais uma vez na orla da Baía de Guanabara, entre os rios Iguaçu e Sarapuí, uma região coberta de manguezais. É interessante observar que, no processo de regularização do terreno, mencionava-se que no local só havia manguezais, como se eles não tivessem nenhuma importância e fossem um atestado de que ali nada existia.

Dessa forma, em 1976, com o aval e recursos da Fundrem, foi criado o Aterro Metropolitano do Oeste (Jardim Gramacho), com área de 1.300.000m^2, cujo maior usuário é o município do Rio de Janeiro. O Aterro Metropolitano do Leste chegou a ser construído em São Gonçalo, mas a população local não permitiu que fosse inaugurado. Na ocasião, também vinha sendo negociado entre a Sursan e o Pnud um projeto de Saneamento do Meio Ambiente no antigo estado da Guanabara. Assinado em janeiro de 1974, o projeto tinha um componente de resíduos sólidos e poluição dos solos, cujo objetivo era a elaboração do Plano Diretor de Limpeza Pública, no qual o destino final do lixo era parte importante.

Atuais dificuldades para a adequada disposição final do lixo

Estima-se que a produção de lixo urbano na bacia hidrográfica da Baía de Guanabara seja da ordem de 12.800t/dia (relatório Jica, 1994). Desse volume, cerca de 9.000t/dia, ou o equivalente a aproximadamente 70%, são coletados nos diversos municípios da bacia. Dessas 9.000t/dia, cerca de 8.000t/dia são dispostas no Aterro Metropolitano de Gramacho, que embora venha recebendo uma série de investimentos e melhorias, ainda não atende a todos os requisitos necessários para ser considerado um aterro sanitário. Suas principais inovações dizem respeito à preservação ambiental, às condições de trabalho dos catadores da cooperativa, que recolhem os materiais recicláveis no local, e à implantação de tratamento do chorume

— a iniciativa mais importante para a preservação ambiental. O processo consta dos seguintes passos:

- tratamento primário ou físico/eletroquímico, constituído de lagoa de equalização, tanque de homogeneização, calhas eletrolíticas e decantador primário;
- tratamento secundário ou biológico, composto por tanque de aeração e decantador secundário;
- tratamento terciário (membranas de nanofiltração), englobando lagoa de polimento, filtro de areia, pré-filtro de cartucho e unidades de nanofiltração;
- tratamento do lodo, composto por adensador e prensa desaguadora.

Mais tarde, os efluentes resultantes são lançados no manguezal próximo ao rio Sarapuí, chegando à Baía de Guanabara. É importante mencionar que nem todo chorume gerado é captado e passa pela Estação de Tratamento de Chorume, operada pela empresa responsável pela recuperação e operação do Aterro de Gramacho. Assim, embora em menor escala, a contaminação da baía e de seus manguezais continua.

Tão logo o futuro Aterro de Paciência, na bacia hidrográfica de Sepetiba, comece a funcionar, será possível desativar o de Gramacho. A previsão era para que as instalações de Paciência fossem inauguradas no início de 2005, mas questões judiciais e demora na emissão de licenças ambientais atrasaram o cronograma. Recentemente, o empreendimento recebeu licença prévia da Comissão Estadual de Controle Ambiental (Ceca) em função de liminar judicial obtida pela empresa vencedora da concessão. Enquanto as demandas jurídicas se processam, com intervenção inclusive do Ministério Público, o Aterro de Gramacho continua a receber o lixo da região metropolitana do Rio de Janeiro.

Lixo flutuante sobre a Baía de Guanabara — Possíveis soluções

O lixo é a mais visível forma de poluição em um corpo d'água. Na Baía de Guanabara, a sujeira acumulada em suas margens e os detritos que flutuam pelo espelho d'água poluem e causam prejuízos diversos: ao banho de mar, à pesca, à navegação comercial e de lazer, ao turismo e mesmo a seu uso estético e paisagístico.

Os resíduos sólidos, sejam eles domésticos ou de outras origens, precisam ser rotineiramente coletados e dispostos em locais adequados. Quando o esquema de coleta é deficiente ou inexistente, como no caso de favelas e áreas carentes das periferias das cidades, grande parte do lixo é lançada em rios, córregos, valas e canais do sistema de drenagem, causando assoreamentos e entupimentos. Mesmo os resíduos da varredura das ruas e logradouros públicos, compostos não só de folhas, galhos e areia, mas também de papéis e detritos orgânicos, contribuem para dificultar o escoamento de rios e canais.

Obviamente, o lixo contribui enormemente para a degradação da qualidade da água de rios e canais e, por extensão, do espelho d'água da baía, provocando prejuízos estéticos e sanitários. Como muitos de seus componentes são flutuantes e não submergem, freqüentemente terminam formando verdadeiras ilhas de detritos nos trechos de menor velocidade das águas. O que faz com que, durante as estações de chuva, seja comum a passagem dessas ilhas de resíduos, que são formadas por pedaços de madeira, galhos de árvores, grandes moitas de vegetação (balseiras) em mistura com toda a sorte de plásticos, objetos imprestáveis e animais mortos.

Muito pouco foi feito para estimar a quantidade desse lixo flutuante que chega à baía. Uma das poucas tentativas nesse sentido foi realizada pelo autor, em junho de 1989, quando, geralmente de cima de pontes ou perto das embocaduras dos rios e canais, vistoriou os principais afluentes à baía. Na ocasião, procurava-se avaliar o volume de resíduos e vegetação flutuante que passava pelo rio num determinado intervalo de tempo. Posteriormente, foram relacionados os horários das inspeções com as situações de maré. Uma análise dos ciclos de maré nos dias de inspeção mostrou que o tempo médio da maré vazante era da ordem de dez horas, com quatro horas de maré parada, e as dez restantes correspondentes à maré enchente. Constatou-se que o carreamento do lixo flutuante para a baía costuma ocorrer em situações de maré vazante. Assim, as quantidades estimadas foram multiplicadas por 10h/dia.

De acordo com essa metodologia, foram feitas inspeções de campo abrangendo cerca de 28 rios. Também foram vistoriadas algumas favelas às margens da baía, como a da Maré; ilhas próximas ao continente, como a da Conceição, em Niterói; várias praias, como as de Mauá e Anil, no fundo da baía, e as da Ilha do Governador. O objetivo foi sempre o mesmo: detectar a quantidade de lixo existente nessas áreas, fosse gerado localmente ou carreado pelas marés e correntezas.

Na costa oeste da baía, no lado da cidade do Rio de Janeiro, encontram-se rios muito poluídos, atravessando regiões periféricas e faveladas, com grande quantidade de lixo nas margens e levado pela correnteza. É o caso dos canais do Mangue, do Cunha, da Marinha e do rio Irajá. Esse último talvez seja o que leva a maior quantidade de detritos flutuantes para a Baía de Guanabara. Rios de maior vazão na costa oeste, como o Meriti, o Sarapuí e o Iguaçu, apresentam muita vegetação flutuante, mas também arrastam grandes volumes de resíduos da Baixada Fluminense.

Os rios do fundo da baía, entre os quais os integrantes da bacia hidrográfica do rio Estrela, têm quase todos as mesmas características: muita vegetação do tipo aguapé, pouco esgoto e lixo. Já os rios Suruí e Iriri contam com manguezais bastante desenvolvidos e características de zona rural, com população pobre. Durante vistoria no rio Suruí, de cima da ponte, um morador despejou uma lata de lixo, sujando a água com sacos plásticos, papéis etc.

Na costa leste da baía, pequenos rios tornam-se verdadeiras valas de esgoto a céu aberto, com grande volume de detritos em seu leito e margens. É o caso do Bomba, Brandoa, Marimbondo, Porto da Pedra e Marambaia. Embora um pouco maiores, o Alcântara e o Guaxindiba também apresentam o mesmo grau de imundície. Maior afluente da baía, o Guapimirim é o principal corpo d'água da APA de Guapimirim; com bom nível de qualidade de água, é usado para turismo e pescarias. A ausência de lixo flutuante também o torna esteticamente aprazível. No dia da vistoria, as águas barrentas do Macacu apresentavam pequeno volume de lixo e esgoto. Seus resíduos flutuantes, na maioria, se resumiam a vegetação e balseiras.

Embora tenha sido encontrado algum lixo flutuante, principalmente galhos e folhas, durante as vistorias de praias, detectou-se a presença de grande quantidade de plásticos boiando. Com base nessas vistorias, e de acordo com a metodologia adotada, pôde-se estimar o volume de lixo flutuante que chega ao espelho d'água da baía através de seus principais rios. Para isso considerou-se um peso específico para o lixo, da ordem de 300kg/m^{3}, o mesmo usado para a vegetação flutuante. Os cálculos mostraram que cerca de 274t/dia de detritos e 542t/dia de balseiras e vegetação, alcançam a Baía de Guanabara, somando um total de 816t/dia. É uma quantidade significativa de lixo e obstáculos que prejudicam não só a navegação de barcas e embarcações menores, como também o uso estético, paisagístico e de recreação da região.

Volume diário de lixo e vegetação flutuante nos afluentes à Baía de Guanabara

Rio/canal	Estimativa de campo	Estimativa horária m^3/h	Volume diário m^3/dia		Volume diário total m^3/dia
			Lixo	Balseira	
Canal do Mangue	1m^3/15 min	4	40	–	40
Canal do Cunha			120	–	120
Rio Irajá	1m^3/2 min	30	300	–	300
Rio Meriti	1m^3/6 min	10	75	25	100
Rio Sarapuí	1m^3/min	60	240	360	600

Rio/canal	Estimativa de campo	Estimativa horária m^3/h	Volume diário m^3/dia		Volume diário total m^3/dia
			Lixo	Balseira	
Rio Iguaçu	2 m^3/min	120	120	1.080	1.200
Rio Macacu	3 m^3/5 min	36	18	342	360
Total (m^3/dia)			913	1.807	2.720
Total (t/dia)			274	542	816

Elaboração do autor.

Alternativas para recolhimento do lixo flutuante

Instaladas em pontos estratégicos, as barreiras flutuantes podem ser uma alternativa interessante para recolher os detritos carreados pelos rios. Para não dificultar nem onerar a montagem dessas barreiras, os locais escolhidos não podem ser muito próximos à desembocadura, onde os leitos costumam ser mais largos e o tráfego de pequenas embarcações e canoas também é maior, tornando mais freqüentes as operações de abri-las e fechá-las. Para garantir que funcionem, elas devem ser instaladas a jusante dos núcleos populacionais que despejam lixo nos cursos d'água. Como se vê, a escolha adequada do local para a montagem dessas barreiras é fundamental para o sucesso da operação.

Outro requisito na hora da escolha é uma certa disponibilidade territorial, pois ali funcionará uma área de armazenamento e transferência de lixo flutuante, que pode até abrigar pequenas centrais de tratamento ou reciclagem, e para onde convergirá não só o material recolhido no local como o captado em outros rios.

Uma análise preliminar indica que se deve adotar o processo no canal do Cunha e no rio Irajá, no município do Rio de Janeiro; no rio Meriti, no limite dos municípios do Rio e Duque de Caxias; e no rio Sarapuí, no município de Duque de Caxias. Outros rios deverão passar por análise mais minuciosa, em função de fatores diversos, como é o caso daqueles cobertos total ou parcialmente por vegetação aquática, os rasos e pequenos, ou os que praticamente só carreiam vegetação flutuante. Muitos se mostram cobertos total ou parcialmente com plantas aquáticas, que, nesses casos, atuam como barreira flutuante, retendo detritos em seus galhos — situações em que é preciso identificar os pontos onde o lixo se acumula, para retiradas periódicas. De forma geral, os rios com essas características são os de Magé (Magé-Mirim, Roncador e canal de Magé) e os da bacia do Estrela (Figueira, Imbariê, canal Caioba).

Também os rios menores e mais rasos não permitem que os detritos flutuem livremente, retendo a maior parte deles em seu leito. É o caso dos de

Niterói e São Gonçalo (Bomba, Brandoa, Marimbondo, Porto de Pedra, Marambaia) e outros. Em geral, nesses tipos de cursos d'água, a atuação deve ser associada a mutirões de limpeza e dragagens do leito.

Alternativas de tratamento

Diversas alternativas de tratamento podem ser aplicadas individualmente a cada tipo de resíduo recolhido das águas da Baía de Guanabara. Pode-se ainda projetar concepções integradas. Tomando-se como exemplo o lixo flutuante dos rios, constata-se que ele é basicamente composto por plásticos, madeiras, latas, papéis e materiais outros, quase sempre recicláveis. Assim, o tratamento poderá ser:

- separação manual no próprio terreno, às margens dos rios onde foi recolhido pelas barreiras flutuantes e transporte para locais de venda;
- secagem e armazenamento no terreno e transporte para usina de reciclagem central ou regional, onde será processado junto com o lixo flutuante de outros rios ou integrado ao lixo doméstico da região;
- balseiras e vegetação recolhidas dos rios poderão ser secas e colocadas em digestores para eventual produção de gás.

Para controlar o volume do lixo lançado nos corpos hídricos e encaminhar o material a cooperativas de reciclagem, a Serla recentemente deu início ao Projeto Ecobarreira, colocando barreiras flutuantes, construídas em madeira, material reciclado e aço, em pontos estratégicos dos rios, ou seja, em locais próximos às desembocaduras e com alguma área onde seja possível retirar o lixo e dividi-lo para a reciclagem. O projeto prevê geração de empregos para jovens, adultos, ex-infratores ou ex-moradores de rua, transformando-os em agentes multiplicadores num processo de inclusão social e integração ao mercado de trabalho. Está prevista a implantação de dez ecobarreiras com vão médio de 25m. O detalhamento do projeto está sendo feito pelas equipes do Cids/FGV e da Serla (ver fotos 3 e 4, p. 253 e 254).

Envolvendo análise da sustentabilidade socioeconômica e ambiental de técnicas para redução do lixo flutuante na bacia hidrográfica da baía, o projeto é visto pela Serla como pesquisa na área do desenvolvimento sustentável. O primeiro rio beneficiado foi o Irajá, afluente que carreia até a baía grandes volumes de detritos (cerca de 300t/dia). No projeto piloto, próximo à barreira flutuante, foi instalado o que a Serla denomina de Ecoponto, no estacionamento do hipermercado Makro, no bairro da Penha. Ali, são feitas a separação, pesagem e estocagem do lixo reciclável, em instalações provisórias dentro de áreas autorizadas pela Serla na faixa marginal de proteção. A Baixada

Fluminense também já conta com uma ecobarreira, instalada no rio Meriti. O projeto se estenderá ainda aos rios Sarapuí, Iguaçu, das Pedras, canal do Cunha, Estrela, Caceribu, Guaxindiba e Suruí.

Gestão ambiental do lixo: o caso de Nova Iguaçu

A prefeitura de Nova Iguaçu tem buscado equacionar de forma integrada a problemática de resíduos sólidos no município. Com a verba recebida da multa aplicada à Petrobras pelo acidente de 2000, está recuperando o lixão da Marambaia, na confluência dos rios Iguaçu e Tinguá. As atividades do vazadouro foram encerradas e em seu lugar foram plantadas cerca de 20 mil mudas de espécies nativas da Mata Atlântica. A idéia é devolver a área à comunidade como parque público destinado ao lazer.

Se por um lado, um aterro foi eliminado, por outro continua funcionando a Central de Tratamento de Resíduos de Nova Iguaçu, em Adrianópolis. Nos moldes das parcerias público-privadas (PPP) e com uma concessão de vinte anos, o aterro da CTR Nova Iguaçu foi licenciado pela Feema e capacitado a receber resíduos urbanos, industriais, lixo hospitalar e entulho de construção civil. Com dupla impermeabilização da base do terreno, feita com camada argilosa e manta de polietileno de alta densidade (PEAD), evita-se a percolação de chorume para o lençol freático. Também é feita a drenagem das águas pluviais para evitar sua contaminação pelo chorume. Os taludes das células têm proteção vegetal para impedir a ação da erosão, e todo o solo a ser utilizado na cobertura do lixo é retirado do próprio local.

Periodicamente, são coletadas, para análises, amostras de água retiradas de 16 poços de monitoramento do lençol freático e de seis pontos de água superficial. Há ainda o controle da pesagem e da qualidade dos resíduos que chegam, por meio de sistema informatizado, que também são analisados pelo laboratório instalado na própria CTR Nova Iguaçu, em parceria com o Centro de Tecnologia Ambiental (CTA), da Firjan.

Ali, desenvolve-se o Novagerar, um empreendimento oficialmente inscrito, em 2004, como projeto de Mecanismo de Desenvolvimento Limpo (MDL), segundo critérios do Tratado de Kyoto. A decomposição da matéria orgânica do lixo produz biogás (ou gás de aterro), composto por aproximadamente 55% de metano, um dos responsáveis pelo efeito estufa. Para evitar que essa poluição seja lançada na atmosfera, o gás é drenado, canalizado e transformado no combustível que alimenta as unidades de tratamento no interior da própria CTR. No Novagerar, o gás gerado no aterro sanitário será aproveitado para a produção de energia limpa. O projeto prevê ainda a instalação de usinas geradoras de energia elétrica, com capacidade para iluminar os prédios públicos da cidade onde o empreendimento está instalado.

VIII DESMATAMENTO DA BACIA HIDROGRÁFICA E SUAS CONSEQÜÊNCIAS NA BAÍA DE GUANABARA

Para se ter uma pequena idéia sobre um tópico tão importante para a sobrevivência da Baía de Guanabara, procuramos sintetizar o trabalho do eminente professor Adelmar F. Coimbra-Filho intitulado "Importância das formações florestais no equilíbrio flúvio-ecológico das bacias hidrográficas que deságuam na Baía de Guanabara, Estado do Rio de Janeiro, Brasil", de 2004.

As inter-relações entre matas e bacias hidrográficas

À época do descobrimento do Brasil, toda a região da Baía de Guanabara apresentava bom equilíbrio ambiental quanto à estabilidade hidro-ecológica, com todos os cursos d'água fluindo com grande regularidade. As condições climáticas regionais daqueles tempos deviam ser parecidas com as atuais, de intensa luminosidade e temperatura elevada. Fatores que, aliados a altos índices pluviométricos, concorreram para a existência da pujante floresta que originalmente revestia toda a área ocupada pela bacia da Baía de Guanabara.

Como se sabe, matas e florestas são indispensáveis ao equilíbrio e à regularidade dos sistemas fluviais das bacias hidrográficas, com influência significativa nos processos de regulação hidráulico-ecológica. Além de representar um fator básico para a regularidade do ciclo hidrológico dos rios que fluem para a Baía de Guanabara, os ecossistemas florestais contribuem para o reabastecimento dos aqüíferos e a manutenção do nível hidrostático adequado dos lençóis freáticos na região.

Integrantes do vasto bioma Floresta Pluvial Tropical, ou, segundo a classificação do IBGE, Floresta Ombrófila Densa, essas matas regionais são mais conhecidas pela designação de Mata Atlântica. Caracterizada por extraordinária riqueza biótica, a floresta que primitivamente recobria a região da baía sofreu acentuada simplificação, como conseqüência de toda sorte de desatinos decorrentes da ação do homem. Mesmo assim, ainda permanece razoavelmente rica em alguns de seus melhores remanescentes, salvos da degradação total por milagre. Nesses raros trechos, a quase totalidade das espécies tem sido muito pouco estudada quanto à verdadeira função que desempenha no complexo contexto ecológico de seus habitats.

Em passado relativamente recente, os ecossistemas silvestres neotropicais, de grande diversidade biológica, ainda mantinham em perfeita regularidade as condições dos regimes hídricos, em especial a fluência de suas bacias fluviais, cujas águas certamente eram puras, límpidas e de excelente potabilidade quanto às suas características físicas, químicas e biológicas. Hoje, das florestas exuberantes resistem apenas restritos remanescentes silvestres secundários, bastante degradados e em diferentes estágios de sucessão ecológica. Todos necessitando de urgentes trabalhos de recuperação para que possam exercer de modo satisfatório suas reais funções no equilíbrio ambiental da região.

No passado, a regularidade do ciclo hidrológico regional contribuía para a preservação dos aqüíferos a montante, localizados nas serras e morros menores no entorno da baía. Após percorrer tipologias florestais orográficas e formações silvestres de baixadas úmidas, todas atualmente muito simplificadas, degradadas ou eliminadas, esses cursos d'água terminam desembocando na Baía de Guanabara, atravessando manguezais como última etapa de seu percurso fluvial.

Para melhor se compreender os benefícios das matas no regime hidrológico de determinada bacia fluvial, devem ser considerados os múltiplos processos ecológicos que influem no destino das águas pluviais sobre ela precipitadas. A chuva que cai em uma floresta estabilizada tem suas águas fracionadas, com uma parcela apreciável interceptada pelas folhas das árvores. Outra parte retorna à atmosfera pelo processo de evaporação simples e uma terceira parcela goteja das folhas, dos ramos, além de escorrer pelos troncos. Enquanto uma parte ainda é aproveitada pelas plantas, que transpiram uma fração significativa, outra infiltra-se através da manta e dos interstícios do raizame, e o excedente abastece os lençóis subterrâneos. Somente uma parcela muito reduzida escorre, praticamente sem carrear sedimentos, filtrada pela manta florestal.

Nos últimos 70 milhões de anos, ao início de um intenso processo de especiação, começaram a surgir numerosas formas diferenciadas, inclusive plantas herbáceas de porte reduzido, que, através de sucessivas adaptações, gradativamente foram se especializando em atender às demandas ecológicas de seus habitats. Aos poucos, passaram a ocupar nichos desfalcados e novas funções exigidas por peculiaridades fisiológicas específicas, notadamente as formas hidrófilas e higrófilas, com ativa participação em manter o equilíbrio ecológico e a estabilidade das zonas ribeirinhas ciliares e ripárias. É importante ressaltar as notáveis funções protetoras dessas espécies, que fixam e guarnecem margens, barrancas e leitos de rios. Frise-se, por outro lado, que algumas dessas plantas, em particular as formas aquáticas, são capazes de retirar das águas e reter em seus tecidos substâncias químicas nocivas à biota, podendo, por esse motivo, purificar o meio em que vivem.

Apesar da ampla área de matas destruídas, ainda restou na bacia da Baía de Guanabara razoável diversidade biológica em alguns dos últimos remanescentes secundários que sobraram da devastação. Sabe-se que foram exterminadas as formas mais visíveis e significativas, incluindo elevada fração representada por plantas e animais menores, pertencentes a diferentes grupos, inclusive formas microscópicas. Todas, indiscutivelmente, com grande significado no complicado contexto ecológico regional. A eliminação dessas espécies pouco perceptíveis certamente afeta de alguma forma o equilíbrio dos ecossistemas aos quais pertenciam. Hoje, todas as comunidades bióticas do entorno e das vizinhanças da bacia da baía podem ser consideradas criticamente desestabilizadas sob o ponto de vista ecológico, situação que com certeza também afeta os complicados processos relacionados com a estabilidade dos regimes hidrográficos regionais.

Infelizmente, um número bastante elevado de pessoas não consegue entender que o principal fator para a preservação dos rios é justamente a permanência das matas em suas cabeceiras e as formações ciliares em suas margens, desde as pequenas plantas aquáticas até os diferentes tipos de árvores. A vegetação protege os cursos d'água contra todo tipo de ação desestabilizadora, mantendo com notável eficiência o equilíbrio ecológico e atuando de diversas maneiras para manter a pureza e a qualidade das águas fluviais.

Hoje, a ampla bacia da Baía de Guanabara não conta mais com a riquíssima biota selvagem de um passado relativamente recente, nem desfruta da esplêndida beleza das magníficas florestas primitivas de outrora, fartas de madeiras e detentoras de notáveis qualidades para fins de aproveitamento tecnológico. Permanece, contudo, o extraordinário patrimônio geomorfológico regional, representado principalmente pelo magnífico cenário da serra dos Órgãos, seus contrafortes e serras menores. Trata-se de conjunto antiqüíssimo do ponto de vista geológico, parte integrante do Complexo Cristalino Brasileiro, constituído em especial por rochas pré-cambrianas granito-gnaissicas.

Além desse cenário geológico e apesar da devastação das matas regionais, alguns remanescentes silvestres residuais, que hoje constituem Unidades de Conservação (UC), ainda participam da preservação dos cursos d'água da bacia da Baía de Guanabara. Dentre essas UCs, citam-se o Parque Nacional da Serra dos Órgãos, a Reserva Biológica de Tinguá, as Reservas Biológicas de Araras e de Alcobaça, e o Parque Municipal da Serra da Estrela. Embora protegidas pelo poder público, elas necessitam de competente trabalho de restauração ecológica, particularmente quanto à reintrodução de espécies desaparecidas. É preciso facilitar ao máximo o processo de regeneração natural.

Atualmente, mesmo alteradas quanto à sua composição florística e estrutura originais, essas matas, ditas protegidas, ainda conferem inegável influência positiva nos processos naturais de reabastecimento hídrico de aqüíferos. Facilitam a infiltração gravitacional das águas pluviais e de coleções d'água superficiais, orientadas pelo raizame do arvoredo em solos porosos e rochas fragmentadas. Nessas áreas de preservação governamental nascem cursos d'água que terminam desembocando na Baía de Guanabara. Sem mencionar os canais, citam-se os rios Acari, Meriti, Sarapuí, Iguaçu, Estrela, Suruí, Guapimirim — este com vários afluentes —, Cacerebu, Alcântara, Bomba, além de outros menores. Dada a sua importância, esses pequenos cursos d'água merecem mais atenção e cuidados governamentais. A restauração ecológica dessas bacias devia ser considerada meta urgente e até estratégica, com estudos e gerenciamento criteriosos para promover um amplo reflorestamento protetor, especialmente nas cabeceiras e margens dos rios.

A importância das matas na estabilidade dos rios e na manutenção do equilíbrio ecológico de suas bacias é fácil de ser entendida. Mas causa perplexidade a completa falta de compreensão e até mesmo o descaso do poder público em relação à séria problemática flúvio-florestal do estado. Conhecido como estado de um rio só, o Rio de Janeiro devia tratar o assunto como de interesse estratégico, já que somente dispõe do degradado e abandonado Paraíba do Sul para o abastecimento de água.

Constata-se, assim, que as pequenas bacias fluviais fluminenses deviam merecer cuidados especiais, voltados para sua restauração ecológica, com a finalidade de, em períodos críticos de estiagens mais prolongadas, tornaremse fontes alternativas de abastecimento público. Esse prognóstico de longas estiagens é perfeitamente válido, quando se considera a maciça destruição florestal que já atingiu extensas áreas originalmente cobertas de matas contínuas. Deve-se considerar ainda a indispensável ampliação dos atuais remanescentes silvestres, iniciativa que pode ser obtida de forma menos dispendiosa pela regeneração natural auxiliada pelo homem por intermédio de técnicas diversas.

Quando se trata de conservação florestal, a atual legislação federal e estadual orienta a concretização dessa iniciativa governamental, embora até hoje muito pouco tenha sido feito para solucionar a questão hidro-florestal no estado. Atualmente, a questão vem sendo enfrentada com a criação de Comitês de Bacias Hidrográficas e, na esfera municipal, com a Fundação Rio Águas. Trata-se de iniciativas certamente surgidas após a criação da Política Nacional de Recursos Hídricos — lei federal nº 9.433/97 e lei estadual nº 3.239/99. Foram também formados os conselhos federal e estadual de Recursos Hídricos, mas, apesar dessas medidas institucionais, os resultados ainda são pouco significativos em termos de melhoras nas bacias hidrográficas fluminenses.

É lógico que a qualidade da água dos rios que desembocam na baía depende das atividades humanas realizadas nas zonas ribeirinhas e do nível de educação dessas populações. Nesse particular, chama-se a atenção para a necessidade de um processo realmente bem planejado de educação ambiental, que atinja todos os níveis da população, inclusive o universitário, uma vez que a maioria das pessoas ainda não se conscientizou da importância da situação ecológica fluvial e de sua influência para a boa qualidade da água.

Danos e conseqüências do desmatamento

Apesar da necessidade de se cuidar de modo competente das diversas bacias hidrográficas, permanecem praticamente na estaca zero as iniciativas governamentais da área hidroflorestal, em especial quanto ao desmatamento indiscriminado da vegetação silvestre ribeirinha. Isso se evidencia em todo o país, demonstrando total incompreensão a respeito de situação tão perigosa, indicativa de possíveis colapsos no abastecimento d'água e de conseqüentes deficiências no fornecimento de energia, tal como hoje acontece ocasionalmente.

A preocupação mundial com o problema de escassez de água potável tem se acentuado bastante nos últimos anos. A Food and Agriculture Organization (FAO), das Nações Unidas, já considera crítico o cenário em várias regiões do mundo. Apesar de ainda manter uma boa situação quanto a seus recursos hídricos, o Brasil corre o risco de ver comprometido todo o seu esforço desenvolvimentista, em função de processos desordenados de ocupação da terra e da destruição irracional de seu patrimônio florestal. O complexo água-solo-vegetação-fauna tem sofrido sérios distúrbios e prejuízos por vezes irreversíveis. Essa devastação inconseqüente vem se processando desde os primórdios da colonização no estado do Rio de Janeiro, acentuando-se nas últimas cinco décadas e atingindo inclusive o que sobrou de vegetação dos substratos rochosos em lugares altos, acidentados e de difícil acesso.

De início, a destruição das matas fluminenses teve por finalidade obter espaço para atividades agropecuárias, expansão de cidades, implantação de indústrias etc. Contudo, essa derrubada jamais foi precedida de estudos preliminares, desconsiderando-se as características geomorfológicas e ambientais da região, o que deixou como conseqüência numerosos desastres. A eliminação das matas ribeirinhas que guarnecem os cursos d'água, por exemplo, resultou em enormes danos às populações locais, acelerando processos erosivos e contribuindo para sucessivas inundações. Portanto, caso venha a ser realizada em bases ecológicas criteriosas, deve-se ter em mente que, em geral, sua recuperação é difícil e onerosa.

Registrem-se também os danos a rios fluminenses provocados por entidades oficiais, como o antigo Departamento Nacional de Obras e Saneamento

(DNOS), que durante muito tempo realizou obras equivocadas, como, por exemplo, a retificação de meandros naturais de rios que deságuam na Baía de Guanabara. Isso contribuiu para aumentar a velocidade e o poder erosivo das águas, levando a um conseqüente assoreamento dos trechos estuarinos, pela deposição da grande quantidade de materiais carreados.

Ao lado de tantos desatinos, é preciso lembrar ainda outros fatores altamente destrutivos à vegetação de menor porte, como a erosão e as freqüentes queimadas — tanto as provocadas por causas diversas, como o nocivo hábito de se soltar balões, quanto as que se sucedem às derrubadas. Nestas práticas, empregadas para melhorar o estado de pastagens degradadas, muitas vezes o fogo ultrapassa as formações graminóides e atinge matas vizinhas, em geral com enormes danos. Como costuma ser ateado tanto em terras públicas quanto em propriedades particulares, o fogo atinge com freqüência matas preservadas por legislação específica e destinadas à proteção ambiental, como topos de morros, encostas íngremes, proteção de mananciais hídricos, cabeceiras e margens de rios etc. Quando coincidem com longos períodos de estiagens, essas queimadas podem resultar em incêndios sérios, verdadeiras catátrofes, com imensos prejuízos para todos.

Do que restou das formações silvestres secundárias da Mata Atlântica do estado do Rio de Janeiro, cerca de 80% estão em propriedades particulares. Considerando a vulnerabilidade destas áreas, algumas bem importantes pelo papel ambiental que desempenham, mas sem dispor de recursos para adquiri-las, o governo federal optou pela criação das Áreas de Proteção Ambiental (APAs), relativamente extensas, com certo grau de ocupação humana e dotadas de atributos naturais que justifiquem sua proteção por parte do poder público. Elas foram estabelecidas pela lei nº 6.938/81, regulamentadas pela resolução Conama nº 10/1988 e redefinidas pela lei nº 9.985/1999. Insatisfeitos com a ação controladora do poder público, por vezes os habitantes dessas APAs e seus entornos provocam deliberadamente ações contra a natureza local, visando degradá-la e assim desinteressar o governo em protegê-las. Desses desmandos, os incêndios criminosos são os mais freqüentes.

Além dos desmatamentos, vários outros danos freqüentemente são cometidos contra a Baía de Guanabara, que recebe uma imensa carga poluidora de sólidos de diversas origens, além de poluentes e detritos provenientes das bacias fluviais que nela deságuam, piorando ainda mais a qualidade de suas águas.

Quaisquer trabalhos para sua recuperação devem ser iniciados a partir de montante, desde as nascentes dos cursos d'água regionais. Infelizmente, os municípios da região jamais tiveram qualquer iniciativa em benefício dos rios que cortam seus territórios e que a cada dia se tornam mais degradados. É preciso ainda controlar o crescimento das comunidades carentes próximas a eles.

Um bom exemplo de recuperação de nascentes de cursos d'água é o projeto recentemente realizado pela ONG Instituto Baía de Guanabara (IBG), intitulado Gente do Caceribu, que realizou um diagnóstico e empregou jovens estudantes para fazer o monitoramento ambiental da bacia. O IBG promoveu ainda o cadastramento das associações civis da região e, em parceria com as prefeituras de Itaboraí e Tanguá, elaborou projeto para implantação da APA do Barbosão. Como missão principal, a ONG pretende comprometer a sociedade com o desenvolvimento sustentável da Baía de Guanabara.

Mas um outro tipo de desmatamento aumenta a degradação da baía: é a destruição de seus manguezais, ecossistema de grande significado, pois é parte de importantes processos relacionados à produtividade marinha e sabidamente indispensável ao equilíbrio ecológico de trechos estuarinos e à produtividade pesqueira na região.

A partir da década de 1940, constatou-se a urbanização desordenada e o contínuo desmatamento das áreas no entorno da Baía de Guanabara, que foram progressivamente substituídas por favelas, com visíveis prejuízos ambientais. Muitas dessas comunidades ocupam áreas de preservação permanente, estabelecidas para melhorar a qualidade de vida das populações regionais. O IBGE, que vem estudando esse processo de favelização, recentemente informou sobre a devastação de importantes remanescentes silvestres, alguns de grande valor ambiental por guarnecerem rios significativos. Segundo dados do censo de 2000, verifica-se que a partir de 1991, só na área metropolitana da cidade do Rio de Janeiro, estabeleceram-se 112 favelas. No estado, o aumento do número de novas favelas chegou a 22,7%, mas é provável que tais valores se situem aquém da realidade.

É um crescimento desordenado e verdadeiramente irresponsável, que compromete e destrói os últimos remanescentes da Mata Atlântica no estado. O controle e a fiscalização dessas comunidades irregulares são perfeitamente exeqüíveis, desde que haja vontade política e recursos adequados. Deve-se ainda adotar a medida objetiva de delimitar fisicamente as áreas favelizadas, impedindo-as a todo custo de invadir e destruir as últimas áreas florestadas do estado. Ênfase especial deve ser dada também ao saneamento básico, à saúde dessas populações, bem como à adequada urbanização das áreas invadidas, evitando por todos os meios sua marginalização. Esses procedimentos devem merecer a compreensão da sociedade e o apoio integral das instituições pertencentes às três esferas de poder.

A proteção às derradeiras regiões de matas fluminenses tem por finalidade manter condições ambientais mínimas para que se possa usufruir uma qualidade de vida satisfatória. Contudo, numerosos modelos educativos podem ajudar a recuperação hidroecológica das pequenas bacias próximas às favelas, como, por exemplo, uma iniciativa recentemente divulgada na mídia, sobre "guardiões comunitários fluviais", que ficariam responsáveis por limpar os cursos d'água do município. Trata-se de uma boa idéia que pode ser empregada também para promover reflorestamentos protetores, previamente estudados e projetados por técnicos de órgãos oficiais.

IX OUTROS TIPOS DE AGRESSÕES AMBIENTAIS À BAÍA

Aterros do espelho d'água

Em extenso artigo publicado na coluna "A Semana", da *Gazeta de Notícias*, do Rio de Janeiro, em 26 de agosto de 1894, Machado de Assis referia-se ironicamente ao aterro de parte ou de toda a Baía de Guanabara, a pretexto de um resto de ponte instalada à praia da Glória. Aparentemente, essa ponte fazia parte de um projeto, que não se realizou, de aterrar parte do mar. A obra foi sendo danificada pelo tempo, dela restando apenas uma série de paus fincados, sem nenhuma utilidade e esteticamente nocivos à paisagem.

Machado de Assis mencionava ainda, de forma irônica, não ser

> [...]oposto a qualquer idéia de aterrar parte da nossa baía: Sou de opinião que temos baía demais. O nosso comércio marítimo é vasto e numeroso, mas este porto comporta mil vezes mais navios do que entram aqui, carregam e descarregam, e para que há de ficar inútil uma parte do mar? Calculemos que se aterrava metade dele; era o mesmo que alargar a cidade. Ruas novas, casas e casas, tudo isso rendia mais que a simples vista da água movediça e sem préstimo.

Machado continuava tecendo hipóteses sobre a largura das ruas, o futuro crescimento da cidade, comparando-a, inclusive, com São Paulo, onde nos últimos seis meses tinham sido construídas mais de quatrocentas casas porque havia espaço, enquanto aqui no Rio este espaço devia ser criado. E continuava, dizendo: "Não sei por que razão, uma vez começando o aterro do porto, em frente à Glória, não iríamos ao resto e não o aterraríamos inteiramente. Nada de abanar a cabeça: leiam primeiro". E já aí revelando a natureza irônica do seu artigo, dava argumentos sobre a não necessidade de portos para as cidades.

Incitava os leitores a terem imaginação, fecharem os olhos e contemplarem toda a imensa baía aterrada e edificada, enumerando uma enorme lista de obras e projetos, como uma estrada de ferro aérea entre a Laje e Mauá, outra entre a praça do Mercado e Niterói. Estendia-se ainda sobre os custos desse enorme projeto, possibilidades de financiamento, venda de terrenos, sob a denominação de "chãos ulteriores", e dos peixes que existissem antes de se começar a aterrar o mar e de outras fontes de riqueza para a realização das obras.

Terminava dizendo que, não se concretizando o sonho, esperava que se retirassem os frangalhos de ponte diante da praia da Glória. Pode-se reconhecer nesse artigo o humor sarcástico e a crítica mordaz sobre as desconcertantes contradições da condição humana, características dos últimos anos da vida de Machado. A confirmar a ironia desse artigo de 1894, pode-se citar o diálogo de *Memorial de Aires*, último livro do escritor, de 1908, ano de sua morte. Em conversa entre o Conselheiro Aires e a viúva Fidélia, os dois concordam que "não há baía no mundo que vença a do nosso Rio de Janeiro", o que evidencia o apreço que o autor tinha pela Baía de Guanabara.

Ironias à parte, a grande verdade é que os aterros de lagoas, alagadiços e mesmo da orla do litoral da baía já haviam começado. O primeiro, no litoral, ocorreu na marinha do centro da cidade, onde hoje se acha a igreja da Santa Cruz dos Militares. Estima-se que essas obras iniciais na orla ocorreram na mesma época da drenagem e aterro da lagoa de Santo Antônio. Muitas foram realizadas como medida de defesa contra ondas e ressacas, geralmente conjugadas com a construção de trapiches e ancoradouros. Os portos mais próximos do centro da cidade eram os de Caju e Inhaúma, e na seqüência havia os de Maria Angu, Irajá e o Porto Velho, na foz do rio Meriti.

Arquivos de antigas igrejas e irmandades falam da destruição provocada pelas ressacas. A capela de Santa Luzia, na praia de Piaçava, e a Fortaleza do Calabouço tinham os muros batidos pelas ondas. Um dos documentos mais antigos de obras de defesa contra o mar é o projeto de uma muralha a ser construída na praia de Piaçava, em 1842. Muitas outras devem ter sido feitas em vários pontos da costa para diminuir a fúria das ondas.

É importante observar que os primeiros ancoradouros construídos foram o cais da Alfândega, em 1702, e a Ponta do Trem, em 1762, que mais tarde deu origem ao antigo Arsenal da Guerra, junto ao Calabouço. O cais no largo do Paço, atual Praça XV, contava com uma escadaria por onde passavam os passageiros que desembarcavam dos navios em pequenas embarcações a remo. Em 1852, foi executado o alinhamento do cais na marinha da cidade, entre os arsenais da Guerra e da Marinha.

A partir do início do século XX, em particular durante a gestão do prefeito Pereira Passos (1902-1906), a cidade do Rio de Janeiro começou a expandir-se rapidamente para todos os lados, inclusive na direção do mar e da Baía de Guanabara. Segundo Eduardo Canabrava Barreiros, em seu *Atlas da evolução urbana da cidade do Rio de Janeiro* (IHGB), de 1965, as maiores modificações do solo do Rio, como não podia deixar de ser, ocorreram nessa época. Para melhor acompanhar essas transformações, Canabrava escolheu épocas com maior volume de obras para traçar seus mapas.

O ano de 1910 mostra as obras iniciadas na administração Passos, em que os aterros mais importantes foram feitos nas áreas do Cais do Porto, da Praça Mauá e da ilha das Cobras. Para outro mapa foi escolhido o ano de 1930, que apresenta as reformas da administração Carlos Sampaio (1920-1922) e inclui o desmonte do morro do Castelo e conseqüente aterro da área do Calabouço e do futuro aeroporto Santos Dumont, o da ilha das Cobras, a segunda etapa do aterramento do Cais do Porto, em São Cristóvão e no Caju, e a ligação (ponte) entre o continente e a ilha Fiscal.

O mapa de 1946 evidencia as reformas de Henrique Dodsworth, quando foram executadas a segunda etapa do aterro para o aeroporto Santos Dumont e a ponte ligando a ilha de Villegaignon à área recém-aterrada. Finalmente, o mapa de 1965, ano do Quarto Centenário da cidade do Rio de Janeiro, mostra as obras do governo Carlos Lacerda, sobressaindo-se o Aterro do Flamengo, a Marina da Glória e a terceira etapa do aterramento para ampliar as pistas do Santos Dumont. É importante salientar que as obras citadas não foram iniciadas e concluídas nas administrações mencionadas, mas se tornaram possíveis pelo trabalho de administrações intermediárias que deram continuidade a várias delas.

O Mapa 4 mostra parte do litoral mais modificado do Rio de Janeiro e ilustra os maiores aterros executados no século XX, caracterizando um processo de agressão iniciado no lado oeste da Baía de Guanabara. Apresenta a situação original e a de 1965:

- Cais do Porto, primeira etapa (sacos da Gamboa, Saúde e Alferes), em 1905, aterro de 1.000.000m^2.
- Cais do Porto, segunda etapa (Caju e São Cristóvão), em 1924.
- Mangal de São Diogo, em 1905, e canal do Mangue, obra terminada pelo barão de Mauá em 1857.
- Aterros para construção da avenida Beira-Mar, inaugurada em 1906.
- Aterro no final da avenida Rio Branco, onde se localizou a Exposição Internacional do Centenário da Independência, em 1922, utilizando o desmonte do morro do Castelo.

- Bairro da Urca. O bairro foi criado, em 1920, a partir de uma série de aterros, iniciados em 1908, com a Exposição Nacional do Centenário da Abertura dos Portos.
- Aterro das enseadas de Manguinhos e Inhaúma para construção do aeroporto de Manguinhos e da avenida Brasil, de 1928 a 1930.
- Aterro e conurbação de diversas ilhas da enseada de Inhaúma (1949) para a criação da ilha do Fundão, onde se construiu a Cidade Universitária.
- Aeroporto Santos Dumont, inaugurado em 1º de novembro de 1934 e construído a partir do aproveitamento das áreas aterradas para a Exposição do Centenário da Independência. A obra envolveu mais duas etapas de aterros, até a ilha de Villegaignon, onde está situada a Escola Naval.
- Aterros para a construção do aeroporto do Galeão no lado oeste da Ilha do Governador, no local conhecido como mangue do Pesqueiro (pista antiga).
- Aterro da ilha da Conceição, em 1958, com mais de 10.000m^2.
- Aterro do lado norte da Ilha do Governador para construção da segunda pista do aeroporto do Galeão.
- Aterro do Flamengo e da Marina da Glória, terminado em 1965.
- Aterro do Projeto Rio, de 1979 a 1980, no local onde existiam as palafitas da favela da Maré.

Destruição de manguezais

Os manguezais se caracterizam como comunidades vegetais anfíbias, constituindo-se em ecossistemas dinâmicos e abrigando variada fauna. São, portanto, de grande importância ecológica e geomorfológica no contexto regional das zonas estuarinas. Devido à sua estrutura, à forma estranha das raízes de seus componentes e à formação de propágulos na própria árvore-mãe, os manguezais despertam a curiosidade do homem e criam numerosos nichos, onde várias espécies de peixes, crustáceos e moluscos passam toda, ou pelo menos parte, da vida. Assim, essas espécies utilizam os diversos habitats para alimentação, reprodução, desova e crescimento, e também para se proteger de predadores.

O valor dos manguezais reside não só na quantidade de matéria orgânica produzida pela cadeia detrítica, que forma o elo básico das cadeias alimentares, como também no importante papel que sua vegetação tem na fixação de terras e sedimentos costeiros.

Originalmente, eles se estendiam pelos trópicos, em quilômetros de bosques às margens dos oceanos, nas baías e canais estuarinos, crescendo com facilidade nos terrenos de aluvião das desembocaduras de rios. À época do descobrimento, a Baía de Guanabara era coberta por extensos manguezais, não só na faixa litorânea, como nas margens dos rios com influência de marés.

A população indígena que habitava a região sabia conviver e utilizar-se deles, em especial para a obtenção de alimentos.

Na cidade do Rio de Janeiro, os mais importantes manguezais situavam-se no saco de São Diogo e na enseada de Inhaúma, seguindo até a foz do rio Meriti. Nos primeiros séculos, eles sofreram poucas alterações, já que, de modo geral, estavam razoavelmente afastados do núcleo urbano e o crescimento da cidade se dava de forma bastante lenta. Por outro lado, foram sempre considerados, assim como seus arredores, ambientes insalubres. No livro *O Rio de Janeiro no século XVII*, Vivaldo Coaraci conta que os moradores costumavam cortar lenha para uso doméstico e para as caldeiras dos engenhos dos mangues do saco de São Diogo e da enseada de Inhaúma. A população pobre tirava dali sua subsistência: com pau de mangue construía suas choupanas e em seus brejos pescava mariscos e caranguejos. A casca do mangue era ainda usada em curtumes.

O curioso era que, como vários manguezais ficavam à beira de suas propriedades, jesuítas e beneditinos, julgando-se no direito de posse, impediam a entrada de estranhos. Para sustentar essa proibição, o reitor da Companhia de Jesus, padre Barnabé Soares, obteve do administrador eclesiástico a excomunhão para todos aqueles que cortassem madeira dos manguezais. Como houve muitas reclamações, a Câmara protestou contra tal arbitrariedade. Os jesuítas, então, estenderam a excomunhão aos oficiais da Câmara. Em carta datada de 31 de agosto de 1677, os vereadores, por sua vez, denunciavam à Coroa que os jesuítas estavam se apoderando de terras que excediam as concessões que lhes haviam sido feitas. Ao tomar conhecimento da carta, o Conselho Ultramarino foi de opinião que os jesuítas não deviam interferir em assuntos estranhos a seus ofícios, parecer que foi aceito pelo rei, que instruiu o governador nesse sentido, dando fim ao problema.

Depois da vinda da família real para o Brasil, com a instalação na Corte no Rio de Janeiro, o trânsito entre a Quinta da Boa Vista e o centro começou a crescer, culminando com a construção do canal do Mangue, em 1856, pelo barão de Mauá. Os manguezais de São Diogo foram os primeiros a sofrer o impacto dessas transformações por que passava a cidade. Mais tarde, e como já foi mencionado, a destruição dos demais manguezais foi sendo feita de forma paralela aos aterros da orla da baía. No final da década de 1920, foi a vez dos que havia nas enseadas de Manguinhos e Inhaúma darem lugar ao aeroporto de Manguinhos e à avenida Brasil. Aliás, com a expansão da cidade para os subúrbios da Zona Norte, assim como os manguezais, todos os ecossistemas litorâneos ao longo da avenida que estava sendo construída foram sendo destruídos de forma generalizada.

Com o crescimento populacional, as instalações da Marinha e do novo aeroporto do Galeão, na década de 1940, os extensos manguezais dos lados norte e oeste da Ilha do Governador foram aterrados, como os dos sacos do Itacolomi, da Rosa e de Jequiá. Mas a natureza, de algum modo, parece vingar-se da ação do homem: as grandes chuvas que antes enchiam brejos e áreas alagadiças sem maiores problemas, hoje causam enchentes e inundações, deixando enormes prejuízos para as populações que se estabeleceram nessas regiões.

Hoje, aumenta a extração de madeira dos manguezais, o que vem atingindo proporções altamente danosas ao ecossistema. Mais intensa no verão, e utilizando moto-serras, a continuar nesse ritmo, a atividade resultará na diminuição drástica de áreas que, como é sabido, têm crescimento lento. O que ocasionará prejuízos sensíveis ao estuário, à cadeia detrítica e a uma fauna específica, que depende exclusivamente dessa vegetação. Estimativas feitas por Elmo Amador em seu livro *Baía de Guanabara e ecosssistemas periféricos: homem e natureza*, de 1997, indicam perdas de manguezais da ordem de 68%. Isto é, dos 260km^2 existentes à época do descobrimento, restam hoje pouco mais de 80km^2, quase todos na Área de Proteção Ambiental de Guapimirim. O restante encontra-se no litoral do município de Duque de Caxias (rio Estrela), na Ilha do Governador, no saco do Jequiá e em alguns outros poucos locais. Criada em 1984 pelo decreto federal nº 90.225, a APA de Guapimirim foi a primeira unidade de conservação brasileira, fruto de ação comunitária aliada a órgãos ambientais, constituindo-se na primeira reserva específica de manguezais.

O problema do assoreamento da baía

A Baía de Guanabara vem sofrendo um crescente processo de assoreamento, devido ao desmatamento em toda a sua bacia hidrográfica, aos aterros do espelho d'água, ao lançamento de esgotos sem tratamento, aos despejos industriais, águas pluviais e *run-off* contaminados com a lavagem das ruas.

A tabela a seguir dá uma idéia da gravidade da situação:

Valores médios de assoreamento na Baía de Guanabara

Período	Valores médios de assoreamento
Até o final do século XIX	18cm/século
Início do século XX	24cm/século
Década de 1930	81cm/século
Década de 1990	500cm/século

Fonte: Elmo Amador, *Baía de Guanabara e ecossistemas periféricos: homem e natureza*, 1997.

Segundo Amador, as maiores taxas de assoreamento ocorrem na região do Cais do Porto, área da Maré, enseada de Botafogo, área costeira de Niterói e região próxima à desembocadura dos rios Magé, Suruí e Iriri. As áreas em que esse assoreamento é menor são a porção central da baía, o litoral sul das ilhas do Governador e Paquetá e também a enseada de Jurujuba. De qualquer forma, a região mais prejudicada é a do fundo da baía, pois é de pouca profundidade, principalmente nas marés baixas. Nesse caso, o assoreamento é atribuído ao aporte de sedimentos trazidos pelos vários rios que aí desembocam, agravado pelas obras de retificação e retirada de meandros, empreendidas no passado pelo Departamento Nacional de Obras de Saneamento (DNOS).

É importante mencionar que as taxas recentes são bem altas, maiores do que as que ocorrem em outros estuários e baías. O risco maior é de que o assoreamento do canal entre a Ilha do Governador e o continente, na região entre a cabeceira da pista do aeroporto Tom Jobim e a Linha Vermelha, que já está bastante avançado, venha a se completar, causando uma perda irreparável em toda a porção noroeste da baía (cerca de 1/3 do total do espelho d'água). A dragagem do canal é uma ação de emergência, de fundamental importância para a preservação do atual espelho d'água (ver fotos 5 e 6, p. 255 e 256).

O programa de saneamento do DNOS

A Baixada Fluminense, como diz o nome, é uma região baixa, quase ao nível do mar, em que predominam planícies de aluvião, com várias áreas inundáveis e regiões permanentemente alagadas. As águas das chuvas descem pelas encostas, trazendo muitos sedimentos e depositando-os nos trechos finais dos rios, formando pântanos nas partes mais baixas e modificando a própria hidrografia da área norte da baía. Assim, desde o início de sua ocupação, o homem teve que lutar contra a natureza inóspita da região, sujeita a enchentes, com rios obstruídos por assoreamento e pelo entulho de vegetação das matas, onde grassava a malária, afetando diretamente a saúde e a própria vida dos colonos que ali se instalaram.

Assim, toda a região do fundo da baía tinha por vocação receber as grandes chuvas em suas extensas áreas alagadas, onde os materiais carreados se depositavam nos inúmeros meandros dos rios afluentes. É facilmente previsível entender que essa situação não era compatível com a ocupação da terra por colonizadores, suas atividades agrícolas, pecuárias e agro-industriais. A situação foi se agravando até que, com a decadência das atividades sociais e econômicas na região, foi criada, em 1933, pelo governo Getúlio Vargas, a Comissão de Saneamento da Baixada Fluminense, mais tarde Departamento Nacional de Obras de Saneamento (DNOS), com o objetivo de definir uma linha de ação que 13 comissões anteriores não tinham conseguido estabelecer.

Os rios e bacias hidrográficas foram estudados (1934) e divididos em quatro grandes regiões intituladas baixada de Campos, baixada de Araruama, baixada da Guanabara (Baixada Fluminense) e baixada de Sepetiba. Em 1936, iniciaram-se os trabalhos de desobstrução manual dos rios, numa tentativa de se restabelecer suas condições naturais de escoamento. Com essas medidas, grandes extensões de terreno foram aproveitadas e focos de malária, eliminados. Os principais problemas eram:

- recuperação de áreas alagadas periodicamente pelas marés;
- obras de defesa contra as enchentes e inundações;
- dragagem de novos leitos de rios que se espraiaram em brejos e pântanos.

Como exemplo de recuperação de áreas alagadas periodicamente, pode-se citar os pôlderes do rio Meriti, diques construídos ao longo de seu leito para evitar o alagamento de suas margens pelas marés altas, obras que permitiram a recuperação de 6.000.000m^2 nos subúrbios da cidade. As obras realizadas na bacia do rio Iguaçu e em outras regiões também recuperaram áreas alagadas pelas marés.

Segundo Alberto Lamego, em *O homem e a Guanabara* (IBGE, 1964), o DNOS, por ele classificado como uma das mais eficientes instituições governamentais, com amplos poderes em todo território nacional, executou um programa gigantesco de obras na Baixada Fluminense (recôncavo da Baía de Guanabara). Naquele tempo, não se visualizavam os prejuízos que elas trariam ao ecossistema da Baía de Guanabara, tanto em termos de assoreamento e destruição de manguezais quanto em prejuízos à flora e à fauna da baía, aves migratórias e outros tópicos que não eram considerados relevantes na época.

Possíveis impactos da poluição do ar na qualidade das águas da baía

A região metropolitana do Rio, incluindo não só as cidades do Rio de Janeiro e Niterói como as da Baixada Fluminense, São Gonçalo e outras, tem uma população estimada em 10 milhões de habitantes, que trabalham e transitam em mais de 1,5 milhão de veículos movidos a gasolina, álcool, óleo diesel, além de gás natural veicular. A tabela a seguir mostra a frota estimada de veículos para o ano de 2003, pela Associação Nacional dos Fabricantes de Veículos Automotores (Anfavea), no estado. Para a região metropolitana estimou-se o percentual de 80% da frota do estado.

Frota estimada de veículos — ano de 2003

	Automóveis	Comerciais leves	Caminhões	Ônibus	Total
Brasil	17.057.000	2.665.000	1.293.000	342.000	21.357.000
% ERJ	9,46	6,56	5,24	9,83	8,85
ERJ	1.613.592	174.824	67.753	33.716	1.890.094
RMRJ	1.290.873	139.859	54.202	26.973	1.512.075

Fonte: Estimativa da frota/Anfavea, dezembro de 2003, Denatran.

Juntamente com os veículos, inúmeras atividades industriais e urbanas são responsáveis pela emissão de poluentes químicos para a atmosfera. O comportamento desses poluentes é bastante complexo e depende de vários fatores de natureza física, química, meteorológica e geográfica. Às vezes, na atmosfera, eles se transformam em substâncias mais tóxicas do que as iniciais, resultando em maiores prejuízos. A Baía de Guanabara é o corpo receptor da carga de poluentes químicos atmosféricos resultantes das atividades do homem em sua bacia hidrográfica, carga transportada pelos ventos e massas de ar.

Os poluentes atmosféricos podem ser classificados em dois grupos, em função de sua reatividade química na atmosfera:

- Poluentes pouco reativos – Permanecem na atmosfera com a mesma natureza química durante muito tempo e são transportados no ar basicamente por fatores ligados ao processo físico. Os que merecem maior atenção são os metais pesados, e as metalúrgicas são as maiores responsáveis por sua emissão.
- Poluentes reativos na atmosfera – Sob o efeito da luz solar e na presença de outras substâncias, transformam-se quimicamente em elementos (gasosos ou particulados), chamados de poluentes secundários. Entre eles, encontram-se o dióxido de enxofre (SO_2), os óxidos de nitrogênio e os compostos orgânicos voláteis, todos eles emitidos pela queima de combustíveis fósseis. Os compostos orgânicos voláteis incluem os n-alcanos e os HPAs. Na Baía de Guanabara, as principais fontes desses poluentes são os veículos (gasolina, álcool e óleo diesel), refinarias e indústrias petroquímicas, e processadoras de petróleo.

A Reduc e as companhias distribuidoras de derivados de petróleo possivelmente se constituem na maior fonte de n-alcanos na área da Baía de Guanabara. Entre os principais efeitos da emissão desses poluentes, citam-se a chuva ácida e a formação por ação fotoquímica de poluentes secundários, como o ozônio e outros compostos.

A poluição atmosférica da Baía de Guanabara representa uma fonte difusa, como são as águas pluviais contaminadas, sendo carreadas, inclusive, com as águas de *run-off*. Assim, é importante que essa fonte difusa seja devidamente dimensionada e quantificada pelos especialistas em poluição do ar, para que se possa aquilatar seu impacto na qualidade das águas da baía. A exemplo das águas de *run-off* das chuvas e outras fontes difusas, seu equacionamento só ocorrerá quando as fontes pontuais e localizadas estiverem devidamente tratadas e solucionadas.

X A QUALIDADE DAS ÁGUAS DA BAÍA DE GUANABARA

Primeiras evidências de deterioração

A enseada de Inhaúma

O desequilíbrio ecológico na Baía de Guanabara teve início na enseada de Inhaúma, com o começo das obras de terraplanagem e aterro na área do antigo aeroporto de Manguinhos (1928/1930), que culminou com a fusão das ilhas da Sapucaia, do Fundão, Catalão, Caqueirada e outras mais, formando a atual ilha do Fundão. O próprio saneamento da Zona da Leopoldina e os vazadouros de lixo na Sapucaia e ponta do Caju contribuíram para o aterramento da região.

O resultado de tudo isso é que uma área superior a 800ha, em 1910, já em 1937 tinha diminuído para 660ha e, em 1957, para 460ha, quase a metade do original. A circulação das águas que, em 1937, era feita através de oito canais, com largura total de 1.600m, vinte anos depois, em 1957, passou a ser feita escassamente por apenas dois canais (do Fundão e ilha dos Pinheiros), com largura total de menos de 500m (ver Mapa 5, p. 266).

De 1957 até o final da década de 1970, houve um agravamento progressivo da qualidade e da quantidade das águas da enseada de Inhaúma. Os constantes aterros praticamente impediram a circulação das águas, acarretando o assoreamento de toda a enseada (cerca de 10cm/ano) e deixando à mostra seu fundo lamacento nas marés baixas. Finalmente, a realização do aterro do Projeto Rio, iniciado em 1979, decretou sua morte e o fim da ilha dos Pinheiros, incorporada ao continente.

A enseada de Botafogo

No início da década de 1940, os esgotos domésticos lançados pela City (The Rio de Janeiro City Improvements Company) na Baía de Guanabara causavam um impacto adverso na qualidade de suas águas. Essa contaminação era mais evidente nos locais de lançamento das estações de tratamento, cujos tanques de decantação tinham pouca eficiência. Na enseada de Botafogo, onde a situação era crítica, o engenheiro Del Vecchio, da Inspetoria de Águas e Esgotos, elaborou, em 1943, um estudo em que afirmava que todas as praias da enseada estavam indubitavelmente poluídas, embora em graus diferentes, pelas descargas ininterruptas dos efluentes da City. Ele mostrava que a contaminação atingia níveis de bactérias da ordem de 10^3 a 10^6 por cm^3.

De acordo com as autoridades de engenharia sanitária do Rio de Janeiro da época, tomar um banho de mar na praia de Botafogo seria arriscar-se a entrar em contato com micróbios patogênicos de origem fecal. O relatório aconselhava que, por medida de proteção, os banhistas deviam ser desviados pelas autoridades sanitárias para outras praias, onde o banho de mar não significasse ameaça à saúde. Admitia-se, inclusive, o risco de surtos epidêmicos de tifo ou disenterias.

A eficiência de decantação das estações de tratamento era quase nula. Na de Botafogo, era da ordem de 14%, por não se haver adequado a capacidade das instalações ao crescente desenvolvimento da população e das redes de esgoto. Nas estações, o esgoto passava por uma grade de barras de limpeza manual que retinha os sólidos grosseiros, era despejado no poço de entrada e recalcado para os tanques de decantação. O processo adotado era o tratamento químico, em que o afluente recebia leite de cal e sulfato de alumínio, e às vezes carvão vegetal, antes de alcançar os tanques de sedimentação nos quais se dava a precipitação do material em suspensão. Entretanto, as dosagens de produtos químicos eram insuficientes, bem como os períodos de retenção nos tanques, tornando impossível uma decantação eficiente. Por sua vez, as estações de tratamento recebiam efluentes sempre crescentes em termos de vazão.

Outro problema para o qual o relatório de Del Vecchio alertava era o do assoreamento da enseada de Botafogo. Comparando-se as profundidades de sondagem entre 1847 e 1920, verificava-se um grande afastamento da curva de 5m. Pode-se considerar que esse continuado processo de aterro era, em parte causado pelos ininterruptos despejos dos efluentes de esgotos da City.

É importante mencionar que estava no fim o prazo contratual de noventa anos da City, que ia até 1947, e a companhia já não tinha grande interesse em fazer maiores investimentos. Entretanto, realizou estudos, em que propunha que os efluentes das estações de tratamento da Glória e de Botafogo fossem lançados na ponta do Vigia, no Leme, em frente à ilha da Cotunduba.

Primeiros estudos e monitoramentos (década de 1960)

Terminado o contrato com a City, a prefeitura do Distrito Federal buscou estruturar-se para equacionar os problemas de esgotamento sanitário da cidade, o que só conseguiu de forma concreta com a criação da Sursan em 1957. Logo depois, foi criada a Comissão de Planejamento de Esgotos Sanitários (Copes), e já em fevereiro de 1958 era apresentado o trabalho intitulado "Objetivos, plano e estimativa de trabalho de investigação da poluição da Baía de Guanabara e da costa na proximidade da cidade do Rio de Janeiro", de autoria do professor Erman A. Pearson, da Universidade da Califórnia, Estados Unidos.

Desde a década de 1950, preocupavam-se as autoridades da cidade do Rio de Janeiro em apresentar aos banhistas praias em condições estéticas e sanitárias satisfatórias. Com isso, de 1956 até 1958, foram determinadas as densidades de coliformes nas praias Vermelha, Copacabana, Ipanema e Leblon. As análises foram realizadas no laboratório do Departamento de Águas da prefeitura do Distrito Federal, sob a supervisão do médico sanitarista Fausto Pereira Guimarães, pioneiro da engenharia sanitária no Brasil.

De uma maneira geral, já naquela época, os resultados em todas as praias excediam o padrão da Califórnia, de 1.000 NMP coliformes/100ml (valor igual ou menor de 80%).

Ainda sob a supervisão de Fausto Guimarães, no verão de 1960 foi montada a Operação Bactéria, que consistiu numa série de amostragens intensivas, abrangendo 23 pontos de coleta nas praias da Gávea, Leblon, Ipanema, Copacabana e Vermelha. Os principais objetivos da operação consistiam em determinar o grau de poluição das praias (NMP, ou seja, número mais provável de coliformes totais), os efeitos da maré, dos ventos e de outros fatores sobre as densidades de coliformes, e a influência dos lançamentos de cargas poluidoras na região (ver Mapa 6, p. 267).

Em 1957, como já mencionado, foi criada, pela prefeitura do Distrito Federal, a Sursan, autarquia cujo objetivo era a supervisão e equacionamento dos serviços de esgotamento doméstico e pluvial, limpeza urbana, urbanização, abastecimento de água, geotecnia e transportes. Para dar apoio técnico e científico a estes serviços, o governador do então novo estado da Guanabara, Carlos Lacerda, criou, em novembro de 1961, o Instituto de Engenharia Sanitária (IES). O instituto tinha como principal meta "garantir a higidez das águas do rio Paraíba do Sul", principal fonte de abastecimento da cidade do Rio de Janeiro. O IES constituiu-se no primeiro órgão de controle de poluição do Brasil, estabelecendo-se como um amplo centro de pesquisas e serviços técnicos no campo da engenharia sanitária. Sua finalidade era não só atender ao estado da Guanabara, como também difundir seus conhecimentos em todo o país.

Para operacionalizar e dar suporte técnico ao novo instituto, foi assinado, com o Programa das Nações Unidas para o Desenvolvimento (Pnud), o projeto BRA 14/ Brasil-6400. O programa envolvia recursos de 522 mil dólares por parte do Pnud e contrapartida do governo de 1.272 milhão de dólares a serem gastos em consultorias internacionais, equipamentos e bolsas de estudo no exterior. O projeto teve início em julho de 1965 e término em dezembro de 1971.

No período, foram iniciados os estudos de controle de poluição dos principais corpos d'água do estado da Guanabara, incluindo a baía e seus afluentes, a lagoa Rodrigo de Freitas, o trecho Funil/Santa Cecília do rio Paraíba do Sul e o rio Guandu. É importante destacar que a maioria desses corpos d'água já apresentava problemas complexos e de difícil solução a curto prazo. Em 1968, procedeu-se à primeira campanha sistemática de monitoragem de qualidade de águas da Baía de Guanabara, em 37 estações demarcadas por Erman Pearson (ver Foto 7, p. 257, e Mapa 7, p. 268). Na área de poluição atmosférica, os problemas na cidade do Rio de Janeiro eram provenientes principalmente dos incineradores domiciliares de lixo e das indústrias próximas às zonas residenciais.

Um resumo dos dados coletados na década de 1960 mostrava que a qualidade de água da baía já era bastante desfavorável desde aquela época. Grandes variações de pH e de OD (Oxigênio Dissolvido) indicavam, embora não tenham sido medidas, altas taxas de produção primária. Parâmetros indicadores de poluição orgânica, como a DBO (Demanda Bioquímica de Oxigênio) e DQO (Demanda Química de Oxigênio), eram também bastante altos. Os teores de OD nas águas da baía, bons no canal central e região leste, apresentavam na área oeste saturação na média de 50%, com severos *deficits* perto do fundo. Os dados de coliformes totais indicavam níveis de poluição abaixo dos atuais, muito embora essas contagens já fossem características de águas contaminadas.

O projeto Pnud BRA-73-003 (1974/1981)

O projeto Pnud BRA-73-003 — WHO/BRZ-2040, denominado Saneamento do Meio Ambiente no Estado da Guanabara, foi assinado em janeiro de 1974 pelo governo brasileiro, o Pnud e a Organização Mundial da Saúde (OMS), que atuou como agência executiva por meio da Organização Panamericana da Saúde (Opas). O projeto incluiu estudos sobre as seguintes áreas:

- controle de poluição das águas da Baía de Guanabara, da lagoa Rodrigo de Freitas e do rio Paraíba do Sul;
- controle de poluição do ar da cidade do Rio de Janeiro;
- resíduos sólidos e poluição do solo.

Os recursos alocados foram da ordem de 675 mil dólares como contribuição do Pnud, e 23.238.980 cruzeiros (maio de 1973), como contrapartida do governo. A duração do projeto foi de cinco anos.

O estudo de controle de poluição das águas da Baía de Guanabara foi feito com o desenvolvimento de modelos matemáticos de qualidade de água e modelos econômicos. Para isso, desde o início contou-se com a colaboração do Centro Panamericano de Engenharia Sanitária e Ciências do Ambiente (Cepis), por intermédio do engenheiro Walter Castagnino. Anterior à assinatura desse projeto, já havia um convênio de controle da poluição das águas da baía. Assinado em julho de 1971 pelo governo federal, por meio do Ministério da Marinha, e os governos dos estados da Guanabara e do Rio de Janeiro, buscava fiscalizar a poluição por óleo proveniente de navios, tanques e terminais (lei nº 5.357) e por despejos industriais (lei nº 2.721).

Em julho de 1974, foi elaborado, pelo projeto Pnud, o primeiro relatório da área de estudos da Baía de Guanabara. Através de modelos unidimensionais que identificavam toda a baía por seu canal principal, enfocavam-se os usos propostos, critérios e situações de qualidade da água, análises de benefícios e custos, bem como as conclusões preliminares sobre o efeito das cargas orgânicas na qualidade hídrica.

Entretanto, era necessário conhecer essa qualidade em outras áreas além do canal principal, particularmente nas praias e zonas de pesca, tendo em vista os usos predominantes na baía. Procurou-se, assim, desenvolver modelos bidimensionais, assinando-se naquela fase, pelo projeto Pnud, um subcontrato para assistência técnica no campo de modelos matemáticos de qualidade de água. A firma escolhida foi a Hydroscience Inc., com sede em New Jersey, Estados Unidos, hoje Hydroqual Inc.

Avaliação biológica da Baía de Guanabara

As primeiras referências sobre o plâncton da baía são do início do século XX, com as pesquisas feitas pela Fundação Oswaldo Cruz. Os trabalhos visaram a ocorrências de marés vermelhas e inventários de fitoplâncton. A partir da década de 1940, um dos grandes estudiosos da baía foi o professor Lejeune de Oliveira, que fez várias pesquisas sobre ela. Entre os estudos publicados, com base em seu trabalho e no de outros cientistas do Instituto Oswaldo Cruz, está um tipo de classificação dos danos causados pela poluição na enseada de Inhaúma, que ele denominou de estágios de deterioração. O lixo urbano, os esgotos e os resíduos industriais haviam provocado o desaparecimento de vegetais e animais com uma seqüência certa e compatível com suas funções. Para definir melhor esses estágios de deterioração, que iam do primeiro ao décimo grau, verificava-se a ordem cronológica e o local em que os danos apareciam. Estes, por sua vez, eram mensurados em relação ao percentual de indivíduos destruídos de uma espécie, até o desaparecimento total.

Exemplificando os estágios de deterioração do professor Lejeune para a baía, podem ser citados os seguintes cenários:

- No primeiro grau de deterioração, desaparecem totalmente os ouriços e estrelas-do-mar.
- No segundo grau, as águas não são mais propícias aos camarões.
- No terceiro grau, desaparecem totalmente os equinodermas e as ostras. Os siris ficam ausentes durante todo ano.
- No quarto grau, os peixes praticamente abandonam a área (bagres e baiacus). E assim por diante.
- Finalmente no décimo, a poluição atingiria o seu grau máximo, quando toda a fauna e flora visíveis a olho nu estivessem destruídas. Na linguagem de Lejeune de Oliveira, "tudo ficava macroscopicamente abiótico".

Bem mais recentemente, de acordo com Valentin, J.L. *et al*, no trabalho intitulado "O sistema planctônico da Baía de Guanabara: síntese do conhecimento", de 1999, a Baía de Guanabara é um ecossistema tropical, com um grau de eutroficação bem elevado. Sua hidrobiologia varia com as estações do ano (chuvosa e seca), com a maré e com o aporte de água doce dos rios afluentes. O impacto do lançamento dos esgotos domésticos, despejos industriais e águas pluviais contaminadas se manifesta em altas concentrações de amônia e fósforo e também pela baixa transparência das águas, principalmente em sua região mais interior. A predominância do fitoplâncton, de nanoplâncton (flagelados e diatomáceas) e cianofíceas se dá principalmente na superfície e no verão (estação chuvosa).

O aumento da biomassa primária em seu canal principal nos últimos trinta anos revela um comprometimento progressivo da capacidade de diluição das cargas poluidoras nela lançadas. O zooplâncton é um bom indicador do grau de poluição ambiental, e vem diminuindo ou desaparecendo nas áreas mais impactadas da baía, principalmente no lado oeste, onde se situam a cidade do Rio de Janeiro e a Baixada Fluminense.

A ocorrência de ovos e larvas de peixes é maior na entrada da baía e no canal principal do que nas regiões mais internas, onde a péssima qualidade da água dificulta a desova. A transparência também é extremamente baixa, em particular nestas áreas e nos períodos de chuva. Os teores de amônia são crescentes e o oxigênio dissolvido diminuiu ao longo dos anos, embora no canal principal e nas áreas próximas aos manguezais esses parâmetros se mantenham mais estáveis. Constata-se que o impacto das cargas poluidoras sobre o ecossistema é muito grande, embora as trocas de água com o oceano ainda não deixem que este impacto seja irreversível.

- Atualmente, o fitoplâncton se beneficia dos grandes lançamentos de nutrientes, como se pode constatar pelos altos valores de densidade celular, clorofila "a" e produtividade primária. Entretanto, a comunidade planctônica apresenta instabilidade, seja por meio da incidência de espécies indicadoras de poluição orgânica, seja pela floração de algas potencialmente tóxicas.
- A estrutura da comunidade fitoplanctônica na região próxima à entrada da baía e do canal principal mantém uma riqueza e um equilíbrio ainda bastante adequados, enquanto as comunidades no interior, muito contaminadas e com baixa circulação de águas, se apresentam em avançado estágio de degradação.
- Em relação aos organismos zooplanctônicos, sua densidade é mais elevada na entrada e no canal principal da baía do que no interior. Os organismos dominantes são copépodes, cladóceros, apendiculárias e larvas de crustáceos. O gradiente de variação ambiental entre a entrada e o fundo da baía é o fator de maior influência sobre a variação do zooplâncton. No interior da baía, a densidade aumenta nos meses de outono e inverno, enquanto próximo à entrada há maior abundância durante o verão, quando se observa o fenômeno de ressurgência, que contribui para o enriquecimento das águas costeiras com organismos de zooplâncton.

A Baía de Guanabara vem progressivamente se transformando num dos ecossistemas mais eutroficados do mundo. Apesar de uma grande disponibilidade em biomassa primária, observa-se uma nítida degradação das comunidades zooplanctônicas nas áreas mais internas, com queda da diversidade específica, exclusão de grupos inteiros e diminuição da densidade da maioria dos outros grupos. Assim, conclui-se que o forte impacto antrópico, que altera as condições físico-químicas da baía, repercute visivelmente sobre seu sistema planctônico. Para minimizar esses problemas será preciso tentar manter, e se possível melhorar, as condições de circulação de suas águas, em particular no canal principal, onde ocorrem as trocas com o oceano.

Evolução da qualidade de água no período 1968/1989

Uma análise socioeconômica do Brasil no final da década de 1980 mostrava a deterioração da saúde ambiental das populações, principalmente nas favelas e áreas pobres das grandes regiões metropolitanas do país. Estudos mostraram que o número de pobres passou de aproximadamente 30 milhões, em 1980, para 40 milhões, em 1990. No caso do Rio de Janeiro, o empobrecimento se deveu claramente aos efeitos combinados da crise recessiva, da perda progressiva de seu papel econômico e das más administrações desde a época da fusão.

Grande parte dessa deterioração de qualidade de vida e saúde seguiu-se ao declínio econômico na década de 1980, também conhecida como década perdida, em que a crise da dívida externa e os conseqüentes ajustamentos dos países endividados resultaram numa redução de investimentos e numa evasão líquida de recursos de quase 200 bilhões de dólares naqueles dez anos. Esse desempenho econômico teve um enorme impacto social, que, no Brasil, refletiu-se na desigualdade social entre ricos e pobres. Os sinais da exclusão social se mostraram evidentes na grande proliferação de favelas, ocupação de espaços públicos pelas populações de rua e aumento espantoso da criminalidade e violência urbana.

O declínio econômico gerou deterioração ambiental, particularmente no meio urbano. No caso do Rio de Janeiro, a Baía de Guanabara, situada no centro da região metropolitana, acusou diretamente esse impacto com o agravamento das más condições da qualidade de suas águas.

Em maio de 1991, a Feema publicava extenso trabalho sobre a "Qualidade das águas do estado do Rio de Janeiro", incluindo a Baía de Guanabara. Isso permitiu que se comparassem os dados históricos existentes e se fizesse uma avaliação de tendências. A título de exemplo, as figuras a seguir apresentam as concentrações médias e intervalos de confiança para oito parâmetros de qualidade de água, na estação GN-20, antiga estação DW-1, uma das mais poluídas da baía, ao norte da Ilha do Governador. Os períodos considerados foram os com maior número de resultados, compreendendo 1968 (ano da primeira amostragem sistemática da baía), 1975-1976 (quando foram feitas amostragens intensivas para calibração dos modelos bidimensionais de qualidade de água), e os períodos de 1980-1986 e 1987-1989 (ver figs. 1 e 2, p. 277 e 278).

O trabalho mostrou que, de uma forma geral, a qualidade das águas da baía piorou ao longo desses anos, com maior ou menor intensidade nas diversas estações monitoradas, principalmente em termos de poluição orgânica. Em quase todas as estações de amostragem, a clorofila refletiu uma tendência muito grande de crescimento, indicando claramente o aumento da produtividade primária e, conseqüentemente, da eutrofição, em particular na região do fundo da baía, onde a média das concentrações aumentou até dez vezes, chegando a valores médios próximos a 200ug/l. Esta situação, decorrente dos esgotos brutos lançados, também se tornou evidente pelos valores crescentes no tempo de coliformes fecais e nutrientes.

Outra evidência constatada de maior degradação das águas da baía foi a diminuição da transparência em cerca de 0,5m, em média, em todos os pontos monitorados. Embora o pH tenha se mostrado bastante constante, em torno de oito, foi detectada uma estratificação em todo o espelho d'água em termos de salinidade, com as concentrações no fundo superiores às da superfície. O oxigênio dissolvido também apresentou grandes variações de concentração entre a superfície e o fundo, em função de fatores como a fotossíntese e a reaeração na camada superficial, respiração, demanda bental e a própria estratificação.

No período 1980/1989, houve poucos resultados acima dos padrões da classe sete do Conama 20/86 para concentrações de metais pesados, como cádmio, cobre, níquel, zinco e cromo na água, apesar de ter sido encontrado um maior número de resultados acima dos padrões para mercúrio e chumbo. Em relação a fenóis, verificou-se um aumento de resultados acima dos padrões, comparando-se os períodos 1987/1989 com 1980/1986. Em termos de cianetos, não houve resultados acima dos padrões.

Dessa forma, os principais problemas ficaram por conta dos nutrientes nas regiões norte e oeste da Ilha do Governador, onde as medianas foram bastante superiores (de seis a dez vezes) às das demais estações. A DBO também seguiu esta tendência, embora as diferenças não fossem tão marcantes. Os resultados evidenciaram maciços lançamentos de esgotos brutos na costa oeste da baía, vindos da Baixada Fluminense e da Zona Norte da cidade do Rio de Janeiro.

Qualidade dos sedimentos da baía

Os sedimentos de fundo constituem um registro fundamental das alterações ambientais nos corpos d'água. Metais e certos micropoluentes orgânicos tendem a ficar adsorvidos aos sólidos em suspensão que podem sofrer uma sedimentação. Enquanto os metais são adsorvidos de preferência pela fração fina dos sedimentos (silte e argila), micropoluentes orgânicos, como os organoclorados e hidrocarbonetos aromáticos polinucleares, tendem a ficar adsorvidos na fração orgânica desses sedimentos. Esse processo faz com que o sedimento de fundo funcione, ao longo do tempo, como um integrador da variação das concentrações desses poluentes na água. Além disso, funciona também como um concentrador, geralmente em concentrações bem mais elevadas nos sedimentos do que na água.

O conhecimento da tipologia dos sedimentos de fundo da Baía de Guanabara foi muito importante na escolha das estações de monitoramento. Desde a entrada da barra até as proximidades das ilhas de Governador e Paquetá, onde é forte a influência das correntes de maré, o canal principal da baía apresenta sedimentos constituídos predominantemente de areia. No restante da baía, no entanto — em especial na região norte, onde a influência da maré é mais fraca —, predominam as lamas siltosas.

As fontes mais importantes de sedimentos em suspensão são os rios afluentes à baía, principalmente os que sofreram obras de retificação de seus leitos. Para avaliar a contaminação desses sedimentos nos afluentes e no espelho d'água da baía, a Feema, realiza, desde a década de 1980, campanhas de amostragem na região. Realizadas de junho a agosto de 1997, elas incluíram coletas de sedimentos em 34 estações nos rios afluentes, com ênfase em áreas próximas aos lançamentos de indústrias de grande porte, e em 16 estações no espelho d'água da baía, em locais com elevado percentual de finos (silte e argila). Os resultados mostraram que, de um modo geral, os sedimentos dos rios em áreas de remanso, bem como as amostras do espelho d'água da baía, apresentaram em sua composição uma fração fina representada por silte e argila maior que 90%. O teor é bem mais baixo nos sedimentos próximos da entrada e no canal principal da baía (ver Mapa 8, p. 269).

Para a determinação de metais nos sedimentos, foi feita inicialmente uma separação da fração fina (< 200mesh). Determinou-se o metal biodisponível com ataque da amostra por ácido clorídrico a frio, o que representa a fração antropogênica que pode ser utilizada pela biota. Também foi determinada a fração antropogênica total, por extração com ácido forte (água-régia). Na realidade, as duas extrações retiram parcelas diferentes de metais e estão relacionadas à composição geoquímica do sedimento, que varia espacialmente nos rios e na baía. As amostragens pretenderam comparar os resultados da fração de metais biodisponível com a que mede a fração antropogênica total. Para se determinar o teor de mercúrio, utilizou-se somente o método de extração com água-régia.

Os níveis de metais pesados nos sedimentos superficiais foram maiores na parte noroeste da baía, entre a desembocadura dos rios Irajá, São João de Meriti, Sarapuí e Iguaçu, decrescendo em direção à parte central e à entrada da baía. Nos rios do litoral oeste da bacia foram encontrados picos de concentração de mercúrio, cromo, cobre e níquel, enquanto outros metais, como o ferro, manganês, cádmio e zinco, estão mais distribuídos ao longo da bacia, em maiores índices na costa oeste (ver mapas 9, 10 e 11, p. 270 a 272).

Devido aos despejos da Cia. Eletroquímica Panamericana, os acúmulos de mercúrio são maiores nos rios Acari/São João de Meriti. Em relação ao cromo, as maiores concentrações estão nos rios Sarapuí e Iguaçu, devido aos lançamentos da Bayer e da Reduc. No caso do cobre, as maiores quantidades foram detectadas no rio Inhomirim, afluente do Estrela.

Para se ter uma idéia do grau de contaminação dos sedimentos por metais pesados na Baía de Guanabara, buscou-se fazer uma comparação com outras baías, poluídas em maior ou menor grau, e com valores de referência do Group of Experts in Scientific Aspects of Marine Pollution (Gesamp), de 1974, e diretrizes do Canadá (atualizadas em 2002). Os teores obtidos nas análises dependem do tipo de tratamento das amostras e da forma de extração, com ácido mais ou menos forte, a quente ou a frio. Assim, dependendo da metodologia de análise utilizada, as concentrações de metais pesados vão se referir à fração antropogênica total (extração com ácido forte a quente) e fração antropogênica disponível para a biota (extração com ácido clorídrico diluído a frio). Assim, na tabela a seguir são apresentados dados de metais pesados na fração antropogênica total na baía de Todos os Santos, em Salvador; na baía da Ribeira, em Angra dos Reis; e na Baía de Guanabara, bem como os valores de referência do Gesamp e as diretrizes do Canadá (2002).

As diretrizes do Canadá são expressas em termos de TEL (Threshold Effect Level), que representa a concentração abaixo da qual raramente se esperam efeitos adversos para os organismos. O maior limite PEL (Probable Effect Level), representa a concentração acima da qual espera-se com freqüência o citado efeito adverso. Na faixa entre TEL e PEL situam-se os valores onde ocasionalmente esperam-se tais efeitos. A adoção destes valores tem caráter meramente orientador na busca de evidências da presença de contaminantes em níveis capazes de provocar efeitos danosos, sobretudo quanto à toxicidade para a biota.

De um modo geral, as maiores taxas para todos os metais pesados foram encontradas na Baía de Guanabara, tanto em termos de valores máximos quanto de faixa média. Seguiram-se a baía de Todos os Santos e, com níveis mais baixos, a baía da Ribeira. Os valores de referência do Gesamp, que exprimem teores máximos de metais pesados em ambientes livres de contaminação, são, na sua maioria, inferiores aos níveis observados nas três baías. A exceção foi o cromo, cujo valor de referência do Gesamp curiosamente é mais elevado que todas as faixas médias, inclusive o valor máximo da BTS.

Em relação às diretrizes do Canadá, todos os resultados de cobre na Baía de Guanabara estão acima do TEL e a maioria acima do PEL. Para o cádmio e o chumbo, todos ou quase todos os resultados estão acima do TEL e somente um dos dois metais encontra-se acima do PEL. Em termos de mercúrio, zinco e cromo, aproximadamente metade dos resultados estão acima do TEL e somente dois acima do PEL. Também a baía de Todos os Santos tem concentrações de metais pesados acima do TEL, em particular para cobre.

Dados comparativos de metais pesados

Fração antropogênica total na Baía de Todos os Santos — BTS, Baía da Ribeira e Baía de Guanabara

Metais pesados Fração Antropogênica total (µg/g)	BTS HYDROS/CH2MHILL 1999		Baía da Ribeira, Angra UFRJ 1981	Baía de Guanabara Feema – 1997		Valor de referência Gesamp (µg/g)	Diretrizes do Canadá (µg/g)	
	Máximo	Faixa Média	Faixa Média	Máximo	Faixa Média		TEL	PEL
Cobre	96 Aratu norte	39 a 64	22 a 98	1500 GN-403	200 a 538	26	18,7	108
Zinco	118 Aratu norte	83 a 101	8 a 29	650 GN-25	83 a 188	20	124	271
Chumbo	148 Est. Subaé	35 a 63	27 a 28	130 GN-111	40 a 80	20	30,2	112
Cádmio	3,4 Est. Subaé	< 0,5	1 a 1,4	5 GN-26	1 a 3	0,4	0,7	4,2
Cromo	72 Mataripe	68 a 70	11 a 24	330 GN-20	23 a 64	100	52,3	160
Mercúrio	0,42 Tainheiros	0,05 a 0,06		2,0 GN-21	0,2 a 0,35	0,1	0,13	0,7

Observação: Todos os resultados se referem a análises na fração fina dos sedimentos após, extração a quente com ácido forte.

TEL — Threshold Effect Level.

PEL — Probable Effect Level.

A tabela, que compara a fração disponível de metais pesados nas baías de Guanabara e Sepetiba, indica que os valores encontrados para a primeira são bem superiores aos da segunda, exceto para cádmio e zinco. No caso desses dois metais, as concentrações da baía de Sepetiba são significativamente superiores aos da Baía de Guanabara devido aos lançamentos da Ingá.

Dados comparativos de metais pesados (fração disponível) na Baía de Guanabara e na baía de Sepetiba

Metais pesados/ Fração disponível (μg/g)	Baía de Guanabara Feema — 1997			Baía de Sepetiba Feema — 1996		
	Percentil 25%	Percentil 90%	Máximo	Percentil 25%	Percentil 90%	Máximo
Cobre	8,0	40,0	46,0	2,0	6,0	9,0
Zinco	10,0	140,0	290,0	100,0	700,0	2.000,0
Chumbo	22,0	65,0	127,0	8,0	18,0	35,0
Cádmio	0,8	1,6	2,0	0,8	6,0	9,0
Cromo	2,8	25,0	40,0	4,5	6,5	11,0
Níquel	3,4	7,0	9,6	2,0	4,5	6,0

Observação: Todos os resultados se referem a análises na fração fina dos sedimentos, após extração a frio com ácido clorídrico 0,1N.

Em 1999, o National Oceanic and Atmospheric Administration (Noaa), dos Estados Unidos, desenvolveu diretrizes para a qualidade dos sedimentos que levam em conta os possíveis impactos dos diversos contaminantes tóxicos nos recursos e habitats costeiros. A tabela a seguir apresenta uma referência expedita para os metais pesados nos sedimentos marinhos. É importante notar que as concentrações adotadas pelo Noaa para TEL e PEL são iguais às diretrizes do Canadá.

Referência de metais pesados em sedimentos marinhos

Metais pesados (µg/g)	TEL	ERL	PEL	ERM	AET
Arsênico	7,24	8,20	41,60	70,00	35,00
Cádmio	0,68	1,20	4,21	9,60	3,00
Cromo	52,30	81,00	160,40	370,00	62,00
Cobre	18,70	34,00	108,20	270,00	390,00
Ferro					22%
Chumbo	30,24	46,70	112,18	218,00	400,00
Manganês					260,00
Mercúrio	0,13	0,15	0,70	0,71	0,41
Níquel	15,90	20,90	42,80	51,60	110,00
Zinco	124,00	150,00	271,00	410,00	410,00

Fonte: Noaa, setembro 1999.

TEL – Concentração abaixo da qual os efeitos adversos raramente são esperados.

ERL – Nível que representa a mais baixa concentração do percentil 10% de dados em sedimentos que apresentarão alguma toxicidade. Representa o valor partir do qual se pode começar a observar toxicidade em espécies sensíveis.

PEL – Concentração acima da qual se espera com freqüência a ocorrência de efeitos adversos.

ERM – Concentração média das amostras que apresentaram toxicidade.

AET – Concentração acima da qual efeitos biológicos adversos são sempre esperados.

Comparando-se os dados de metais pesados nos sedimentos da Baía de Guanabara com as concentrações adotadas pelo Noaa, verifica-se que vários deles estão bastante acima da ERM, situação em que apresentam toxicidade. São eles cobre, mercúrio e zinco, com evidente toxicidade nos sedimentos da baía.

Qualidade da biota

Não tem sido fácil encontrar dados conclusivos sobre a contaminação, ou não, da biota da Baía de Guanabara. Existem vários trabalhos feitos por universidades, alguns bem mais voltados para a pesquisa de organismos indicadores de poluição do que propriamente sobre o grau de contaminação da biota. Algumas conclusões, no entanto, não são consensuais: enquanto uma grande maioria conclui que os peixes ainda não estão contaminados (pelo menos na carne) por metais pesados, por exemplo, outros indicam contaminação severa por mercúrio e outros metais, como mostrou recente reportagem da revista *O Globo*, de 29 de outubro de 2006, sobre os golfinhos da baía.

A abordagem feita para estimar a qualidade da biota da Baía de Guanabara começa com o Projeto Biota, realizado pela Feema no final da década de 1980, passa por vários trabalhos de pesquisa do Departamento de Química da PUC e do Laboratório de Radioisótopos da UFRJ, publicados entre 2004 e 2006, e termina com a recente reportagem da revista *O Globo*.

Em agosto de 1990, a Feema apresentava relatório de estudos preliminares do Projeto Biota da Baía de Guanabara, em que o principal objetivo era realizar um levantamento preliminar da produção junto às colônias de pesca e uma tentativa de avaliação da qualidade desses peixes, que constituem um recurso de grande importância econômica e social.

Inicialmente, os trabalhos foram realizados na Colônia de Pesca de Mauá, que engloba as comunidades pesqueiras de Piedade, Ipiranga, Suruí, praia de Olaria e praia de São Francisco, e cuja atuação se estende até regiões bem distantes, como a ilha de Paquetá, a foz do rio Macacu, a ilha do Boqueirão e Morro Grande, próximo ao canal de tomada d'água da Reduc.

Como resultado de uma primeira avaliação das espécies de peixes e crustáceos apanhados nessa área, elaborou-se uma listagem que representa uma amostra da fauna existente. Para uma lista mais completa, são necessárias repetidas observações, pois há espécies sazonais, o que faz a biota variar ao longo do ano, tanto em termos de quantidade quanto em termos de qualidade. A listagem inclui os nomes vulgares de diversas espécies da fauna da região, obtidos por meio de entrevistas com os pescadores.

Listagem do pescado comercializado na Colônia de Pesca de Mauá:

- cação verdadeiro;
- raia;
- ubarana;
- sardinha-verdadeira;
- sardinha-pena ou cascuda;
- savelha;
- sardinha-boca-torta;
- manjuba;
- bagre (amarelo, papai ou guri);
- mamarreis;
- robalo;
- olho-de-cão;
- enchova e enchoveta;
- xerelete;
- peixe-galo;
- guaivira ou guaibira;

- pampo;
- polombeta;
- caratinga e carapicu;
- cocoroca;
- curvinota ou corvina-amarela;
- pescada-amarela;
- piraúna;
- papa-terra;
- enxada;
- tainha;
- pescada-bicuda;
- pescada-perna-de-moça;
- espada;
- peixe-voador;
- baiacu;
- tapa;
- camarão-verdadeiro e camarão-lixo;
- siri;
- caranguejo;
- lula.

Na época, segundo informações dos pescadores, algumas espécies de peixe estavam em franco processo de desaparecimento. A mais citada era a pescadinha, já considerada em extinção. Também foram mencionadas na mesma situação a sardinha, a enchova, o camarão e o caranguejo. A espécie mais pescada era a tainha, seguida pela piraúna e a corvina. Também eram pescados o robalo, a enchova e a pescada-amarela.

Entre as principais causas de problemas para a pesca, foram citados os lançamentos de óleo e lixo, o mau cheiro das indústrias e ainda o corte de madeira dos manguezais, dia e noite, para padarias e olarias. Foram também reportadas algumas alterações em peixes (ausência de nadadeiras, cegueira e manchas brancas nas escamas).

As análises de metais pesados no pescado apontaram a presença de cobre e zinco nos camarões e nos siris, porém abaixo dos limites permitidos para consumo humano. Em uma das amostras (piraúna), a concentração de cobre no fígado foi bastante significativa, embora os níveis encontrados no tecido muscular tenham sido bem pequenos. Em termos de cádmio, chumbo e cromo total, todas as análises (com exceção de chumbo em uma amostra de tainha) apresentaram taxas abaixo do limite de detecção pelo método aplicado. O mercúrio revelou-se em níveis acima do limite de detecção do método para várias espécies de peixes, porém bem abaixo dos limites recomendados para consumo humano, com exceção do bagre-papai, que apresentou uma concentração de 0,45μg/g no tecido muscular, bastante próxima do padrão (0,5μg/g).

As análises de PCBs (sigla em inglês para bifenilas policloradas) no tecido muscular das diversas espécies de pescado variaram entre 20 e 30μg/kg, com exceção do bagre-papai e do espada, que chegaram a níveis de quase 100μg/kg. Os PCBs são lipossolúveis e acumulam-se em órgãos com alto teor de lipídeos. No fígado dos peixes analisados, os índices foram sempre superiores aos encontrados no tecido muscular, principalmente na piraúna (830μg/kg no fígado e 22μg/kg no tecido muscular). Os crustáceos não apresentaram teores significativos. Embora numa fase preliminar, o Projeto Biota da Baía de Guanabara mostrou que os níveis de PCBs no pescado não representavam, na época, riscos para o consumo humano.

Entre os vários trabalhos de pesquisa do Departamento de Química da PUC publicados entre 2004 e 2006, destacam-se dois: um sobre metais pesados (*Evaluation of Perna perna as a tool to monitoring trace metals contamination in estuarine and coastal waters of Rio de Janeiro, Brazil*) e outro sobre HPAs (*Polycyclic aromatic hydrocarbon in inter-tidal mussel* Perna perna*: space-time observations, source investigation and genotoxicity*), ambos de Angela Wagener *et al.*

No primeiro, foram coletados espécimes de mexilhões *Perna perna* de diversas estações ao longo do litoral do Rio de Janeiro e analisadas as concentrações de cobre, zinco, cádmio e cromo. Diferenças nos níveis de metais nas amostras não confirmaram as expectativas baseadas em trabalhos sobre fontes de contaminação ou dados resultantes de análises sobre a presença desses metais nas águas. Verificou-se que os níveis de metais pesados encontrados no *Perna perna* em diversos pontos do litoral do Rio de Janeiro estão abaixo dos recomendados para consumo humano, exceto no caso do zinco, em alguns pontos da baía, e do cromo.

A Baía de Guanabara está muito contaminada e não se encontram mais mexilhões perto dos lançamentos das indústrias. O despejo de esgotos domésticos, fonte difusa de cobre, baixou as concentrações de oxigênio dissolvido para níveis que, em algumas partes do fundo da baía, não permitem sequer a vida aquática. Os índices de material particulado (30 a 50mg L^{-1}) e a presença de sedimentos anóxicos criam condições favoráveis para a rápida transferência dos metais da água para os sedimentos. Dessa forma, a presença de metais no *Perna perna* reflete uma média moderada de concentrações, principalmente influenciadas por fontes difusas, o que não traduz um agravamento nas condições da qualidade das águas da baía.

O segundo trabalho conclui que os HPAs acumulados no *Perna perna* parecem efetivamente revelar o grau de poluição desses hidrocarbonetos nos locais da baía de onde as amostras foram retiradas. Os perfis individuais de

HPAs mostram uma contaminação generalizada, proveniente de lançamentos de óleo, e apontam o diesel como a fonte mais presente.

O Laboratório de Radioisótopos Eduardo Penna Franca, da UFRJ, publicou uma série de trabalhos (Olaf Malm, Helena A. Kehrig *et al.*) relacionados com a contaminação da fauna aquática da baía por mercúrio. A seguir, algumas das principais conclusões:

- O fígado aparece como órgão preferencial para acumulação do mercúrio. O mercúrio total no músculo foi mais alto e mais variável nos peixes carnívoros do que nos onívoros e iliófagos.
- Os níveis de mercúrio analisados no peixe *Micropogonias furnieri* em quatro estuários brasileiros, em 1990/1991, estiveram abaixo do limite máximo permissível estabelecido para consumo humano pela legislação brasileira (0,5μg/g peso úmido). Concentrações normalizadas pelo peso dos peixes analisados indicaram que, depois dessa normalização, as taxas mais altas corresponderam aos peixes da Baía de Guanabara.
- Provavelmente, as baixas concentrações de mercúrio total e metilmercúrio nos organismos aquáticos da Baía de Guanabara estão correlacionadas com as condições eutróficas locais, os elevados índices de partículas em suspensão e a alta produtividade biológica. Nessa situação, o mercúrio poderia estar fortemente complexado ou adsorvido pelo material particulado, levando a uma grande diluição das cargas desse metal lançadas na baía e reduzindo seu tempo de residência na coluna d'água, com a conseqüente diminuição da sua disponibilidade para os organismos.
- Estudos realizados nas baías de Guanabara e de Sepetiba com três espécies de moluscos indicaram que as concentrações de mercúrio total e metilmercúrio não podem ser consideradas altas. Entretanto, os organismos podem estar respondendo a condições ambientais diferentes, já que a baía de Sepetiba é mesotrófica e a Baía de Guanabara é eutrófica.

Finalmente, no tópico de contaminação de organismos aquáticos por metais pesados, especificamente o mercúrio, sabe-se que a Baía de Guanabara é o habitat de uma população de botos-cinza (*Sotalia guianensis*), com cerca de setenta indivíduos. Segundo estudos do professor José Lailson Brito Jr., coordenador do Laboratório de Mamíferos Aquáticos da Uerj, eles apresentam níveis de contaminação considerados altíssimos. Os botos-cinza estão no topo da cadeia alimentar local, na qual se dá a biomagnificação do mercúrio sob sua forma metilada, e também dos compostos organoclorados. Nesse caso, o grande acúmulo do metal se dá no fígado, sob a forma de tiemanita (Se-Hg).

Mostrou-se ainda que o selênio reduz a biodisponibilidade, a metilação e a transferência trófica nos ecossistemas aquáticos. Na verdade, o selênio atua no processo de demetilação — processo que os golfinhos têm habilidade fisiológica em realizar. Dessa forma, podem ser encontradas concentrações altíssimas de mercúrio no fígado desses animais, que, no caso da Baía de Guanabara, ultrapassaram valores da ordem de 100mg/kg. Entretanto, como o mercúrio está imobilizado, não se observam repercussões toxicológicas nos botos. Razão pela qual, enquanto animais de níveis tróficos inferiores apresentam índices desse metal dentro dos limites aceitáveis pela legislação, nos botos esses valores são bem mais altos.

No caso dos organoclorados, a acumulação também acontece. O tecido adiposo subcutâneo armazena altas concentrações de DDTs e PCBs. Os altos valores encontrados nas análises dos botos da baía são comparáveis aos descritos na literatura para áreas industrializadas do hemisfério norte. No caso da Baía de Guanabara, verifica-se que eles apresentam mais anomalias ósseas do que botos da mesma espécie de outras áreas da costa brasileira. Sabe-se que os PCBs alteram os mecanismos de formação óssea. Como os botos da baía apresentaram também as maiores concentrações de PCBs, é possível que as anomalias observadas sejam ocasionadas por esse grupo de poluentes. Estudos mais aprofundados deverão avaliar a questão.

As altas concentrações encontradas nos botos refletem processos acumulativos, uma vez que os cetáceos comem o peixe inteiro e não somente o músculo, o que certamente os expõe mais a esses metais pesados do que as populações humanas. Atualmente, por ocuparem o topo de cadeias alimentares, viverem muitos anos (o boto da Baía de Guanabara pode viver cerca de trinta anos) e apresentarem uma alta meia-vida biológica de alguns grupos poluentes em seus tecidos, esses cetáceos vêm sendo utilizados como sentinelas ambientais da degradação de sistemas aquáticos.

Como foi comprovado em fotografias pelos estudos de identificação individual, os botos permanecem muito tempo dentro da baía. Eles a utilizam durante o ano todo, saindo para mar aberto geralmente ao entardecer e retornando durante a noite ou ao amanhecer. A redução de suas populações na baía deve estar relacionada a mortes por capturas acidentais em redes de pesca e doenças diversas. A poluição simplesmente é mais um fator de pressão sobre sua saúde.

Qualidade das praias

Até o fim do século XIX, a prática de esportes, fossem eles quais fossem, era muito pouco habitual entre a população. Ao contrário, evitavam-se esforços físicos, acreditando-se que eram nocivos e perigosos à saúde. As águas límpidas da Baía de Guanabara, conhecidas dos índios tamoios que nelas nadavam ou navegavam, não foram usadas da mesma forma pelos habitantes da cidade do Rio de Janeiro.

Segundo Luiz Edmundo, no livro *O Rio de Janeiro do meu tempo*, o esporte náutico carioca aparentemente teve início em meados do século XIX, com as regatas de canoas entre Jurujuba e a praia de Santa Luzia. Já perto do final do século, vários clubes de natação e regatas foram criados: Botafogo (1894), Gragoatá (1895), Icarahy (1895), Flamengo (1895), Natação e Regatas (1896), Boqueirão do Passeio (1897), Vasco (1898), Guanabara (1899), Grupo Náutico (1900) e Internacional de Regatas (1900). Os clubes Natação, Boqueirão do Passeio, Vasco e Internacional tinham suas sedes perto do Passeio Público, com ligação para a praia de Santa Luzia por de uma travessa que passava pelo local onde ficava o Palácio Monroe, perto do final da avenida Rio Branco.

No fim do século XIX, as principais praias, a partir da Ponta do Calabouço, eram as de Santa Luzia, do Boqueirão do Passeio, da Lapa, da Glória, do Russel e do Flamengo. Segundo Carlos Sarthou, em *Passado e presente da Baía de Guanabara*, a principal praia para banhos de mar da cidade, na segunda metade do século XIX e começo do século XX, era a do Boqueirão do Passeio, em frente e ao lado do Passeio Público. Era freqüentada tanto pela elite quanto pelos empregados do comércio. No verão, os banhos começavam às 3h da madrugada, não indo além das 8h ou 9h da manhã. Somente depois do banho de mar é que se tomava café nos vários quiosques das imediações.

A grande maioria dos banhistas mudava de roupa em cabine de madeira, sem conforto, dos diversos estabelecimentos balneários das imediações. As roupas de banho femininas cobriam o corpo dos pés ao pescoço, enquanto os cabelos ficavam cobertos por toucas. Os homens usavam calças até o joelho e camisetas ou blusas.

Quase todas essas praias foram eliminadas em 1905/1906, com a construção da avenida Beira-Mar pelo prefeito Pereira Passos. Com 3km de extensão, a avenida começava no Obelisco, ao final da avenida Rio Branco, e estendia-se até o Morro da Viúva. Em 1920, o prefeito Carlos Sampaio iniciou o desmonte do morro do Castelo e o material serviu para aterrar uma grande área em frente ao Calabouço e à praia de Santa Luzia, terreno utilizado para a Exposição do Primeiro Centenário da Independência do Brasil.

Como se mencionou anteriormente, em 1943 a enseada de Botafogo já estava em situação crítica. Embora em graus diferentes, todas as suas praias estavam poluídas por elevados níveis de bactérias em decorrência das descargas ininterruptas dos efluentes da City. Para as autoridades sanitárias de então, o banho de mar na praia de Botafogo era um risco de contaminação por micróbios patogênicos de origem fecal, presentes na água. Aconselhava-se aos banhistas freqüentar praias menos poluídas.

Na década de 1950, as autoridades da cidade planejaram ações para tornar as condições das praias estética e sanitariamente mais satisfatórias. Em 1960, como já foi dito, procedeu-se a uma análise extensiva das concentrações de coliformes ao longo das praias de São Conrado, Leblon, Ipanema, Copacabana e Vermelha. Ao todo, foram colhidas amostras de 23 pontos, levando-se em consideração não só a salinidade da água como também a velocidade dos ventos, os períodos e quantidades de chuvas, as temperaturas do ar e da água, além dos lançamentos de águas pluviais, rios e canais nas praias investigadas.

Esse extenso levantamento recebeu a designação de Operação Bactéria e teve como objetivo determinar o grau de poluição nas praias, os efeitos dos diferentes fatores analisados sobre as concentrações de coliformes e o grau de poluição decorrente dos vários tipos de lançamentos. Cumpre salientar que a Operação Bactéria foi realizada em 1960, portanto, muito tempo antes da inauguração do interceptor oceânico e do emissário submarino de Ipanema, em 1975.

Nos 23 pontos, as amostras foram coletadas na zona de arrebentação, um pouco abaixo da superfície, com água aproximadamente na altura da cintura. A operação teve início em 21 de março de 1960 e, durante 15 dias, foram coletadas amostras oito vezes por dia em cada ponto — em períodos de baixa-mar, preamar e marés intermediárias. Nesse espaço de tempo, foram feitos exames bacteriológicos em 2.463 amostras, consistindo em ensaios presuntivos e confirmativos em verde brilhante para determinação de coliformes totais.

A tabela mostra os resultados globais das concentrações de coliformes durante todo o período de coleta.

Operação Bactéria — Concentração de coliformes totais (NMP/100ml)

Nº	Local	Nº obs.	Valor 50% NMP/100ml	Valor 80% NMP/100ml	% que excede o Padrão Califórnia
1	São Conrado	103	2.600	13.000	70
2	São Conrado	103	4.000	30.000	71
3	São Conrado	107	2.200	17.000	64
4	Leblon	98	62.000	600.000	94
5	Leblon	103	11.000	160.000	78
6	Leblon	106	4.700	50.000	72
7	Ipanema	108	3.400	42.000	67

Nº	Local	Nº obs.	Valor 50% NMP/100ml	Valor 80% NMP/100ml	% que excede o Padrão Califórnia
8	Ipanema	109	2.000	21.000	60
9	Ipanema	109	1.300	9.500	54
10	Arpoador	107	720	5.000	44
11	Diabo	107	6.300	26.000	86
12	Copacabana	107	4.400	16.000	84
13	Copacabana	108	5.400	25.000	83
14	Copacabana	108	6.000	30.000	81
15	Copacabana	107	46.000	440.000	93
16	Copacabana	107	5.000	46.000	74
17	Copacabana	106	2.700	18.000	68
18	Copacabana	107	3.500	30.000	69
19	Copacabana	108	2.200	15.000	64
20	Copacabana	106	2.100	12.000	65
21	Leme	104	2.600	13.000	70
22	Leme	107	2.000	8.000	64
23	Vermelha	107	16.000	65.000	93,5

Fonte: Operação Bactéria, relatório preliminar, Robert Selleck, 1962.

Padrão Califórnia: 1.000 NMP de coliformes totais/100ml — Percentil 80%.

Uma análise dessa tabela mostra que as maiores concentrações de coliformes foram encontradas nos seguintes pontos:

- Praia do Leblon, no ponto mais perto do lançamento do Vidigal (62.000 NMP/100ml).
- Praia de Copacabana, no ponto 15 (46.000 NMP/100ml).
- Praia Vermelha (16.000 NMP/100ml).

Embora se localize nas proximidades da entrada da barra, sendo, portanto, beneficiada pela renovação das águas com as marés, a praia Vermelha — única das analisadas situada no interior da Baía de Guanabara — sofria na época a influência do lançamento de esgotos no costão do Pão de Açúcar, possível razão para sua má qualidade.

A partir dessa época, o controle de balneabilidade das praias passou a ser feito de início rotineiramente pelo Instituto de Engenharia Sanitária (IES), e mais tarde pela Feema. Durante todo esse período, dependendo de fatores, como a proximidade de lançamentos poluidores, dias depois de chuvas etc., as praias alternaram boa e má qualidade de suas águas. As oceânicas apresentaram uma melhora significativa depois da entrada em carga do interceptor oceânico e do emissário submarino de Ipanema, embora tenha continuado o impacto negativo dos canais do Jardim de Allah e da rua Visconde de Albuquerque, e de vários outros lançamentos de águas pluviais e rios canalizados.

Embora algumas praias do interior da baía tenham se beneficiado com o interceptor oceânico e o emissário submarino, como a do Flamengo e a de Botafogo, de uma forma geral, a má qualidade de suas águas se manteve em função do crescente grau de poluição da baía como um todo.

Para se ter uma idéia das condições de balneabilidade das praias da Zona Sul da cidade, a Feema publicou, em 1995, *Diagnóstico da qualidade das praias da Zona Sul do município do Rio de Janeiro, de 1984 a 1993*. Foram avaliados mais de 20 mil resultados de coliformes fecais obtidos em campanhas semanais nas praias do Pepino, São Conrado, Vidigal, Leblon, Ipanema, Arpoador, Diabo, Copacabana, Leme, Forte de São João, Urca, Vermelha, Botafogo e Flamengo. Destas, as cinco últimas estão no interior da Baía de Guanabara. Ao longo dos dez anos do estudo, também foram feitas inspeções visuais com o objetivo de detectar línguas negras e outras fontes poluidoras.

Na ocasião, empregou-se o padrão de balneabilidade definido pela resolução nº 20/86 do Conama, que estabelece em seu art. 26 que as águas doces, salobras e salinas serão enquadradas e terão sua condição avaliada nas categorias excelente, muito boa, satisfatória e imprópria.

Classificação de balneabilidade

Classes	**Coliformes fecais/100ml**
Excelente	80% ou mais de resultados abaixo de 250
Muito boa	80% ou mais de resultados abaixo de 500
Satisfatória	80% ou mais de resultados abaixo de 1.000
Imprópria	Não enquadramento em nenhuma das categorias anteriores

Observação: As categorias excelente, muito boa e satisfatória poderão ser reunidas numa única, denominada própria. E o limite entre as categorias própria e imprópria seria de 1.000 coliformes fecais/100ml.

Uma análise dos resultados de colimetria obtidos ao longo dos dez anos de monitoramento (1984 a 1993) permitiu que se chegasse a algumas conclusões:

- As praias do Leme e do Diabo foram as melhores classificadas; a do Leme com o menor percentual de resultados superiores a 1.000 coliformes fecais/100ml.
- A praia de Botafogo, no interior da Baía de Guanabara, teve o maior percentual de resultados superiores a 1.000 coliformes fecais/100ml.
- A praia Vermelha apresentou classificação própria de balneabilidade apenas em três dos dez anos avaliados.
- A praia do Forte São João foi classificada como própria em apenas um dos seis anos avaliados.
- As praias da Urca, Botafogo e Flamengo foram classificadas como impróprias em todos os dez anos de monitoramento.

A figura da página 162 apresenta a classificação das praias, por categoria (excelente, muito boa, satisfatória e imprópria) e por períodos anuais (1984 a 1993).

Esta avaliação da balneabilidade das praias da Zona Sul do Rio de Janeiro não permitiu que se tivesse evidências de uma melhora de qualidade, embora o número daquelas classificadas como impróprias tenha diminuído nos dois últimos anos de monitoramento (1992 a 1993).

Apesar de algumas obras de saneamento realizadas, o agravamento do processo de degradação da Baía de Guanabara levou o governo do estado do Rio de Janeiro a assinar o PDBG, que incluía um componente de Programas Ambientais Complementares, coordenado pela Feema. Nesse componente foi criado o Projeto de Monitoramento Ambiental para se conhecer melhor a qualidade da água e aferir as alterações que ocorreriam no ecossistema em função das obras de saneamento previstas.

Entre os objetivos do Projeto de Monitoramento Ambiental está acompanhar e avaliar a qualidade de quarenta praias no interior da Baía de Guanabara — situadas nos municípios do Rio de Janeiro, Niterói, São Gonçalo e Magé —, fornecendo informações atualizadas aos diversos segmentos da sociedade. Além das águas, o projeto também avaliaria a situação das areias dessas praias.

Constatou-se que no interior da Baía de Guanabara encontravam-se as praias mais poluídas do estado, com altos níveis de contaminação fecal, incompatíveis com o uso benéfico de recreação de contato primário. A tabela a seguir apresenta os dados de qualidade obtidos no período 1994 a 1997, indicando os valores dos percentis 50 (mediana) e 80, o que permite a comparação com o padrão de balneabilidade.

CLASSIFICAÇÃO POR CATEGORIA

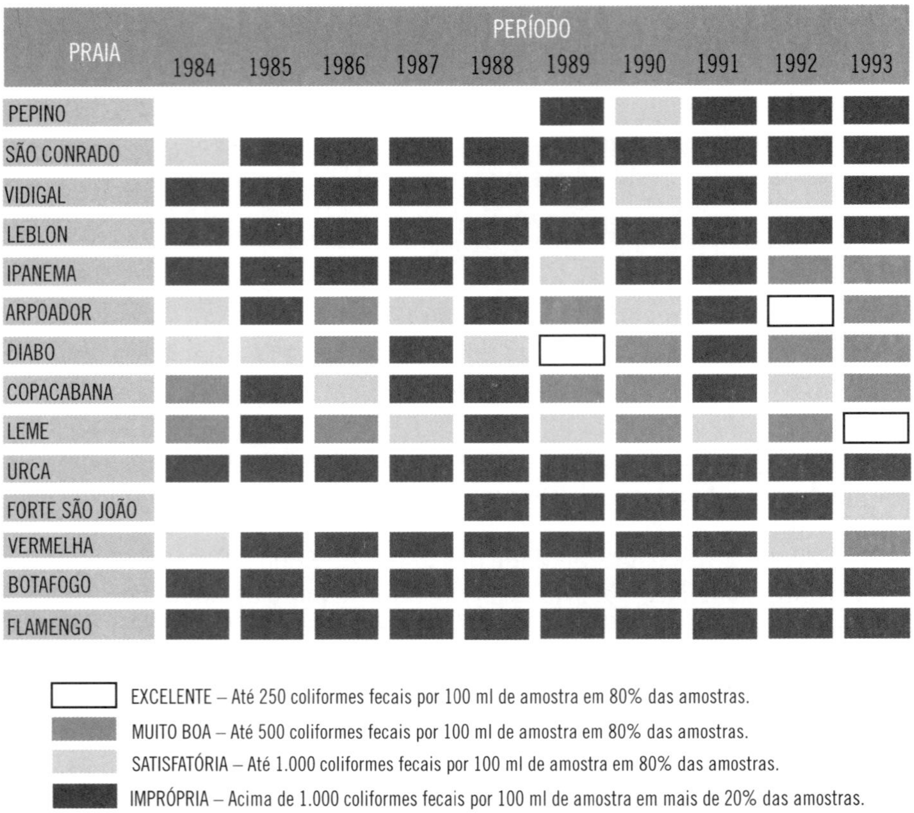

Resultados de coliformes fecais nas praias situadas na Baía de Guanabara no período 1994-1997

Localidades	Praias	Total de resultados	Coliforme fecal NMP/100ml	
			Percentil 50	Percentil 80
Zona Sul do Rio de Janeiro	Vermelha	117	500	5.000
	Forte São João	117	500	5.000
	Urca	117	3.000	23.000
	Botafogo	117	80.000	500.000
	Flamengo	117	8.000	28.800

Localidades	Praias	Total de resultados	Coliforme fecal NMP/100ml	
			Percentil 50	Percentil 80
Ilha do Governador	Galeão	28	80.000	168.000
	São Bento	28	85.000	500.000
	E. Velho	28	80.000	500.000
	J. Guanabara	28	50.000	500.000
	Bica	28	23500	300.000
	Ribeira	28	18.000	166.000
	Engenhoca	28	26.500	148.000
	Pitangueiras	28	105.000	500.000
	Bandeira	28	180.000	860.000
	B. Capanema	28	95.000	500.000
	Guanabara	28	40.000	240.000
	Pelônias	28	30.000	276.000
Ramos	Ramos	27	300.000	1.600.000
Paquetá	Imbuca	29	3.000	17.600
	Ribeira	29	2.300	8.000
	Grossa	29	2.300	26.400
	Tamoios	29	2.400	18.800
	Catimbau	29	2.300	19.800
	P. Castagneto	29	1.300	8.000
Paquetá	Moreninha	29	800	17.000
	José Bonifácio	29	2.400	39.600
Magé	Ipiranga	26	3.000	17.400
	Mauá	26	8.000	50.000
	Anil	26	5.000	30.000
	Piedade	26	5.000	23.000

Localidades	Praias	Total de resultados	Coliforme fecal NMP/100ml	
			Percentil 50	Percentil 80
Niterói	Eva	31	3.000	8.000
	Adão	31	3.000	24.000
	Jurujuba	31	50.000	198.000
	Charitas	31	30.000	142.000
	São Francisco	31	80.000	240.000
	Icaraí	31	180.000	300.000
	Flechas	31	50.000	300.000
	Boa Viagem	31	14.000	90.000
	Gragoatá	31	5.000	50.000
São Gonçalo	Luz	26	5.000	24.400

Fonte: PDBG/Feema. Qualidade das Águas no período 94/97.

Os gráficos a seguir mostram os valores de percentil oitenta das quarenta praias da Baía de Guanabara. Tendo em vista as diferenças significativas no grau de poluição entre elas, não foram utilizadas as mesmas escalas.

Os resultados obtidos no período de 1994 a 1997 tornaram evidente que a qualidade das praias da Baía de Guanabara, nos municípios do Rio de Janeiro, Niterói, São Gonçalo e Magé, estava bastante comprometida, tanto pelos altos índices de coliformes fecais quanto pela grande quantidade de lixo observada nas inspeções de campo. A qualidade medida em coliformes fecais de todas as quarenta praias excedeu o percentil 80 de 1.000 coliformes fecais/100ml, cujo valor corresponde ao padrão de balneabilidade para locais próprios à recreação de contato primário.

Influência das obras do PDBG na balneabilidade das praias de Niterói e do Rio de Janeiro (ilhas do Governador e de Paquetá)

A principal causa para os altos níveis de poluição fecal, que comprometem a qualidade da água nas praias do interior da baía, é o lançamento de esgotos sanitários *in natura*, línguas negras formadas pelo extravasamento de águas pluviais contaminadas ou rios e canais altamente poluídos. Avaliar o impacto das obras de saneamento do PDBG sobre a qualidade das praias foi o objeti-

Praias da Baía de Guanabara
Percentil 80

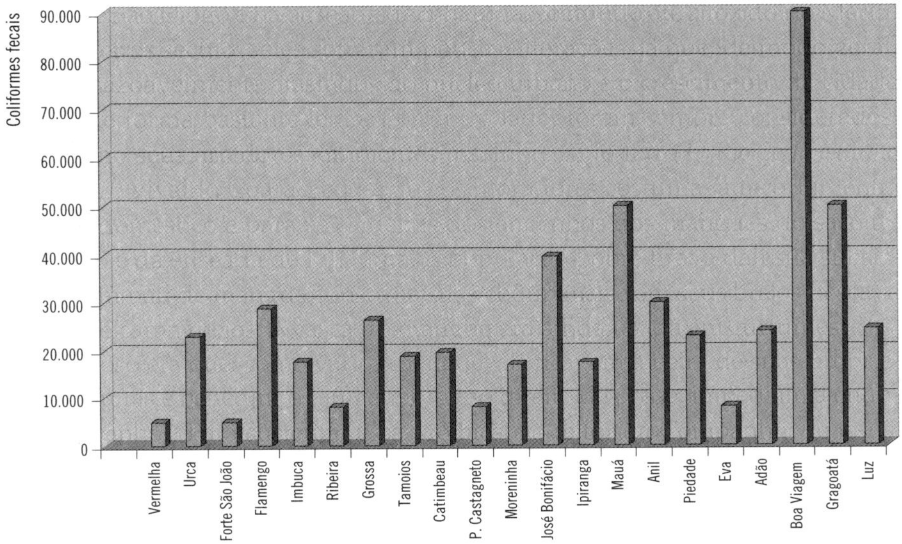

Praias da Baía de Guanabara
Percentil 80

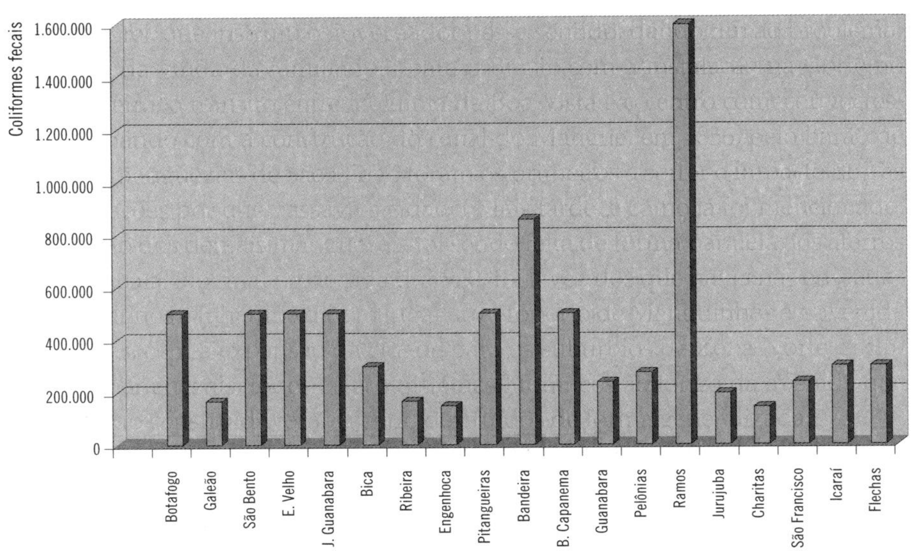

vo do estudo da Feema, analisado no relatório "Avaliação da Balneabilidade das Praias dos Municípios de Niterói e do Rio de Janeiro (Paquetá e Ilha do Governador) sob Influência das Obras do PDBG — Período 1998/2001". O trabalho procurou estimar o decréscimo do índice de coliformes fecais (termotolerantes) que pudesse refletir um ganho ambiental positivo, ainda que tal redução não fosse suficiente para mudar o enquadramento das praias para próprias para recreação de contato primário.

No âmbito do PDBG, foram construídos diversos sistemas para tratamento de esgotos domésticos na área da bacia hidrográfica da Baía de Guanabara. Os que tiveram maior influência na qualidade das praias foram os de Niterói/Sul, Ilha do Governador e ilha de Paquetá. Os demais sistemas, englobando São Gonçalo, Alegria, Niterói/Centro/Norte, Sarapuí, Penha, Pavuna/Meriti e Acari, exercem influência apenas indireta pela diminuição da carga de esgotos lançada na baía. As principais obras de saneamento promovidas pelo PDBG foram:

Sistema Niterói/Sul

- Melhora e ampliação da ETE de Icaraí.
- Emissários terrestre e submarino de Icaraí, com 3,3km de extensão, sendo 250m de tubulação difusora, conduzindo os esgotos tratados da ETE para o canal principal da baía.
- Redes de esgoto em Jurujuba (1.000m), Charitas (2.500m), Icaraí (800m) e Boa Viagem (1.100m), além da construção de elevatórias e da eliminação de cinco pontos de saídas de esgotos nas praias de Icaraí e Flechas.

Sistema Paquetá

- Reconstrução da ETE, redes de esgotos e elevatórias.
- Emissário submarino com 2,5km de comprimento e 300mm de diâmetro, que conduz os esgotos tratados para o canal principal da baía.

Sistema Ilha do Governador

- Ampliação da ETE para uma vazão de 400l/s.
- Ampliação da rede (49km), dos troncos (4,5km) e elevatórias (5), além de 11.200 ligações domiciliares.

Para avaliar as alterações na qualidade das praias do interior da baía, a Feema empregou o método estatístico não-paramétrico Mann-Kendall, que permitiu analisar as tendências dos níveis de qualidade bacteriológica. A aplicação do método no município de Niterói indicou uma queda dos índices de coliformes fecais em todas as estações de amostragem nas praias de Gragoatá, Boa Viagem, Flechas, Icaraí, Adão e Eva, no período 1998/2001. Isso, no entanto, não foi suficiente para que essas praias fossem enquadradas como próprias. Porém, no primeiro semestre de 2001, as praias de Boa Viagem e Icaraí, com um único ponto de exceção, atenderam o padrão de balneabilidade da Resolução 274/2000 do Conama. O fato talvez mostre a influência do emissário submarino de Icaraí, que conduziu os esgotos para o canal principal da baía.

É importante mencionar que, em 2000, o Conama havia aprovado um padrão específico para a balneabilidade de praias, com base na resolução nº 274. Esse padrão contempla, inclusive, outros indicadores bacteriológicos, como a *Escherichia coli* e o enterococos. De acordo com o teste de tendências, as praias de São Francisco, Charitas e Jurujuba apresentaram resultados inalterados de coliformes fecais no período 1998/2001, além de não atenderem aos padrões de balneabilidade para recreação de contato primário.

De uma forma geral, porém, o que se constata é que as praias de Niterói não atendem ao padrão Conama 274/00. Mesmo as poucas que se encontram dentro do padrão precisam de um maior número de resultados para maior confiabilidade.

Em função da proximidade com o canal principal da baía, as praias de Paquetá são as que apresentam menor comprometimento, embora também não atendam aos padrões de recreação de contato primário. As avaliações de tendência com o teste Mann Kendall, no período 1998/2001, indicaram queda dos resultados de coliformes fecais nas praias de Tamoios, Pintor Castagneto e José Bonifácio. As demais permaneceram com níveis inalterados. Porém, no primeiro semestre de 2001, todas as oito praias monitoradas atenderam ao padrão de balneabilidade, possivelmente em função das obras do PDBG.

A avaliação de tendências das praias da Ilha do Governador no período 1998/2001 mostrou queda dos índices de coliformes fecais nas praias de São Bento, Jardim Guanabara, Engenhoca e Pitangueiras. Nas demais, os índices bacteriológicos mantiveram-se inalterados. Durante esse período, todas as 12 praias avaliadas foram classificadas como impróprias para o banho de mar, o que mostra que as obras do Programa ainda não foram suficientes para reverter o grau de degradação local. O que se pode concluir dessa avaliação é que, em função do PDBG, pode ter havido alguma melhora na qualidade bacteriológica das praias do interior da baía, embora um grande número delas continue sem atender aos padrões de balneabilidade.

Além dos índices bacteriológicos, deve ser considerado o aspecto estético, que é bastante influenciado pela presença de lixo e despejo de esgotos domésticos, efluentes industriais e águas pluviais que ainda chegam a várias praias da baía. Tudo isso contribui para a eutroficação e diminuição da transparência das águas, prejudicando o banho de mar.

De qualquer forma, é fundamental continuar a implantação das obras de saneamento ambiental do PDBG, o que permitirá aliar melhores índices bacteriológicos com a apreciação estética e paisagística das praias.

Avaliação de tendências

Um programa de monitoramento ambiental deve ser capaz de aferir as alterações do meio estudado, de forma a apresentar subsídios importantes para o planejamento de futuras ações. Deve ainda fazer acompanhamento e avaliação dos resultados da implementação de obras de saneamento e reorientar tais ações para a efetiva melhora da qualidade ambiental. No caso da qualidade de água da bacia hidrográfica da Baía de Guanabara, e mais especificamente do seu espelho d'água, é também importante poder aferir as alterações ocorridas em função de obras de saneamento, como ETEs, emissários submarinos etc.

Uma forma de se conseguir atingir esses objetivos é pela aplicação de metodologias estatísticas alternativas, que avaliem as tendências de séries temporais em que haja lacunas de dados em épocas do período considerado, ou variações de freqüências de amostragem.

Assim, para aferir o impacto das obras da primeira fase do PDBG sobre a qualidade das águas da baía, a Feema buscou desenvolver metodologias que avaliassem tendências de curto, médio e longo prazos. Os modelos analisados procuraram levar em consideração as características do banco de dados da Feema, cujas séries históricas apresentam lacunas significativas, eventualmente sem obedecer premissas básicas de um monitoramento que necessita de regularidade, constância e coerência na coleta de amostras e nos procedimentos de laboratório.

Dessa forma, levando em conta as características dos dados de qualidade de água da Baía de Guanabara, foi adotada, na avaliação de tendências de curto prazo, uma abordagem Bayesiana, forma de metodologia estatística, de modelos dinâmicos, que utiliza um modelo polinomial de primeira ordem. Essa abordagem foi empregada para mostrar uma possível redução do número de coliformes fecais nas praias da ilha de Paquetá, depois da entrada em operação do sistema de tratamento de esgotos da ilha. A aplicação dessa metodologia mostrou que, na época considerada, não houve alterações significativas sobre a qualidade das praias, possivelmente porque o sistema implantado operava de forma deficiente em sua fase inicial.

No caso da avaliação das tendências de médio e longo prazos buscou-se aplicar o teste de Mann Kendall, método não-paramétrico, basicamente qualitativo. Ele é útil para detectar tendências ascendentes, descendentes ou ausência de tendências observadas em séries de dados de qualidade de água. Para a aplicação desse método, foram selecionados oito pontos de coleta de amostras do espelho d'água da Baía de Guanabara: quatro em estações na região noroeste e norte (GN-040, GN-020, GN-042 e GN-000), três na zona intermediária (GN-043, GN-026 e GN-022) e uma estação no canal principal, perto da entrada da baía (GN-064). Foram avaliados os dados de qualidade de água do período de 1980 a 1997 para os seguintes parâmetros:

- temperatura;
- transparência;
- nitrogênio Kjeldahl;
- nitrogênio nitrato;
- nitrogênio amoniacal;
- fósforo total;
- ortofosfato dissolvido;
- DBO;
- coliformes fecais;
- fitoplâncton;
- razão diatomáceas e cianofíceas;

Não se conseguiu incluir nesses dados os parâmetros referentes a metais pesados, fenóis, cianetos e outras substâncias tóxicas, seja por muitos resultados inferiores aos limites de detecção dos métodos de laboratório, seja por ausência de séries de dados no período considerado, seja por mudança de procedimento de análise. Assim, o estudo desenvolvido evidenciou mais os problemas de carga orgânica e eutroficação devido ao lançamento de esgotos domésticos, deixando de enfocar as questões de poluição industrial, lançamento de óleo e substâncias tóxicas.

Para se ter uma avaliação de tendências que levasse em conta os parâmetros selecionados, no período considerado e nas oito estações de amostragem, buscou-se quantificar uma tendência geral a partir dos resultados do teste de Mann Kendall para cada uma das séries de dados. Com esses resultados, estabeleceu-se um índice que indica se houve melhora, piora ou inalterabilidade na qualidade de água daquela estação de amostragem.

Esse estudo de avaliação de tendências teve o objetivo principal de desenvolver a metodologia estatística a ser aplicada no final da primeira fase do PDBG, para evidenciar possíveis melhoras na qualidade da água. No período de 1980 a 1997, a Baía de Guanabara não foi contemplada com a implantação de obras de saneamento significativas.

A aplicação dessa metodologia deixou evidente a degradação da qualidade da água, já que não houve melhora em nenhuma estação de amostragem; em três das oito estações consideradas (GN-022, GN-040 e GN-064), as condições se mostraram inalteradas. A GN-022 foi a que esteve mais próxima da zona de melhora, enquanto a GN-064, próxima à entrada da baía, apresentou-se muito perto da área de piora. As cinco demais situaram-se na área de piora, sendo que a GN-026 e a GN-042 foram as que apresentaram maior degradação na qualidade da água.

Embora o estudo tenha sido feito para desenvolver metodologia estatística, seus resultados significaram um importante alerta sobre a qualidade hídrica da baía. O canal central, último baluarte dessa qualidade, porque, com as entradas de maré, propicia a renovação das águas duas vezes por dia, começa a apresentar sinais claros de degradação. Nele, foram registradas as duas maiores pioras das oito estações (GN-026 e GN-042) e uma quase piora na estação GN-064, na entrada da baía, que tradicionalmente sempre apresentara a melhor qualidade de água (ver Mapa 12, p. 273).

Situação atual

Como se pode depreender do presente levantamento, há cerca de sessenta anos, a Baía de Guanabara encontra-se poluída, pelo menos em locais específicos, como as enseadas de Inhaúma e de Botafogo. Seu processo de contaminação global agravou-se, a partir de 1961, com a implantação da Reduc, há mais de quarenta anos.

Os longos períodos em que corpos d'água permanecem poluídos não chega a ser novidade. Na Inglaterra, o rio Tâmisa esteve severamente contaminado por mais de cem anos, desde as grandes epidemias de cólera entre 1830 e 1854. Essas epidemias determinaram a criação da Junta Metropolitana de Obras, que deu início aos programas de despoluição do rio. Pesquisas realizadas pelo British Museum, em 1957, indicaram não haver peixes nas 30 milhas do Tâmisa londrino, com a possível exceção de enguias. Só em 1964 é que o oxigênio dissolvido, presente nas águas do rio em todas as épocas do ano, permitiu sua recolonização com peixes, animais invertebrados e plantas.

Na Baía de Guanabara, inúmeros estudos foram elaborados desde a década de 1940 e várias medidas de controle foram tomadas. Porém, não houve nenhuma que conseguisse reverter o processo geral de contaminação de suas águas. Ao longo de todo esse tempo, os problemas também foram aumentando e se modificando, assim como o conhecimento sobre eles. Muitas vezes, quando as soluções podiam ser aplicadas, já não se mostravam as mais adequadas e novos estudos tinham que ser feitos. No presente momento, com a execução das obras projetadas no PDBG, um grande passo está sendo dado dentro do conjunto de medidas necessárias à recuperação do ecossistema da baía. No entanto, ainda persistem dúvidas em relação a diversos tópicos, entre os quais podem ser citados:

- O lançamento oceânico ainda é uma alternativa viável, considerando o problema de eutroficação? Para esgoto tratado a que nível ou só para os lodos?
- Considerando que a resposta do ecossistema à redução de cargas poluidoras é muito lenta, certamente de mais de uma década, deve-se analisar a possibilidade de deixar a baía atuar como um sistema de tratamento natural durante alguns anos enquanto se aprimoram as medidas de controle de fontes específicas?
- O que fazer com a grande quantidade de lodo gerado nas estações de tratamento primário e nos Chemically Enhanced Primary Treatment (CEPT)?

É fundamental que se prepare cuidadosamente uma segunda etapa do PDBG, discutindo todas as alternativas propostas nos dois estudos da Jica, do Banco Mundial e de outros órgãos. É importante ainda a realização de estudos específicos, de forma que a segunda etapa do PDBG (e suas obras) possa efetivamente se constituir no passo definitivo de reversão do processo de contaminação das águas da Baía de Guanabara.

XI MODELAGEM MATEMÁTICA NA BAÍA DE GUANABARA

Razões para utilização de modelos

Em 1960, no governo Carlos Lacerda, foram iniciadas as obras de construção do Interceptor Oceânico da Zona Sul, com empréstimo do BID. Em 1964, o relatório "Plano diretor de disposição de esgotos da cidade do Rio de Janeiro", de autoria do DES, da Sursan e da Engineering Science Inc., da Califórnia, discutia, em seu capítulo sete, a capacidade estimada da Baía de Guanabara em receber descargas de esgotos, utilizando seu canal principal dividido em seis segmentos e a teoria do prisma de maré. Pode ser considerada a primeira simulação de modelagem matemática para a baía. É importante mencionar que a conclusão do relatório apontava a impossibilidade da baía em receber a carga poluidora de esgotos domésticos lançados em seu canal principal, diluídos no volume de água delimitado pelo prisma de maré.

Em 1969, o relatório "Sistema de disposição marinha de esgotos da cidade do Rio de Janeiro", preparado pelos mesmos autores, mostrava a disposição oceânica dos esgotos da Zona Sul através do emissário submarino de Ipanema. Previa-se o mesmo tipo de solução para os esgotos da Zona Norte do Rio de Janeiro e da Baixada Fluminense, com a construção do Interceptor Norte e de um outro emissário submarino, com lançamento na praia da Gávea (atual São Conrado), com vazões de final de projeto da ordem de $55m^3/s$ e seção final de 9m por 6,15m.

O Interceptor Norte sairia de Vigário Geral, recebendo os esgotos da Baixada Fluminense e de uma série de bairros a serem esgotados no futuro, incluindo Bangu, Acari, Pavuna, Rio das Pedras e Vigário Geral. Mais adiante, se somariam os esgotos de Irajá, Penha, ilhas do Governador e Fundão,

Bonsucesso e bacias do Faria-Timbó e Alegria. Para Alegria, também convergiriam os esgotos do Cais do Porto, Mangue e São Cristóvão. Lá seria construída uma estação de remoção de flutuantes, de onde o Interceptor Norte seguiria em túnel até uma elevatória na Rocinha, e daí para o emissário submarino da Gávea.

As principais críticas em relação à construção do Interceptor Norte eram de que os benefícios só seriam alcançados ao final de toda a obra, que os esgotos se tornariam sépticos ao longo do longo percurso, gerando problemas de odores, além de contribuir com uma grande carga poluidora que prejudicaria a balneabilidade das praias mais valorizadas da Zona Sul da cidade.

No início da década de 1970, apesar do conhecimento bastante razoável que já se tinha sobre a qualidade das águas da Baía de Guanabara, ainda permaneciam dúvidas quanto a sua capacidade em receber esgotos tratados. Nesse contexto, buscou-se encontrar ferramentas que permitissem, por intermédio de modelagem matemática, simular o impacto de cenários com diferentes alternativas de tratamento e disposição final de esgotos sobre a qualidade da água.

O uso de modelos matemáticos é bastante apropriado a países em desenvolvimento, onde determinar a prioridade de investimentos é fundamental, já que muitos setores competem pelos mesmos recursos. Na época, havia opiniões divergentes sobre dois aspectos relativos à utilização de modelos matemáticos em controle de poluição. O primeiro era levantado principalmente por alguns países europeus e falava da necessidade de elaborar estudos do gênero. Deve-se levar em conta que, de um modo geral, aqueles países já haviam executado a maioria de suas obras de saneamento, não sendo necessário proceder-se a estudos mais elaborados para tomar decisões em relação a soluções óbvias ou integradas a um contexto já definido anteriormente.

Não é, porém, o que acontece em países onde a maior parte das obras ainda não foi executada e os recursos necessários excedem largamente os recursos disponíveis. Nesse ponto é que os modelos podem se constituir em ferramentas valiosas, pois permitem visualizar quais as soluções de mínimo custo que atendem aos critérios de qualidade propostos para as diversas alternativas de uso.

O segundo aspecto que se discutia na época era sobre a validade de investir recursos em estudos de modelagem matemática em vez de aplicá-los diretamente nos programas de obras de saneamento e controle de poluição. O que pode ser contestado, levando-se em conta a economia de recursos que tais estudos podem proporcionar. No caso da Baía de Guanabara, verificou-se na época (década de 1970) que a diferença entre as três soluções de menor custo era equivalente ao valor de todos os estudos realizados ao longo de quatro anos, englobando pessoal próprio da agência ambiental, equipamentos, treinamento no exterior, consultoria internacional e monitoramento de qualidade de água.

Os modelos unidimensionais

Em julho de 1974, um trabalho intitulado "Aplicação de modelos matemáticos de qualidade de água e econômicos para a Baía de Guanabara — Brasil" era apresentado no Simpósio sobre Ambiente, Saúde e Desenvolvimento nas Américas, no México. Nele, buscavam-se analisar os fatores intervenientes entre as cargas poluidoras e sua influência na qualidade das águas da baía, que era representada unicamente pelo seu canal principal. Quando identificada por um canal principal significativo, a Baía de Guanabara pode ser considerada um estuário unidimensional, sujeito ao movimento das marés e com alterações dominantes processando-se ao longo do eixo longitudinal (já que os fluxos do canal principal são significativamente maiores que os laterais).

Assim, de acordo com o livro *Systems analysis & water quality management*, do professor Robert V. Thomann, que tinha acabado de ser lançado, e com consultoria do engenheiro Walter Castagnino, do Centro Pan-Americano de Engenharia Sanitária e Ciências do Ambiente (Cepis), considerou-se inicialmente o estuário unidimensional e buscou-se desenvolver a equação de continuidade para os sistemas isolados. Entende-se por sistema isolado aquele em que existe somente uma relação entre a entrada, que é a carga poluidora, e a saída do sistema, que é a concentração do parâmetro escolhido, em contraposição aos sistemas acoplados, nos quais a saída irá constituir-se na entrada de um segundo sistema que, por sua vez, vai gerar uma segunda resposta de qualidade de água. Exemplos de sistemas isolados são a distribuição de coliformes, salinidade e DBO, enquanto OD/DBO, polifosfato/ortofosfato são exemplos de sistemas acoplados.

Os modelos construídos não levaram em consideração o fator tempo, assumindo-se uma condição média de maré (estado constante ou *steady state*). Adotou-se o método de aproximação por diferenças finitas, em que o canal principal da Baía de Guanabara foi dividido em sete segmentos, com uma mistura completa dentro de cada um deles. As fórmulas necessárias ao modelo podem ser deduzidas pelo balanço de massa em torno do segmento ou diretamente da equação de continuidade, aproximando-se os diferenciais pelo método das diferenças finitas. Considerando-se a importância das condições-limite no enfoque de diferenças finitas, configurou-se o canal principal da baía, partindo da região situada no fundo, menos desenvolvida, e permitindo o estabelecimento de uma concentração inicial e terminando fora do estuário, em condições de mar aberto.

Desenvolveu-se inicialmente modelo para o parâmetro salinidade, com a principal finalidade de calibração dos coeficientes de difusão, já que os cloretos são substâncias conservativas, não sofrendo reações ou decaimento ao logo de sua trajetória no estuário. Depois, foram construídos modelos para estudo de DBO e OD, que funcionam como sistemas acoplados, em que a DBO é a entrada para o modelo de OD. Estes modelos foram construídos para dar uma primeira idéia do comportamento da qualidade das águas da baía no ano 2000, na hipótese de que toda a carga poluidora de esgotos domésticos fosse lançada, com um determinado grau de tratamento. Idealizou-se um esquema de obras, por meio das quais as cargas poluidoras seriam lançadas no canal principal por meio de três emissários submarinos (ver Mapa 13, p. 274).

As cargas de esgoto lançadas pelos emissários 1 e 2 sofreriam tratamento secundário por lodos ativados, com remoção de 80% da DBO, enquanto as cargas do emissário 3 passariam unicamente por remoção de flutuantes, tendo em vista a inexistência de áreas para construção de estações de tratamento. A simulação com os modelos de DBO e OD para as cargas poluidoras do ano 2000 mostrou que a Baía de Guanabara não teria problemas para assimilar a carga orgânica lançada em seu canal principal. Ou seja, teria oxigênio disponível para oxidação da DBO lançada. Mostrou também que alguns usos, como pesca, navegação e fruição estética não seriam afetados. Não deu, porém, informações sobre outros usos importantes, principalmente a recreação, em que outros parâmetros de qualidade de água, como coliformes, nutrientes e sólidos em suspensão, teriam que ser analisados e modelados.

Considerando que todos os estudos anteriores estavam direcionados para a disposição oceânica por emissários submarinos em mar aberto, esse trabalho mostrou, embora muito de forma preliminar, a possibilidade de utilização da baía para receber cargas poluidoras adequadamente tratadas, o que poderia proporcionar uma grande economia na realização das obras de saneamento necessárias.

Modelos bidimensionais de qualidade de água

Em 1974, foi assinado o projeto "Saneamento do Meio Ambiente no Estado da Guanabara", mais tarde denominado "Programa de Controle Ambiental no Estado do Rio de Janeiro", pelo governo brasileiro, Pnud e Organização Mundial da Saúde, que atuava como agência executiva por intermédio da Organização Pan-Americana da Saúde. O projeto previa estudos de controle de poluição da baía pelo desenvolvimento de modelos econômicos e matemáticos de qualidade de água, a serem elaborados pela agência ambiental do estado, que era o Instituto de Engenharia Sanitária e, mais tarde — com a fusão dos estados da Guanabara e do Rio de Janeiro —, a Feema.

A partir das conclusões preliminares sobre o efeito das cargas poluidoras, obtidas por modelos unidimensionais, julgou-se necessário conhecer a qualidade das águas em outras áreas além do canal principal, em particular nas praias e zonas de pesca, consideradas de uso predominante na baía. Grandes corpos de água, como a Baía de Guanabara, podem ser classificados como sistemas bidimensionais, nos quais as variações da qualidade de água podem se dar tanto na direção longitudinal (norte-sul) quanto na lateral (leste-oeste). Buscou-se, dessa forma, desenvolver modelos bidimensionais, subcontratando, por intermédio do Pnud, a firma Hydroscience Inc., com sede em New Jersey, Estados Unidos, para assistência técnica no campo de modelagem matemática.

Considerando os problemas de poluição existentes na baía e os usos propostos para suas águas, foram elaborados inicialmente modelos de salinidade, de coliformes e de OD/DBO. O enfoque básico na modelagem matemática envolve a aplicação do conceito de conservação de massa, isto é, a massa total de cada substância modelada precisa ser contabilizada, pois sofre transformações diante da dispersão pela ação das marés, transporte pelo fluxo de água doce e reações com o meio ambiente. Uma malha com 55 segmentos foi estabelecida, assumindo uma mistura completa nas direções longitudinal, lateral e vertical em cada segmento (ver Mapa 14, p. 275).

Para o desenvolvimento dos modelos foi necessário levantar inúmeros dados, incluindo a geometria da malha, o fluxo de água doce afluente à baía, medições de correntes, marés e ventos, dados de qualidade de água e de carga poluidora, além de um novo programa de amostragem. Foram feitos também diversos estudos para a determinação de parâmetros específicos, como coeficientes de dispersão, T-90 (tempo em que morrem 90% das bactérias do grupo coliforme), demanda bental, coeficientes de desoxigenação e estudos de fotossíntese e respiração nas águas da baía.

Todos os modelos foram calibrados e validados, tendo-se chegado às seguintes conclusões principais:

- A análise dos dados de coliformes e oxigênio dissolvido indicou que a qualidade das águas em diversas regiões costeiras da Baía de Guanabara era bastante ruim e interferia nos usos recreacionais.
- As projeções de modelos matemáticos para o ano 2010 indicaram que os critérios de qualidade de água (coliformes totais e OD) propostos pela Feema poderiam ser atendidos em 90% das áreas recreacionais, com disposição dos efluentes adequadamente tratados na baía. Os restantes 10% não seriam atendidos devido às cargas não controladas vindas das favelas.
- Finalmente, chamava a atenção para o problema da eutroficação, pois com a implantação de sistemas de tratamento, aumentavam as descargas de nutrientes e a transparência das águas, e o crescimento do fitoplâncton seria favorecido.
- Recomendava também que fosse feita uma modelagem de análise econômica, tendo em vista o grande número de alternativas de esquemas de obras de saneamento.

Modelos econômicos

Os modelos de qualidade de água permitem verificar se determinados esquemas de obras de saneamento atenderão, no futuro, aos critérios propostos para a baía. Porém, inúmeras possibilidades de transporte e tratamento das águas residuárias poderão igualmente atender a esses objetivos; a alternativa a ser adotada dependerá de condições econômicas.

Assim, elaborou-se um modelo para avaliar sistematicamente as soluções consideradas viáveis sob o ponto de vista da engenharia e escolher aquela que seja considerada ótima em termos econômicos, atendendo ao mesmo tempo às restrições de qualidade de água. Considerando a dificuldade de estimar benefícios de uma melhora na qualidade de água, optou-se pelo desenvolvimento de um modelo de minimização de custos.

O modelo criado para a Baía de Guanabara determinou o conjunto de soluções factíveis, ou seja, aquelas que atendem às restrições de qualidade de água, mediante uma enumeração de alternativas para cada etapa no tempo, calculando também os custos envolvidos. Em seguida, a partir do conjunto de soluções factíveis, determina qual delas deve ser adotada em cada etapa, de modo que o valor dos custos seja mínimo, respeitando, ao mesmo tempo, as restrições orçamentárias.

Para o desenvolvimento desses modelos foram definidos os esquemas possíveis de saneamento, estimados os custos dos diversos tipos de obras previstas, levando-se em conta as restrições orçamentárias e de qualidade de água. As principais alternativas de obras consideradas incluíram o tratamento local e suas variações, o tratamento regional ou o tratamento regional com lançamento submarino no canal principal da baía. O tratamento local se daria nos próprios pontos de concentração de esgotos das diferentes sub-bacias, com lançamento dos efluentes tratados nos rios próximos ou diretamente na baía.

O tratamento regional levava em conta que os esgotos de algumas sub-bacias seriam transportados e tratados, em conjunto, em estações regionais, cujos efluentes seriam lançados na baía, próximo à costa. A outra alternativa considerava o mesmo tratamento regional, porém com emissários submarinos mais longos, para aproveitar a capacidade assimilativa do canal principal da baía. No modelo econômico, não se considerou a alternativa de lançamento de esgoto em mar aberto devido aos altos custos iniciais de túneis, interceptores e emissários submarinos. E também porque seria uma obra longa, cujos benefícios só apareceriam no final.

As conclusões do modelo econômico indicaram que a solução de mínimo custo era a de tratamento local com implementação ótima, isto é, as estações seriam construídas de acordo com um esquema ótimo de custo (custo mínimo no tempo adequado). Nesse programa, só a estação de Vigário Geral seria a nível secundário, todas as demais, a nível primário. O custo desta solução, na época, seria de 815 milhões de dólares, não incluindo a implantação de redes de esgoto.

Os modelos do projeto Jica-Feema

No início de 1992, atendendo a um pedido das autoridades brasileiras, o governo japonês, através da Japan International Cooperation Agency (Jica), decidiu realizar estudos para elaboração de um plano diretor para recuperar o ecossistema da Baía de Guanabara. Como parte desses estudos, desenvolveram-se modelos de simulação numérica, considerados uma ferramenta efetiva para determinação das medidas necessárias à recuperação da baía. Foram usados três tipos de modelo. O principal foi o hidrodinâmico, que simulou a circulação das águas em função das marés. Para isso foi realizado um extenso programa de medições de correntes e níveis de marés e utilizado um modelo de duas camadas, com uma malha de 500m de intervalo.

Com base no modelo hidrodinâmico, foram desenvolvidos os outros dois: de difusão e de eutroficação. O primeiro foi usado para substâncias conservativas, como a salinidade. Sua principal finalidade foi determinar os coeficientes de difusão. Já o segundo buscou reproduzir o ciclo de nutrientes na água do mar e nos sedimentos, assumindo as seguintes premissas:

- O processo do ciclo de nutrientes é controlado pela decomposição do fósforo orgânico em fosfato. O fósforo foi considerado nutriente limitante. O OD e a matéria orgânica crescem de acordo com os níveis de produtividade primária. Os parâmetros DBO e DQO também foram usados para determinar as concentrações de matéria orgânica.
- Utilizou-se duas camadas verticais na modelagem; a superior correspondendo à profundidade fótica, onde se dá o crescimento do fitoplâncton.
- OD, DBO, DQO e nutrientes variam com os processos de crescimento, decomposição, sedimentação e liberação, bem como com os aportes trazidos pelos rios. Variam também com a advecção e a dispersão, devido às correntes de marés na baía.

Finalmente, a variação temporal no modelo de duas camadas foi expressa por equações diferenciais, e as concentrações de qualidade de água em cada unidade de tempo foram calculadas, resolvendo-se as equações pelo método de diferenças finitas.

É importante mencionar que, paralelamente ao projeto Jica-Feema, foram iniciados entendimentos com o BID e com o OECF do Japão para o PDBG, que só seria assinado em 1994. Em sua primeira etapa, o PDBG previa a construção de redes de esgotos e estações de tratamento em nível primário, visando eliminar valas negras e assim melhorar a saúde e a qualidade de vida da população. Nessa primeira etapa, preferiu-se não adotar o tratamento secundário pelo processo de lodos ativados, pois as altas reduções de matéria orgânica e sólidos certamente aumentariam a transparência das águas, com conseqüente aumento da fotossíntese e dos problemas de eutroficação.

As conclusões do projeto Jica-Feema mostraram que a poluição gerada na própria baía, por meio da produtividade primária, representava uma parcela significativa de cerca de 60% da carga orgânica total. Ficava assim evidente a magnitude do problema de eutroficação e a necessidade de sistemas de tratamento que previssem a remoção de nutrientes como parte fundamental do processo de recuperação do ecossistema.

Considerando o fósforo como nutriente limitante, foram propostos vários tipos de controle nas diferentes sub-bacias, incluindo tratamento de esgotos a nível primário e até terciário nas ilhas, sistemas de lagoas de estabilização nas sub-bacias menos densamente povoadas e lançamentos submarinos de efluentes tratados em nível primário. Propunha-se, também, tratamento conjunto para indústrias petroquímicas e de sardinha, além de melhora dos serviços sanitários em favelas (coleta de lixo e tratamento de esgotos).

Sugeria-se, finalmente, medidas de ordenamento do uso do solo nas sub-bacias com maior potencial de crescimento e alargamento e aprofundamento dos canais dentro do espelho d'água da baía, com o objetivo de melhorar a circulação das águas. Infelizmente, todo esse conjunto de medidas de controle apresentado pelo projeto Jica-Feema não foi adequadamente discutido, nem nos segmentos governamentais nem nos diferentes segmentos representativos da população nos vários municípios envolvidos.

A missão do Banco Mundial e o modelo húngaro

Em 1995, o governo do estado do Rio de Janeiro recebeu uma missão do Banco Mundial, que tinha como objetivo assessorar o desenvolvimento e a implementação de políticas mais efetivas de gestão ambiental. A Baía de Guanabara foi imediatamente classificada como um dos quatro casos mais importantes de poluição ambiental do estado, juntamente com o rio Paraíba do Sul, a baía de Sepetiba e a poluição do ar na região metropolitana do Rio de Janeiro (RMRJ). Uma primeira análise do problema mostrou que a etapa inicial do PDBG — em andamento, com medidas que incluíam expansão dos serviços de saneamento básico e construção de estações de tratamento a em nível primário — não levaria a melhoras significativas na qualidade das águas, já que, ao longo do tempo, grandes quantidades de nutrientes e outros poluentes se acumularam nos sedimentos da baía. Além disso, as algas representavam uma proporção crescente na quantidade de DBO presente nas regiões mais eutroficadas da baía, mostrando que os processos de eutroficação e deterioração dos últimos vinte anos poderiam levar décadas para se reverter.

Dessa forma, mesmo que as fontes poluidoras externas tivessem uma redução drástica, a melhora da qualidade de água seria muito lenta por causa da carga interna de DBO e nutrientes liberada pelos sedimentos. Havia ainda outros ângulos a analisar, como, por exemplo, a transparência das águas — fator determinante da quantidade de algas nas águas da baía. A implantação de estações de tratamento de esgotos, com conseqüente redução de DBO e sólidos, certamente aumentará a transparência das águas, causando um aumento na quantidade de algas e, portanto, da eutroficação.

Assim, a missão do Banco Mundial preconizava um planejamento cuidadoso que levasse em conta todos esses processos e impactos na qualidade das águas da baía, sugerindo inicialmente a implantação do Chemical Enhanced Primary Treatment (CEPT), como uma opção de baixo custo para remoção do fósforo. A redução das cargas de fósforo e/ou nitrogênio, isto é, o controle da eutroficação, depende de inúmeros fatores, como a denitrificação (função das condições de OD), a fixação do nitrogênio (função da composição do fitoplâncton e da razão N/P), a carga interna de fósforo do sedimento (função do excesso acumulado ao longo do tempo), a distribuição dos lançamentos de cargas poluidoras externas e a mistura de águas doces e salinas em função das marés.

Recomendava também a elaboração de um estudo sobre as estratégias para o gerenciamento da qualidade das águas, visando a um melhor entendimento do comportamento do ecossistema, principalmente sobre o processo de eutroficação. O principal instrumento desse estudo seria o modelo de qualidade de água, mais aprimorado que o modelo Jica-Feema, que considerava o fósforo como nutriente limitante e só contemplava os ciclos de carbono e fósforo e alguma interação com os sedimentos. O novo modelo, desenvolvido por consultores húngaros da Universidade Técnica de Budapeste, deveria ser capaz de descrever os ciclos do fósforo, do nitrogênio e do carbono, bem como o comportamento de outros indicadores de qualidade de água, como salinidade, coliformes fecais e OD/DBO.

O ciclo do nitrogênio é muito importante, tendo em vista sua possibilidade de limitação e a presença de cianobactérias (*blue-green*) fixadoras de nitrogênio, que tendem a desaparecer na medida em que a relação N/P aumenta, em função do controle do fósforo. O modelo deveria incluir ainda os processos que ocorrem na interface água/sedimento, já que uma quantidade significativa de poluentes e nutrientes foi acumulada ao longo de décadas nos sedimentos, influenciando decisivamente o comportamento da baía.

A incorporação de todas essas variáveis de estado (cerca de 18) aumentou a capacidade de previsão do modelo húngaro, que se tornou o estágio mais avançado da modelagem da Baía de Guanabara, permitindo a utilização de diferentes tipos de segmentação e uma simulação mais detalhada dos processos físico-químicos, bacteriológicos e biológicos do ecossistema local.

Desenvolveu-se também um modelo de gestão, o Decision Support System (DSS), cuja missão mais importante era avaliar as diferentes alternativas de controle, o impacto destas alternativas sobre a qualidade das águas e os custos a elas associados. Foram selecionadas as seguintes possibilidades de tratamento, com base na experiência européia ocidental:

- tratamento primário;
- Chemical Enhanced Primary Treatment (CEPT), capaz de aumentar a capacidade da estação de tratamento e também remover DBO e fósforo;
- tratamento biológico por lodos ativados com nitrificação, que apresenta baixa remoção de fósforo;
- tratamento biológico com pré-precipitação para remoção de fósforo;
- tratamento biológico com remoção parcial de nitrogênio;
- tratamento avançado com denitrificação.

Diferentes cenários com combinações destas alternativas foram estudados, com o uso de modelos matemáticos desenvolvidos para comparar os resultados obtidos com os critérios e padrões de qualidade de água. Muitas das conclusões do estudo húngaro foram semelhantes às de estudos anteriores, como a melhora das condições de saúde pela eliminação de valas negras; a impossibilidade de atingir os critérios de qualidade de água em todo o espelho d'água, principalmente do lado oeste da baía, devido às favelas e fontes não-controláveis; o lento processo de recuperação do ecossistema (uma década ou mais) etc. Porém, outras conclusões podem ser de grande utilidade para o equacionamento dos problemas de poluição daquelas águas, como:

- O tratamento biológico convencional não é a tecnologia adequada para a recuperação da baía, pois, embora melhore as condições de OD, devido à remoção de DBO, o grande aumento da transparência aumentaria muito a produção de algas e a eutroficação.
- A baía se caracteriza por altos índices de denitrificação, que são mais efetivos em condições de baixos teores de OD. Assim, a implantação de tecnologias que aumentem muito os níveis de OD reduziria as formas naturais de remoção de nitrogênio. Seria aconselhável recorrer a tecnologias intermediárias, que melhorariam os níveis de OD sem impedir a denitrificação. Numa primeira fase, o CEPT seria a metodologia adequada para atender esses requisitos, com a vantagem de ser uma tecnologia bem mais barata.

- Numa segunda fase, poderia se passar de CEPT para tratamento biológico/químico, o que permitiria, não só a remoção de fósforo, como também o *down-sizing* da estação de tratamento nas sub-bacias do lado oeste (Rio de Janeiro e Baixada Fluminense).
- A disposição adequada do lodo gerado nas estações de tratamento deverá ser estudada de forma cuidadosa, incluindo-se alternativas como a disposição oceânica, incineração e outras possíveis disposições temporárias.

Finalmente, os estudos concluíram que a principal meta para controle da eutroficação seria tornar a baía limitada pelo fósforo. Dessa forma, a melhora da qualidade de água poderia ocorrer como uma conseqüência da remoção de fósforo, elemento que atua como nutriente limitante. Mas, antes de se estabelecerem outras medidas de controle de médio e longo prazos, vários tópicos precisariam ser mais bem estudados, como o controle de cargas difusas, o uso de desinfecção para reduzir níveis de coliformes e a possibilidade de dragagem dos canais entre as ilhas e o continente.

Revisão do plano diretor Jica/Feema de 1994: aplicação de novos modelos

Em 2001, o governo brasileiro fez um novo pedido de cooperação técnica aos japoneses, envolvendo a Jica e a Secretaria de Saneamento e Recursos Hídricos do Estado do Rio de Janeiro. A Jica indicou a firma Pacific Consultants International, em associação com a Nihon Suido Consultants, para elaborar o estudo intitulado "Gestão e melhoria das condições ambientais da Baía de Guanabara no Rio de Janeiro, Brasil". Os objetivos do trabalho foram os seguintes:

- Rever o plano diretor elaborado pela Jica/Kokusai Kogyo em 1994, sob o título "Estudo de recuperação do ecossistema da Baía de Guanabara".
- Rever a parte relativa à bacia da Baía de Guanabara do Plano Diretor de Esgotamento da Região Metropolitana do Rio de Janeiro da Cedae.
- Elaborar um estudo de viabilidade sobre os projetos prioritários selecionados no programa de esgotamento da bacia da Baía de Guanabara.

Para atingir estes objetivos foram aplicados outros modelos, diferentes dos utilizados no plano diretor da Jica de 1994. O sistema empregado foi o Mike 21 Modelling System, que engloba os seguintes modelos:

- modelo hidrodinâmico;
- modelo de advecção e dispersão;

- modelo de eutroficação: simula o ciclo do carbono, nitrogênio e fósforo contidos no fitoplâncton, no zooplâncton e nos detritos, além de clorofila, oxigênio dissolvido, ortofosfato e nitrogênio inorgânico.

O estudo de 2003 da Pacific procurou avaliar as medidas propostas no Plano Diretor de 1994, verificando que, durante o período de execução do PDBG (quase dez anos), basicamente só haviam sido feitas obras de esgotamento sanitário e controle industrial. A mudança mais significativa entre o Plano Diretor de 1994 e o plano proposto pela Pacific em 2003 diz respeito ao nível de tratamento dos esgotos domésticos. Enquanto em 1994 propunha-se tratamento primário com remoção de nutrientes em algumas estações, no de 2003 indicava-se tratamento secundário, também com remoção de nutrientes. A mudança melhoraria a redução de carga de DBO, mas pioraria a situação dos nutrientes e da eutroficação, tornando necessária a remoção de fósforo.

No período de execução do PDBG, nota-se que as obras de esgotamento sanitário ainda não surtiram os efeitos desejados pelas seguintes razões:

- nas ETEs de Alegria, Sarapuí e Pavuna, a vazão dos esgotos domésticos que chega às estações é bem menor do que a planejada;
- algumas ETEs não estão sendo operadas;
- mesmo nas áreas já esgotadas, as conexões domiciliares ainda são insuficientes e os esgotos sanitários em número inferior ao planejado.

Embora o tratamento de esgotos domésticos seja o principal instrumento adotado no controle de poluição da baía, existem algumas limitações inerentes aos países em desenvolvimento: as áreas organizadas da cidade congregam um terço da população, enquanto os restantes dois terços referem-se à cidade periférica e às favelas. Com isso, verifica-se que:

- Não é possível implantar uma cobertura total da bacia, e os esgotos não-tratados, principalmente os da cidade periférica e das favelas, acabam por chegar à baía.
- O sistema de esgotamento reduz somente as cargas poluidoras de fontes pontuais, e não de fontes difusas, como o *run-off* urbano, agrícola, de florestas etc. Tais fontes são significativas, em particular para o caso de nutrientes.

A implantação dos diversos sistemas de esgotamento sanitário foi a única medida considerada pela Pacific para que fossem atingidos os objetivos de qualidade de água na baía. Outras iniciativas de controle, como a dragagem dos sedimentos de fundo, remoção de lixo, preservação de manguezais e reflorestamento — cujo impacto na qualidade da água é de difícil quantificação — foram consideradas suplementares.

Como objetivo de qualidade de água, o estudo adotou inicialmente a DZ105 da Ceca/Feema, de 11 de setembro de 1980, que classifica as águas da baía de acordo com seus usos benéficos. Entretanto, considerando o alto grau de degradação, principalmente na costa oeste, também se levou em conta como objetivo de qualidade de água a eliminação de condições esteticamente desagradáveis, como a anaerobiose e os maus odores nos canais entre o continente e as ilhas do Governador e do Fundão. A tabela a seguir resume os objetivos adotados:

Principais objetivos de qualidade de água

Objetivo de qualidade de água	**Concentrações de DBO para atingir objetivos**	**Observações**
Remoção das condições objetáveis nos canais das ilhas do Governador e do Fundão (objetivo A).	DBO menor que 10mg/l em todas as estações de amostragem.	Foi considerado que uma concentração máxima de 10mg/l de DBO não gera condições sépticas.
Classificação das águas da baía de acordo com a DZ105 da Ceca/Feema (objetivo B).	DBO menor que 5mg/l em todas as estações de amostragem, exceto na GN022 e GN043.	Esta classificação corresponde à Classe 1 de águas salinas da Conama 357/05, exceto nas áreas de porto.

Fonte: Pacific Consultants International.

De acordo com as simulações feitas pelo modelo de eutroficação da baía desenvolvido no projeto, o objetivo A de qualidade de água poderá ser atingido com a implantação do tratamento dos esgotos da zona oeste da baía. A medida deverá resultar em reduções de 90% da carga atual de DBO, 30% do nitrogênio total e 50% do fósforo total. Mesmo assim, algumas pequenas áreas permanecerão com concentrações de DBO acima de 10mg/l. A remoção de fósforo total se justifica pela alta produção interna de matéria orgânica (DBO), devido à fotossíntese nas águas da baía. Embora a implantação de tratamento terciário não seja considerada factível nas condições atuais, essas remoções podem ser atingidas com a adoção de precipitação química, o que já vem sendo aplicado em algumas estações de tratamento construídas no PDBG.

Em relação ao objetivo B, os resultados das simulações realizadas mostraram que não seria possível manter a qualidade de água em níveis inferiores a 5mg/l em todas as áreas da baía. Foram simuladas reduções de 90% das cargas atuais de DBO, 80% de nitrogênio total e 80% de fósforo total, que corresponderiam à implantação de tratamento terciário para todas as cargas poluidoras, não só as das fontes pontuais, mas também as das fontes difusas e da população não conectada à rede de esgotos. O estudo considerou que este objetivo não poderia ser atingido com a tecnologia atualmente disponível.

Desse modo, o objetivo A (eliminação de condições objetáveis) foi adotado como de curto prazo (2010). Para que ele seja atingido, a implantação dos sistemas de esgotamento deverá se concentrar na zona oeste da baía, utilizando tratamento químico para remoção de fósforo total.

De acordo com as simulações realizadas, manter a concentração de DBO inferior a 10mg/l na costa oeste da baía também afeta a qualidade das águas como um todo, expandindo as zonas com DBO menor que 5mg/l na direção da área norte.

Estabeleceu-se ainda um objetivo intermediário, mais realista, que adota para o ano de 2020 o limite de 5mg/l de DBO em toda a baía, exceto nas costas oeste e leste, que são as áreas mais poluídas. De acordo com os resultados do estudo da Pacific, a meta de longo prazo continua a ser a DZ105, mas em ano não especificado.

Para se alcançar o objetivo de qualidade de água de curto prazo (2010) deverá ser melhorado o sistema de esgotamento da zona oeste da baía. Atualmente, estão em operação os sistemas de Alegria, Penha, Pavuna e Sarapuí. Os dois primeiros prevêem a cobertura total de suas áreas, mas os sistemas de Pavuna e Sarapuí ainda têm muitas áreas não-esgotadas. Além disso, a região de Bangu não conta com esgotamento nem estação de tratamento. Dessa forma, as bacias de Pavuna, Acari, Sarapuí e Bangu foram selecionadas pelo estudo da Pacific como áreas prioritárias para implantação de sistemas de esgotamento, visando-se atingir adequadamente o objetivo de curto prazo.

É importante constatar que as prioridades do estudo da Pacific em 2003 foram diferentes das prioridades do Plano Diretor de Recursos Hídricos (PDRH) de 2006. Enquanto a Pacific preconizava aumentar a cobertura de esgotamento sanitário no lado oeste da baía (Pavuna, Acari, Sarapuí e Bangu), para melhorar as condições do espelho d'água, o PDRH enfatiza o tratamento no lado leste, para preservar a qualidade dos rios para abastecimento público.

Modelos desenvolvidos pela Coppe/UFRJ

A Coppe/UFRJ desenvolveu um sistema de modelos computacionais denominado Sistema Base de Hidrodinâmica Ambiental (SisBaHiA), que envolve modelagem de corpos de água naturais e tem sido adotado em dezenas de estudos e projetos contratados à Fundação Coppetec. Contém, entre outros, os seguintes tipos de modelos:

- Modelo Hidrodinâmico ou de circulação hidrodinâmica.

- Modelo de Transporte Euleriano – De uso geral para simulação de transporte advectivo-difusivo com reações cinéticas.
- Modelos de Qualidade de Água e Eutroficação – Conjunto de modelos de transporte euleriano, para simulação acoplada de até 11 parâmetros de qualidade de água e indicadores de eutrofização (sal, temperatura, OD/DBO, nutrientes compostos de nitrogênio, e de fósforo e biomassa).
- Modelo de Transporte Lagrangeano-Determinístico – De uso geral para simulação de transporte advectivo-difusivo com reações cinéticas. É especialmente adequado para simulações de vários tipos de problemas, como plumas (manchas de esgoto) de emissários submarinos e derrames de óleo.

O SisBaHiA já foi utilizado em diversos projetos na Baía de Guanabara, entre eles:

- Avaliação da eficiência do emissário submarino e das condições de balneabilidade das praias do Leblon, Ipanema e Arpoador. Contratada pela Cedae, 1998.
- Restabelecimento da circulação em torno da ilha do Fundão, obstruída pelo assoreamento do canal do Fundão na Baía da Guanabara — RJ. Contratado pelo governo do estado do Rio de Janeiro, 1998.
- Simulações da hidrodinâmica geral e dos padrões de transporte de manchas de óleo na Baía de Guanabara — RJ. Para a Petrobras, 2001.
- Simulações da hidrodinâmica geral e dos padrões de transporte de contaminantes oriundos da Refinaria Duque de Caxias, no estuário do rio Iguaçu e na Baía de Guanabara — RJ. Para a Petrobras, 2001.
- Simulações da hidrodinâmica geral e dos padrões de toxicidade de manchas de óleo na Baía de Guanabara — RJ. Para a Petrobras, 2001.
- Estudos para dragagem do canal de acesso da bacia de evolução do terminal da Intercan — canal do Fundão, Baía de Guanabara, RJ, incluindo modelagem do processo de despejo dos sedimentos dragados em área ao largo da Baía de Guanabara para Intercan — Terminais de Contêineres e Logística S.A., 2004.

XII OS DIFERENTES USOS BENÉFICOS DA BAÍA

A partir da década de 1960, constatou-se que o crescente estado de poluição começava, cada vez com maior freqüência, a interferir nos diversos usos das águas da Baía de Guanabara. Consciente do problema, o governo estadual percebeu a necessidade de estudos profundos que permitissem definir objetivos e equacionar o controle da poluição, de modo a preservar os usos benéficos da água.

O primeiro passo, em 1968, foi um detalhado levantamento de dados da qualidade de água da baía e dos rios afluentes, o que permitiu que se tivesse uma visão precisa do grau de poluição e do quanto seus usos já estavam afetados, de acordo com critérios internacionais de qualidade hídrica. Levando em conta esses dados e conhecendo-se o grande número de fatores envolvidos no problema, concluiu-se pela necessidade de um estudo global que considerasse, não só os aspectos de qualidade da água, mas também os aspectos econômicos e sociais, que posteriormente seriam complementados por decisões políticas.

Esse estudo envolveu o desenvolvimento de modelos matemáticos de qualidade de água e econômicos, já descritos em capítulo anterior. Foram também estimados os benefícios associados aos diversos usos, o que daria uma idéia de quanto a população estaria disposta a pagar para usufruir de uma água de melhor qualidade.

Os usos históricos das águas da baía

A Baía de Guanabara permite o uso de suas águas para várias finalidades a uma população de quase 10 milhões de habitantes que vivem em suas margens e exercem, muitas vezes precariamente, atividades primárias, secundárias e terciárias. As atividades primárias são representadas principalmente pela pesca comercial no interior da baía, destacando-se a de camarões. As secundárias são constituídas pelas indústrias da região, muitas delas localizadas diretamente na orla da baía, que aproveitam suas águas para refrigeração, processos industriais e outros fins.

As atividades terciárias são as mais significativas, compreendendo não só a prestação de serviços, como é o caso dos portos, navegação comercial e transporte de passageiros, como também o lazer e o turismo. Com inúmeras praias no interior da baía, sua principal atividade de lazer é o banho de mar. A navegação para transporte de passageiros é intensa, com ligações em horários regulares entre Rio e Niterói, por meio de barcas, aerobarcos e catamarãs, e com a ilha de Paquetá. Em termos de navegação comercial, há ainda o grande movimento de entrada e saída de navios — chegam a ser milhares por ano — para os portos do Rio de Janeiro e Niterói, bem como para os terminais de petróleo na Ilha do Governador e ilhotas próximas.

Finalmente, deve-se considerar os fins estéticos e paisagísticos, além do uso não muito nobre de diluição e transporte de esgotos domésticos e industriais. Resumindo, os principais usos históricos das águas da baía são:

- recreação de contato primário (banho de mar);
- recreação de contato secundário (navegação e pesca);
- navegação comercial;
- pesca comercial;
- água para indústrias;
- uso estético e paisagístico, incluindo turismo e lazer;
- diluição de despejos.

Avaliação dos benefícios dos principais usos

O objetivo principal de qualquer investimento público é a melhora das condições de vida da população. Porém, é difícil medir o bem-estar social quando se analisam as diretrizes globais de um governo. O que se verifica é que algumas dessas diretrizes podem levar a uma melhora das condições de vida e ao bem-estar social, como a eficiência econômica, a redistribuição de renda, a estabilização da economia e a preservação do meio ambiente.

Embora seja impossível maximizar simultaneamente todos esses objetivos, eles devem ser considerados dentro do contexto de qualquer projeto. No caso da Baía de Guanabara, as metas globais do projeto de melhora da qualidade de água seriam a eficiência econômica e, talvez, a redistribuição de renda como conseqüência do aumento da pesca, e um banho de mar em águas limpas para as camadas mais pobres da população. A qualidade do meio ambiente entraria como um objetivo, não em termos absolutos, mas na medida em que atenda aos critérios e padrões da qualidade de água.

No início da década de 1970, constatava-se que os benefícios resultantes de uma maior qualidade hídrica eram difíceis de serem quantificados. Por estarem diretamente relacionados aos usos da água, sua quantificação deveria indicar quanto em dinheiro a população estaria disposta a pagar para que isso lhe fosse garantido. Um enfoque que tem sido utilizado é calcular os benefícios totais por meio do custo de remoção dos problemas que impedem seu usufruto.

A estimativa desses benefícios envolve toda uma gama de dificuldades, que incluem, não só as relativamente pequenas, como a avaliação da economia nos custos de tratamento da água de refrigeração para as indústrias, mas também algumas conceitualmente complexas e intangíveis, como o valor de uma melhora estética das águas da baía, e ainda outras não tão problemáticas, porém de avaliação subjetiva, como a quantificação dos benefícios de recreação.

Os benefícios referentes aos diversos usos foram estimados do seguinte modo:

- Recreação de contato primário (banho de mar) – Estimou-se a freqüência de banhistas no interior da baía, verificando-se quanto essa população estaria disposta a pagar para freqüentar praias de melhor qualidade. Isso se constituiria uma medida do benefício a ser associado à melhora da qualidade das águas da baía para recreação. Uma forma de se estimar isso seria o custo de transporte e as horas despendidas no deslocamento para praias oceânicas, mais distantes e mais limpas.
- Recreação de contato secundário (navegação e pesca) – Verificou-se a quantidade de barcos registrados que usam a baía para estes fins. A seguir, foram enviados questionários a todos os iates clubes da região, solicitando subsídios para a quantificação dos benefícios. De acordo com os questionários devolvidos, estimou-se o custo médio de manutenção devido ao aumento de poluição. Também foram levados em conta os custos de operação para sair com barcos e lanchas para fora da baía, e assumiu-se que os proprietários desses barcos estariam dispostos a pagar uma cota anual para navegarem e pescarem em águas limpas.
- Navegação comercial – Para quantificar esse benefício, foram considerados os custos referentes à dragagem dos sólidos decantáveis das águas residuais, responsáveis pelo assoreamento dos locais onde se processa a navegação comercial. Foram quantificados também os custos de reparos e manutenção da frota que faz serviços de transporte no interior da baía, incluindo os danos às hélices (número anual de trocas), os danos estruturais e os danos de corrosão (freqüência de pintura).

- Pesca comercial – A quantificação deste benefício foi feita, basicamente, levando-se em conta o decréscimo vertiginoso na captura de camarões no interior da baía entre os anos de 1955 e 1977.
- Água para indústrias – Foi estimado o custo de tratamento de águas de refrigeração das indústrias da orla da baía.
- Estético/paisagístico – A quantificação desses benefícios é praticamente intangível, envolvendo o incremento do turismo na região e a valorização de terrenos situados às margens da baía. Considerou-se que o crescimento do turismo devido à melhora da qualidade das águas seria da ordem de 10% ao ano, e a valorização dos terrenos, da ordem de 20%. Finalmente, não seria absurdo supor que pelo menos metade da população do Grande Rio estaria disposta a pagar o preço de um maço de cigarros por ano para usufruir o benefício de contemplar uma baía despoluída e com boa qualidade de água.
- Saúde – De acordo com Winslow (1950), os norte-americanos calcularam que, em seu país, o custo anual de incapacidades resultantes de enfermidades correspondia a cerca de 2% do Produto Interno Bruto (PIB), sem incluir-se nesta cifra o gasto com assistência médica. Estimando-se um percentual por doenças de veiculação hídrica e considerando-se o PIB e a população do Brasil, chegou-se a um custo *per capita* de 26 dólares, como resultado de incapacidade por enfermidades, que foi aplicado à população periférica e favelada da bacia hidrográfica da Baía de Guanabara. Estes custos de saúde decorrem não só da falta de infra-estrutura de saneamento, como também dos banhos de mar em águas poluídas, contaminação da água de abastecimento etc.

O resumo dessas estimativas está na tabela a seguir, considerando-se o dólar americano de 1974 (seis cruzeiros/dólar).

Estimativas anuais de benefícios dos principais usos

Item	Usos	Benefícios (mil dólares)
1	Recreação, banho de mar	13.600
2	Recreação, navegação e pesca	2.157
3	Navegação comercial	
	Assoreamento	2.649
	Reparos e manutenção	146
4	Pesca comercial	1.950

5	Água para indústrias	291
6	Estético/Paisagístico	
	Incremento do turismo	1.250
	Valorização de terrenos	667
	População local	2.916
7	Saúde	27.000
TOTAL		52.626

Fonte: *Modelos bidimensionais de qualidade de água e econômicos para a Baía de Guanabara*. Rio de Janeiro: Feema, 1975.

A pesca comercial no interior da Baía de Guanabara

As informações sobre a pesca comercial de caráter mais artesanal nas localidades da Baía de Guanabara são pouco precisas e muitas vezes inexistentes. Existem, na baía, cinco colônias de pesca:

- Z-8 — Localizada na praia de Jurujuba, em Niterói, controla os pontos de desembarque de Jurujuba, ponta da Areia, praia Grande, ilha da Conceição, Gradim e Itaoca. Direciona o pescado, em grande parte, para a venda no Mercado de São Pedro, em Niterói.
- Z-9 — Localizada na praia de Olaria, em Magé. Em 1976, contava com cerca de quinhentos pescadores e 59 embarcações, com área de pesca do rio Magé ao rio Estrela, incluindo a costa de Mauá, o rio Suruí e o rio Guaxindiba.
- Z-10 — Localizada no saco do Jequiá, na Ilha do Governador.
- Z-11 — Localizada na praia de Ramos. Em 1976, contava com 92 embarcações e cerca de 530 pescadores, com área de pesca do rio São João de Meriti até o rio Jacaré.
- Z-12 — Localizada no Caju, tinha como área de pesca o canal principal da baía, envolvendo o lado oeste da ponte Rio-Niterói até Paquetá.

Foi na colônia Z-12 que se obteve a melhor série histórica de pesca de camarão desde 1955 até quase o final da década de 1970, como ilustrado no gráfico a seguir.

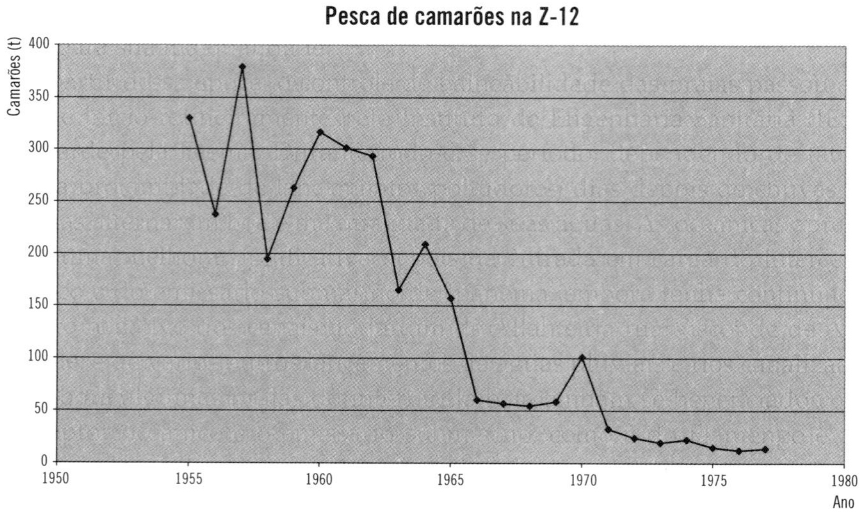

Fonte: Dados da colônia de pesca Z-12.

O gráfico permite correlacionar, de alguma forma, a instalação das grandes indústrias poluidoras na bacia da Baía de Guanabara, como a Petrobras/Reduc, com início de operação em 1961; a Fabor, em 1962; e outras, com o decréscimo da pesca de camarões no interior da baía.

Mais tarde, na década de 1990, o Ibama passou a obter regularmente dados da pesca artesanal de peixes na baía, apenas em Ramos e em Mauá (Magé). Nesta última localidade, porém, a coleta foi descontinuada em janeiro de 1996. Para um único ano (1997), dispunha-se de informações relativas à colônia Z-8, mas as estatísticas não separavam as capturas realizadas no interior da baía das realizadas em áreas oceânicas. A multiplicidade de pontos de desembarque, sua dispersão e a rapidez com que se processava a comercialização foram, em parte, os fatores impeditivos para um controle mais estrito da produção.

A partir daí, estimar a produção anual total da Baía de Guanabara seria um exercício pouco preciso. Para a colônia Z-9, em Mauá, pode-se supor uma produção média de 500t/ano. Grande parte das capturas provém de armadilhas fixas ("currais") que, de acordo com o levantamento realizado pela Petrobras, em janeiro de 2000, totalizavam pouco mais de quinhentas unidades, 411 delas ativas.

Os totais desembarcados em Ramos eram fornecidos diretamente pela colônia Z-11, podendo-se supor uma média anual em torno de 20t, obtida basicamente pela pesca de arrasto. Apesar de não haver dados do Ibama para a colônia Z-10, da Ilha do Governador, estimava-se uma produção anual em torno de 100t. Eliminando-se as espécies não características da baía para os pontos controlados pela colônia Z-8, obteve-se um total estimado de cerca de 1.000t/ano, o que provavelmente constitui uma superestimativa.

Chegou-se, assim, a um total anual de cerca de 1.600t/ano, número pouco superior ao estimado pelo Ibama (1.300t/ano), não incluídas aí as eventuais capturas de sardinha (verdadeira, boca-torta e outras), descarregadas diretamente nas indústrias de processamento da baía.

Além da atividade pesqueira tradicional, a coleta de caranguejos nas áreas de manguezal e de mexilhões nos costões rochosos constitui-se em fonte de renda de um número relativamente importante de pessoas. Mas, se, para a pesca tradicional os dados disponíveis são pouco precisos, para essas atividades de coleta, as informações são praticamente inexistentes. Informações da ONG Mundo da Lama indicam a existência de seiscentos coletores sistemáticos nos manguezais da baía, produzindo cerca de cem a 150 caranguejos por semana. Isso levaria a totais entre 200 e 350t/ano, o que parece ser uma flagrante superestimativa. Apenas a título de comparação, a produção média anual do estado do Piauí, com vastas regiões de manguezais preservados, é de 518t.

No caso dos mexilhões, a coleta é feita, em grande parte, pela Associação de Jurujuba, onde, segundo a Fundação Instituto de Pesca do Estado do Rio de Janeiro (Fiperj), trabalham cinqüenta famílias cadastradas, num total de cerca de duzentas pessoas, entre coletores e processadores do molusco. Eles são apanhados na região mais externa da baía, ao sul da ponte Rio-Niterói, especialmente nos costões da praia das Flexas, Boa Viagem, Cotunduba, Itaipu, chegando até as ilhas Cagarras. Segundo a mesma fonte, a produção atingiria um total de 8t/mês.

O número de pescadores em atividade na baía é absolutamente impreciso. Segundo levantamento feito por alunos da Coppe/UFRJ, a estimativa seria de 5 mil, ou de pouco mais de 12 mil, a partir do cadastramento da Petrobras. Em termos de valores, o estudo da Coppe estima uma renda anual de cerca de 3 milhões e 400 mil reais para o conjunto da atividade pesqueira na Baía de Guanabara. À exceção do camarão-rosa, o pescado oriundo da baía — basicamente corvinas, tainhas e bagres — tem baixo valor unitário.

Depoimentos de usuários da baía ao longo do tempo

Dr. Leopoldino Cardoso de Amorim Filho, engenheiro

Conheci a Baía de Guanabara em 1928, aos 12 anos — um menino. Meu pai queria ter uma casa de veraneio, para passar os sábados e domingos de forma diferente, e por isso comprou um terreno na Ilha do Governador, no início da rua Capitão Barbosa, junto à praia da Bandeira.

Naquela época, ia-se de barca para a ilha, fazendo paradas para embarque e desembarque no Zumbi, Cocotá e Freguesia. Na ilha, havia linhas de bonde, ligando Ribeira, Zumbi, Cocotá e o início da Freguesia, praticamente pela costa. As pessoas mais abastadas podiam levar seus carros na proa das barcas. As praias mais procuradas eram Freguesia, Bandeira e Pitangueiras.

Em fins de 1928 e começo de 1929, meu pai montou no terreno uma casa de madeira comprada em Joinville, que veio de caminhão, usou a barca e foi descarregada no próprio terreno. Era uma perfeição, com paredes duplas para amenizar as temperaturas, uma pequena varanda, sala, três quartos, banheiro, cozinha e a estrutura do telhado. Foi facílima a montagem, feita por dois carpinteiros portugueses, já conhecidos de meu pai. Assim, após a pintura externa e interna, tínhamos uma nova casa.

Aproveitamos bastante o mar, perto, manso e muito limpo, na praia da Bandeira, onde havia uma grande figueira que propiciava muita sombra, inclusive na areia da praia. Mais tarde, as barcas passaram a parar apenas na Ribeira, e as pessoas eram distribuídas pela ilha por bonde.

O mar era limpo, com muitos peixes e siris. Em época de siri era até difícil entrar no mar pela grande quantidade e porque mordiam nossos pés. Apesar de só ter 14 anos, gostava de pescar, e havia muitas cocorocas, canhanhas, robalos e meros. Eu pescava de espinhel — um cabo com dois anzóis a cada metro, de candombe, tarrafa e de fisga.

O candombe era uma rede de malha pequena, com 10 a 15m de comprimento e 1,80 ou 2m de altura, presa em cada extremidade a um bambu, com chumbo de um lado e cortiça do outro. Duas pessoas, uma em cada bambu, arrastavam a rede paralelamente à praia, e a cada 30m, aproximadamente, levavam-na à praia para verificar o que se havia pescado a cada lance (peixe, siri e camarão). À noite, usava-se uma tocha no bambu mais afastado da praia.

Para pescar de fisga, de dia, a água era tão clara que se usava um caíque, levado pela correnteza de modo a atravessar os trechos de fundo de pedra, sem qualquer barulho. Fisgavam-se os peixes que eram encontrados, ao acaso, no caminho aleatório que a correnteza levava.

Em toda a baía a água era muito limpa, podia-se ver o fundo de pedras da ilha d'Água. Jurubaíba era outra ilha procurada e se dividia em duas nas marés cheias. Paquetá e Brocoió encantavam a quem tinha barco.

Meu pai sempre manteve o interesse pelo mar. Em 1932, eu dispunha de uma canoa para remar, um escaler para andar a vela e uma voadeira com motor de popa. Meu pai tinha um barco, tipo baleeira, com motor de popa, no qual levava a família para passear pela baía. Levou-nos, uma vez, da Ilha do Governador a Botafogo, para ver de perto um grande avião alemão que lá ficou fundeado. O DO-X era um hidroavião com 12 motores, que aqui chegou em agosto de 1931, vindo da Alemanha e prosseguindo para Nova York. Dispunha de 15 poltronas para passageiros.

Meu pai ainda teve um *cutter*, com motor de popa e bolina fixa, pesando 400kg, que dispunha de cabine com dois beliches. Chamava-se *Alagoas* e ficava fundeado à esquerda da praia da Bandeira, amarrado a uma bóia.

Em 1932, a água da baía continuava limpa, e na ilha das Enxadas, onde havia uma piscina para natação, podiam-se ver os peixes entrando e saindo. Em 1934, exercícios de vela passavam por Icaraí, São Francisco, Fortaleza de Santa Cruz, Lages e São João, com água bem transparente, o que também acontecia na ilha de Bom Jesus, de pouca profundidade e já no fundo da baía. Mais tarde, a ilha d'Água e outras ilhas no fundo da baía foram transformadas em depósitos de petróleo, assim como a ponta da Ribeira, na Ilha do Governador.

A parte de trás da Ilha do Governador, isto é, a parte norte, era deserta e conhecida como Tubiacanga; a água não era clara e tinha algumas pedras. A pesca com bomba (dinamite) sempre foi criminosa, mas, não sendo reprimida, era usada com freqüência. Nas pedras de Tubiacanga, matavam-se meros de bom tamanho; nos restos de um navio encalhado na praia de Pitangueiras costumava-se matar bons robalos; e nas pedras da ilha d'Água apanhava-se grande número de cocorocas, canhanhas e, eventualmente, um robalo.

A ilha d'Água era, sem dúvida, uma das mais interessantes; em um dos cantos da praia, havia um cais que permitia a entrada e saída do mar e servia de cativeiro para peixes previamente apanhados. A ilha de Mestre Rodrigues, defronte à praia do Barão, entre Cocotá e Freguesia, é pequena, mas dá graça ao panorama visto da Ilha do Governador. A ilha do Rijo, entre Governador e Paquetá — mais perto da Ilha do Governador —, possuía uma boa casa, cais e servia para os fins de semana do ministro da Marinha. A ilha do Boqueirão, separada da Freguesia, no extremo leste da Ilha do Governador, por um canal longo e profundo, foi o local em que se instalou inicialmente o Corpo de Fuzileiros Navais, que mais tarde também ocupou em parte da ilha das Cobras. A ilha de Mocanguê foi ocupada pela Marinha e veio a se tornar praticamente a Base Naval do Rio de Janeiro. A ilha das Cobras recebeu gradativamente o Hospital de Marinha e o Arsenal, onde vários navios foram construídos. A ilha das Enxadas de início recebeu a Aviação Naval e depois a Escola Naval, mais tarde transferida para a ilha de Villegaignon.

A ilha Fiscal é hoje um monumento histórico, com o palácio que nela foi construído, e abrigou inicialmente os Serviços de Hidrografia da Marinha. A ilha de Bom Jesus acolhia os inválidos da pátria, vindos da guerra do Paraguai. A ilha das Flores, perto de Niterói, foi presídio político e posteriormente Serviço de Imigração.

A ilha do Governador é hoje densamente habitada e, em sua extremidade oeste, abriga o Aeroporto Internacional do Rio de Janeiro, que opera grandes aviões de linhas internacionais. Em 1928, já havia lá uma pista de grama usada pela aviação naval. A ilha de Paquetá tem pequena população, em função de sua distância do Rio. Tornou-se um local de turismo; lá, destaca-se o internato masculino de um colégio de grande reputação. A ilha de Brocoió, pequena e muito perto de Paquetá, pertencia à família Guinle, que nela construiu um casarão de grande luxo e conforto. A ilha Caminho das Pedras ficou famosa por ser usada por uma mulher conhecida como Luz del Fuego que ali vivia sempre nua, posteriormente assassinada naquele local.

Amarílio Vasconcelos Pereira de Souza, engenheiro

(Parte do depoimento dado ao Instituto Baía de Guanabara, em junho de 2000, com o título de "Estamos no caminho certo para salvar a baía?".)

A primeira vez que comecei a pensar sobre a baía foi em 1940, quando tinha 16 anos — e isso já faz um tempinho... Fomos de barco a vela e remo, sem motor, até o fundo da baía, além e para o norte de Paquetá, subindo um rio de nome Suruí até um lugarzinho de mesmo nome, com uma pequena igreja no alto de um morrote. O padre rezava uma missa, incompreensível para mim, em latim.

O encontro com aquela imensidão de águas tranqüilas foi um deslumbramento. Durante muito tempo a baía foi parte de nossas vidas, e posso dizer que acompanhei a lenta destruição de sua beleza, como se vê uma mulher bonita envelhecer e, o que é pior, adoecer.

Lembro-me de que, até a década de 1950, as águas, na maré enchente, eram límpidas e o fundo de areia clara nos lugares rasos podia ser visto com os peixes nadando. Havia aquelas ilhas rochosas perto de Paquetá, Jurubaíba e Pancaraíba, as duas desabitadas, com prainhas onde se podia chegar de barco e fundear tranqüilamente.

As águas de maré vazante traziam apenas barro dos rios e ainda não transportavam lixo e esgoto, óleo e garrafas de plástico — a praga do mundo moderno subdesenvolvido. Naquele tempo, as pedras, como que boiando nas águas, tinham as marcas das marés, ainda não estavam manchadas de óleo nem tinham nomes escritos com o piche que chega boiando, vindo dos despejos dos navios e da refinaria.

Durante anos, velejar e navegar pela baía foi uma prática de fins de semana e feriados, quando se aprendeu muita coisa sobre esse mundo maravilhoso de pescadores e navegantes, visitando navios fundeados; barcos de madeira, barcas de passageiros levando gente para o trabalho, e turistas de fim de semana acampando e dormindo em praias à luz das estrelas e lampiões. Tempo bom e temporais de verão ao entardecer, trazidos pelos *cumulus nimbus*, nuvens brancas como couve-flor antes dos ventos e da chuva, cinzentas e opacas depois da tempestade, formadas nas serras azuis ao longe, onde se via o Dedo de Deus.

Naquela época, a baía não tinha ainda encontrado seus grandes inimigos e destruidores — a Refinaria Duque de Caxias e a ocupação exacerbada de sua bacia pela população de migrantes do interior em direção às cidades.

Hoje, as águas estão verdes e opacas, resultado da eutroficação, o fundo de areia está coberto por lodo negro e malcheiroso e não se vêem mais os peixes. Onde havia robalos, hoje há umbaranas — um peixe que se alimenta do óleo que sai dos navios e da refinaria.

XIII GESTÃO AMBIENTAL DA BAÍA DE GUANABARA

Exemplos internacionais de gestão de estuários e baías

Baía de Chesapeake

Chesapeake é o maior estuário dos Estados Unidos e um dos mais produtivos. Situado na costa leste, sua bacia hidrográfica se espalha por 166.000km^2, região onde residem 15 milhões de habitantes. Em termos de área, é quarenta vezes maior do que a bacia da Baía de Guanabara. Os esforços para sua recuperação ambiental começaram na década de 1970, quando os cientistas, as autoridades governamentais e a própria população passaram a se preocupar vivamente com a deterioração do estuário. Após estudos desenvolvidos ao longo de cinco anos, identificou-se a eutroficação e o grande aporte de nutrientes como o principal problema a ser equacionado. Foi então elaborado um programa para construção de estações de tratamento de esgotos e de outras fontes pontuais, e também de fontes difusas, como *run-off* agrícola e urbano.

Em 1983, foi assinado um acordo entre os governadores dos estados de Maryland, Pensilvânia e Virgínia, o prefeito do distrito de Colúmbia, a Environmental Protection Agency (EPA) e o diretor da Comissão da Baía de Chesapeake. Os programas em andamento de todas essas instituições foram reunidos com o objetivo comum de reduzir a descarga de nutrientes no estuário.

Para se ter uma idéia da importância que o governo norte-americano deu ao assunto, em 1984 foi criado o Escritório do Programa da Baía de Chesapeake, na EPA, com a finalidade de coordenar todas as atividades e pesquisas, administrando uma verba federal anual de aproximadamente 20 milhões de dólares, destinados em especial aos governos estaduais. Além de um enorme envolvimento, as soluções para os problemas de Chesapeake exigiam mudanças de comportamento por parte dos governos federal, estaduais e locais, e também das indústrias e dos próprios habitantes da região.

Ao adotar-se a gestão ambiental por resultados, dava-se maior transparência às ações do programa, particularmente para a população. Outro ponto importante foi o estabelecimento de objetivos a atingir: a meta inicialmente proposta (1987) foi a de reduzir em 40% até o ano 2000 a carga de nutrientes lançada no estuário. Com o sucesso desta meta, e com base nos resultados obtidos, esse tipo de gestão fortaleceu-se ao longo dos anos. Para tanto, o programa de monitoramento foi de fundamental importância, permitindo caracterizar as condições existentes, identificando mudanças e tendências na qualidade de água e ainda ajudando a entender os processos e inter-relações entre essa qualidade e a biota aquática.

No início da década de 1990, o escritório da EPA decidiu dar maior transparência às ações do programa, atualizando continuamente os resultados ambientais alcançados e desenvolvendo indicadores que pudessem subsidiar o estabelecimento de metas e delinear melhor o objetivo final do trabalho. Um exemplo dos indicadores desenvolvidos é o Sneaker Index, que mede a visibilidade do tênis de qualquer pessoa que entre n'água e pode ser utilizado por todos os usuários da baía. A meta é que o usuário enxergue seu próprio tênis com água pelo peito.

Além desse indicador simples, uma hierarquia de outros indicadores engloba não só medidas administrativas (como ações da EPA, das agências ambientais estaduais e da própria comunidade), como iniciativas que refletem mudanças ambientais (como a redução da carga poluidora lançada, a melhora dos parâmetros que medem a qualidade de água e outras).

Os três objetivos básicos que permitirão a melhora ambiental da baía são:

- redução da eutroficação da baía através da diminuição da descarga de nutrientes;
- proteção e o crescimento da biota e dos recursos pesqueiros;
- redução do impacto adverso das substâncias tóxicas.

No ano 2000, o Programa da Baía de Chesapeake aplicava cerca de noventa indicadores para medir o progresso dos trabalhos de preservação e recuperação. Mas para que possam ser usados de uma forma efetiva, os dados que os compõem devem ser atualizados com freqüência, o que é feito por meio dos programas de monitoramento da baía e pelo recebimento de uma ampla variedade de informações fornecidas por agências federais, estaduais e universidades da região.

Baía de São Francisco, Califórnia

Situado na costa oeste dos Estados Unidos, o delta da baía de São Francisco era, em suas origens, um ecossistema aquático dos mais ecologicamente ativos, constituído de banhados e pântanos, com abundância de peixes e aves migratórias. Por volta de 1849, época da corrida do ouro, começaram a ocorrer alterações significativas. O rápido crescimento da população naquela área resultou no aumento da poluição devido ao despejo de esgoto na baía.

Na década de 1960, a população da baía de São Francisco já contava com cerca de 2,5 milhões de habitantes, contra os cerca de 40 mil que ali viviam no século XIX, época dos índios. Esse maciço crescimento não poderia passar impune. O despejo do lixo municipal nas águas da baía havia virado rotina. Na década de 1970, a crescente deterioração das águas do delta e o progressivo aterro de pântanos e banhados fez com que houvesse uma mobilização, não só das autoridades, como também da própria população, para que fossem tomadas medidas, não só em relação aos esgotos domésticos lançados, mas também em relação às águas de drenagem contaminadas por pesticidas, herbicidas e outras fontes.

Na década de 1990, foi criado o Calfed, associação dos governos federal (representado pelo Ministério do Interior) e do estado da Califórnia, para equacionar o problema da baía de São Francisco e regular os múltiplos usos de suas águas. Esse processo cooperativo entre autoridades conta com um conselho deliberativo, o Bay-Delta Advisory Commitee, que funciona nos moldes de um comitê de bacia hidrográfica e é composto por 35 membros, divididos da seguinte forma:

- 15 autoridades do governo;
- dez representantes de ONGs;
- seis representantes do setor produtivo (agricultura, pesca, empresários etc.);
- quatro organizações mistas.

O Calfed Bay-Delta Program é um exemplo raro de colaboração entre 25 agências federais e estaduais, com a missão comum de melhorar o abastecimento de água na Califórnia e a saúde do ecossistema formado pela baía de São Francisco e pelo delta dos rios Sacramento e São Joaquim. O Calfed Bay-Delta Program não é uma agência, não exerce autoridade sobre as agências existentes nem pode exigir delas a realização de determinadas ações. Por basear-se na contínua colaboração voluntária das agências participantes, que cumprem suas próprias atribuições legais, o programa consegue realizar melhor suas funções, compartilhando informações e mantendo a cooperação entre as instituições integrantes.

Criado pelo Ministério do Interior, o Comprehensive Monitoring, Assessment and Research Program (CMARP), ou Programa Integrado de Monitoramento e Pesquisa, funciona como um escritório técnico para executar as atividades de monitoramento, avaliação e pesquisa. O CMARP também avalia e redefine metas, objetivos e necessidades do Programa Delta da Baía. Várias instituições governamentais e não-governamentais fazem parte de sua direção, entre elas:

- IEP — Interagency Ecological Program (Programa Ecológico Interagências);
- USGS — United States Geological Survey (Pesquisa Geológica dos Estados Unidos);
- SFEI — San Francisco Estuary Institute (Instituto do Estuário de São Francisco);
- TBI — Instituto da Baía de São Francisco.

Cada uma dessas instituições tem atribuições específicas e procura trabalhar de forma coordenada e integrada. O SFEI, por exemplo, desenvolve monitoramento ambiental para acompanhar as mudanças e tendências na qualidade, não só do espelho d'água, como de toda a bacia hidrográfica.

Hoje, o delta exerce um papel fundamental na economia do estado da Califórnia, proporcionando abastecimento de água para 23 milhões de habitantes, dando suporte a uma agroindústria que gera receita superior a 30 bilhões de dólares e constituindo-se no habitat de 750 espécies de animais e de plantas, que encontram abrigo nos 2.600km^2 do estuário.

Estima-se que o programa de recuperação e preservação da baía e de seu delta possa custar alguns bilhões de dólares ao longo das próximas décadas. Em 1996, foram aprovados recursos de 600 milhões de dólares — de fontes federais, estaduais e diversas outras origens — para um período de três anos. Em 2003, dada a sua magnitude e a quantidade de agências envolvidas, foi baixado o California Bay-Delta Act, criando uma autoridade e instaurando uma nova estrutura de governo, com a responsabilidade de assegurar que as 25 agências federais e estaduais integrantes trabalhem de forma cooperativa. O California Bay-Delta Act visa a implementação equilibrada, o acompanhamento das melhorias obtidas, a participação da comunidade e a integração com outros programas governamentais.

Outra importante comissão colabora na gestão ambiental da baía de São Francisco, a BCDC, sigla em inglês para Comissão de Conservação e Desenvolvimento da Baía de São Francisco. Trata-se de uma comissão de *waterfront* regional para ajudar a proteger os recursos naturais das áreas de costa (áreas de *waterfront*) e fiscalizar a manutenção dos locais de acesso público. A comissão mantém um controle substancial sobre o uso do solo na faixa costeira, incluindo as regiões alagadas pelo mar. Vem ainda desenvolvendo um processo de planejamento para maximizar o acesso público à baía.

Criada na década de 1960 por um grupo de cidadãos, a BCDC tem como principal objetivo frear o aterramento da baía. Um estudo publicado à época de sua fundação, em 1959, pelo US Army Corps of Engineers, acusou uma alta taxa de aterramento e um crônico problema de acesso a suas margens. Menos de 1% das 1.000 milhas do perímetro tinha passagem aberta ao público. Em 1969, a comissão ganhou *status* permanente sobre o controle do uso do solo e projetos de desenvolvimento no entorno da baía.

A BCDC é uma comissão formada por 27 membros, com representantes de cada um dos nove condados que cercam a baía, incluindo a cidade de São Francisco, cinco agências estaduais, sete representantes de seus habitantes e quatro da Associação Governamental da Área da Baía.

Seu principal foco é administrar possíveis construções às margens da baía, avaliando cada caso e votando para decidir ou não pela concessão da licença. Esse procedimento envolve o pedido do construtor, a análise da comissão, uma audiência pública e, finalmente, a votação. Isso tem permitido que a BCDC controle, com sucesso, o aterramento da baía de São Francisco, cuja média anual baixou de 1.500 acres/ano, na década de 1940, para cerca de 30 acres/ano, nos anos 1970.

Algumas licenças exigem que os construtores recuperem alagadiços e manguezais em troca da autorização para o aterramento. Essas medidas mitigadoras já resultaram em acréscimos de 4,6 acres de alagadiços e manguezais e 21,4 acres de áreas de acesso público. Cada pedido de licença é ainda analisado pela comissão para se determinar a área de acesso público a ser incluída em cada projeto de construção.

Baía de Tóquio

Situada na região central da principal ilha do Japão, a baía de Tóquio confronta ao fundo a área metropolitana da capital. Na parte oeste, ficam as cidades de Kawasaki, Yokohama e Yokosuka, e no lado leste estão as cidades de Chiba e Kisarazu. Na região da bacia hidrográfica da baía de Tóquio residem entre 25 e 30 milhões de habitantes e a densidade populacional é da ordem de 3.500hab/km^2.

Com comprimento de 50km na direção sul-norte e 30km na direção leste-oeste, ela foi dividida, para fins de estudo, em baía interior, com 1.000km^2 de área, e baía exterior, com 400km^2, perfazendo um total de 1.400km^2. Sua profundidade média é da ordem de 15m (baía interior) e 45m, quando se considera a baía como um todo. Sua bacia hidrográfica abrange cerca de 7.000km^2 e o tempo de detenção — período que uma partícula poluidora leva para sair de determinado corpo d'água — é da ordem de 48 dias. Em seu interior funcionam seis portos importantes, que movimentaram cargas de 610.000.000t/ano, em 1997.

Desde 1880, o espelho d'água da baía de Tóquio sofreu vários aterros, principalmente no período de 1965 a 1974. Feitos para criar mais espaço para as instalações portuárias e terminais de contêineres, até o final da década de 1980, esses aterros atingiram cerca de 250km^2 e aceleraram a degradação ambiental, provocando danos nas zonas intermarés. Praticamente todo o litoral da baía interior foi tomado por construções e loteamentos, restando apenas 10% da zona costeira como planície de maré, entre as cidades de Chiba e Kisarazu, que têm acesso direto às águas da baía.

Em termos de qualidade de água, 70% da carga orgânica total (286t/dia de DQO, em 1994) lançada na baía são provenientes de esgotos domésticos. A alta concentração de nutrientes (280t/dia de nitrogênio e 23t/dia de fósforo no ano de 1994) deixou a baía bastante eutroficada. No verão, a produção primária interna é grande, ultrapassando as quantidades de nutrientes de fontes terrestres, o que torna bastante freqüente o fenômeno da maré vermelha, especialmente nessa época do ano. Em 1984, houve 47 ocorrências do gênero, e 57 no ano de 1994. No centro da baía, as camadas inferiores ficam eventualmente sem oxigênio, o que prejudica os organismos bentônicos. Em termos de anóxia (maré azul), as ocorrências foram nove em 1984 e sete, em 1994.

O uso múltiplo e intensivo da área costeira exige um sistema de gerenciamento que busque conciliar os diferentes interesses existentes. Cada tipo de uso tem suas leis específicas, e cada lei tem seus próprios comitês ou sistemas de controle. Não há, porém, uma legislação específica de gerenciamento global que coordene os diversos usos da baía de Tóquio. Assim, a melhora ambiental vem sendo obtida através de instrumentos jurídicos de comando e controle.

Em 1958, o governo japonês promulgou duas leis para reduzir a poluição hídrica: a de controle de qualidade de água e a de controle dos efluentes industriais. Isso, no entanto, não foi suficiente para diminuir a poluição de suas águas. O rápido crescimento do país na década de 1960 aumentou o problema. Na época, a ocorrência de alguns graves desastres ecológicos, como o problema de mercúrio na baía de Minamata e a contaminação por cádmio, levaram o governo japonês a tomar medidas mais severas. Em 1967, foi promulgada uma lei básica de controle da poluição ambiental e, em 1970, o Parlamento unificou as duas leis preliminares de controle da qualidade de água e de efluentes industriais, em uma nova legislação. Chamava-se lei de controle de poluição das águas.

Em 1971, foi criada a Agência Ambiental. Durante toda a década, no entanto, os problemas se agravaram em função do crescimento da população e da indústria, principalmente em corpos d'água fechados como mares interiores e baías. Uma das conseqüências foi o aumento da freqüência de marés vermelhas. O que levou o governo japonês a criar, entre 1973 e 1978, diversas leis para controlar os níveis de poluentes orgânicos em corpos d'água fechados.

Com o passar do tempo, várias outras legislações relativas à poluição química e substâncias tóxicas (1989), eutroficação e nitrificação (1993), padrões de qualidade ambiental referentes à saúde humana (1993) foram promulgadas. Em 1996, a lei de controle de poluição das águas foi novamente modificada, incorporando medidas para incluir as águas subterrâneas. Em 2001, a Agência Ambiental foi transformada em Ministério do Meio Ambiente, o que representou um passo importantíssimo na longa batalha contra a poluição hídrica.

Atualmente, o que se constata é que a população está bastante consciente de que as áreas costeiras da baía de Tóquio se constituem num lugar excelente para lazer, recreação e contato com a natureza. Para recuperá-la e preservá-la, foi criado um grupo de pesquisa, que inclui departamentos das diversas áreas: marinhas e costeiras, meio ambiente, controle de qualidade de água e controle de rios. Estes departamentos trabalham para tornar a baía de Tóquio mais agradável e mais bonita. Para tanto, desenvolvem-se modelos matemáticos integrados e se aperfeiçoa seu sistema de banco de dados, ações que integram o Plano de Ação para Restauração da Baía de Tóquio.

Estuário do Tâmisa

Se um leigo passeando por Londres caminhar pela beira do Tâmisa, certamente pensará que se trata de um rio poluído, pois além de sua aparência lamacenta, ele corta uma das maiores cidades do mundo. Isso, porém, não é verdade. Ao contrário do que acredita a maior parte das pessoas, o Tâmisa é, reconhecidamente, um dos rios metropolitanos mais limpos de todo o mundo, com ótima qualidade de água. Seu aspecto barrento deve-se ao fato de que as marés em movimento, para baixo e para cima, duas vezes por dia, fazem com que a lama do fundo seja continuamente remexida, deixando seus sedimentos suspensos na água.

O mais curioso é que nem sempre o Tâmisa foi um rio limpo, muito pelo contrário. A preocupação com sua poluição vem desde tempos medievais, fazendo com que, ao longo da história, o Parlamento inglês decretasse algumas leis nesse sentido. Em 1383, todos os que nele despejavam latrinas com dejetos teriam que pagar dois xelins por ano para compensar as despesas do governo com a limpeza do rio. Outra lei, decretada em 1388, tornava ilegal poluir fossos, rios, ou mesmo o ar de Londres. Em 1535, época de Henrique VIII, nova lei proibia esgoto, lixo ou qualquer tipo de poluição nas águas do Tâmisa. Leis que sempre se mostraram ineficazes diante da falta de policiamento e do desenfreado crescimento da população londrina.

Apesar de tudo, o Tâmisa mantinha-se limpo. Em 1800, não havia sinais graves de poluição. Prova disso era a grande quantidade de salmões pescados, à venda nas feiras de Londres. Mas foi também no século XIX que a situação começou a mudar. Com o avanço da Revolução Industrial, diversas fábricas, matadouros e indústrias foram construídas nas margens do Tâmisa, ao mesmo tempo em que a população e a própria cidade continuavam a crescer. O censo realizado na época mostra que, por volta de 1840, havia 270 mil casas na região central da cidade. A soma desses fatores levaram à crescente poluição do rio, uma vez que o sistema de esgotos não dava vazão e mais e mais dejetos, tanto industriais quanto domésticos, eram despejados em seu leito. Registros do período mostram que, em 1833, foi pescado o último salmão no rio, prova viva da progressiva poluição.

Novas leis, em 1844 e 1847, estabeleciam que todas as novas casas e construções fossem ligadas aos sistemas de esgotos comuns. O que significou um volume cada vez maior de dejetos, de toda a população, jogado diretamente no rio, sem qualquer tratamento. Em 1849, os peixes haviam desaparecido por completo e, como a água do Tâmisa também era usada para o abastecimento público, sucederam-se vários surtos de cólera-morbo na cidade. Entre 1831 e 1866, registraram-se quatro epidemias que provocaram a morte de cerca de 35 mil pessoas. Apenas na terceira delas, o governo relacionou a doença ao consumo da água do rio. Situação agravada pela grande onda de calor de 1858, que espalhou por Londres um cheiro insuportável de esgoto vindo diretamente do Tâmisa. Aquele ano ficou conhecido como o do "Grande Fedor". Foi quando teve início a mobilização para a despoluição do rio.

Em 1855, uma comissão denominada Metropolitan Board of Works foi formada para solucionar o problema. Depois de muitos debates, um de seus membros, o engenheiro Joseph Bazalgette, propôs a solução que acabou sendo adotada: construir uma rede de esgotos em ambos os lados do rio, descendo até emissários em Beckton, na margem norte, e em Crossness, na margem sul. A comissão considerava que estes pontos eram distantes o suficiente para não causarem problemas, já que os dejetos seriam despejados de grandes tanques de armazenamento na maré vazante. Apesar de algumas vozes contrárias, que achavam que os emissários deviam ser em locais ainda mais distantes, depois do "Grande Fedor" de 1858, o governo quis apressar-se e o projeto foi adiante, tal como havia sido concebido.

Concluído em 1864 e oficialmente inaugurado em 1865 pelo príncipe de Gales, o esquema mostrou-se eficiente na região central de Londres. O problema, porém, foi transferido rio abaixo, para as adjacências de Barking, onde começaram a se formar grandes bancos de lama. Outro exemplo de que a questão não estava de todo sanada foi a colisão entre dois navios, em 1878, na altura do emissário de Beckton. O acidente acabou deixando um saldo de seiscentos mortos e a comissão encarregada de investigar o caso chegou à conclusão de que o estado pútrido das águas havia acelerado a morte dos náufragos.

Em 1882, novos métodos de tratamento foram implantados, tanto em Beckton quanto em Crossness, resultando no despejo dos sólidos sedimentados no mar e não mais no rio. Em 1889, outros esforços foram feitos, como o aumento da capacidade dos sistemas de esgotos e a criação de novos troncos, construídos especialmente para interceptar e reduzir os dejetos provenientes de inundações causadas por tempestades.

Do começo do século XX até os anos 1930, os registros mostram um rio bem mais limpo, com peixes sendo novamente avistados. Porém, Londres continuava a crescer, tanto em número de habitantes quanto de fábricas. No fim da década, a qualidade da água voltava a ser insatisfatória. Tudo isso foi agravado pela Segunda Guerra Mundial. Quando a cidade foi bombardeada, os sistemas de esgotos foram avariados, aumentando a poluição do rio. Some-se a isso o uso de detergentes não biodegradáveis. A combinação desses e de outros fatores decretou a virtual morte do Tâmisa, por volta dos anos 1950. A qualidade da água era tão pobre que em certos trechos sequer havia oxigênio para manter um peixe vivo.

Seguindo os passos do passado, durante a década de 1960, o governo londrino investiu em melhorias no tratamento de esgotos e na retirada de despejos industriais do rio. Gradualmente, a situação começou a melhorar, até que, em 1974, os salmões voltaram a habitar o Tâmisa, depois de 150 anos. Como os salmões têm um ciclo de vida possível apenas em boas condições ambientais, tratava-se de uma grande prova da melhora da qualidade da água, não só do rio, como do estuário e do mar.

Em 1973, com o estabelecimento do Water Act, foram criadas, na Inglaterra, dez autoridades regionais de bacia. A principal referindo-se às bacias hidrográficas do rio Tâmisa e do rio Lee. As responsabilidades dessas *authorities* englobavam desde os recursos hídricos, abastecimento público, sistema de esgotamento, tratamento de esgotos e destino final de lodos, controle de poluição, drenagem urbana, controle de inundações, recursos pesqueiros e até áreas de lazer de rios e reservatórios, incluindo os usos recreacionais nas 5 mil milhas quadradas da bacia hidrográfica.

Com essas medidas, nos últimos 25 anos, além do salmão, cerca de outras 120 espécies de peixe foram registradas no rio. Hoje, o Tâmisa abriga mais de 350 espécies de invertebrados, 38 de pássaros e mais de trezentas de plantas. Encorajadas por águas mais limpas, até focas já foram vistas nadando pelo rio.

Apesar de tantas melhorias, ainda há um grande perigo em potencial para o Tâmisa, especialmente no verão. É a chamada "Inundação de Esgotos Combinados" (IEC). Como a maior parte do centro de Londres é atendida por um sistema de esgotos combinados, tanto as águas servidas das casas e das indústrias quanto as águas da chuva vindas de ruas e telhados são coletadas pelo mesmo sistema. Se, por um lado, isso é vantajoso, pois ambos os tipos de despejos são tratados antes de ser lançados no rio, há uma desvantagem. Durante os períodos de chuva forte, o sistema não tem capacidade suficiente para receber os dois tipos de despejo e transborda.

As IECs ocorrem cerca de sessenta vezes por ano, despejando por volta de 20.000.000m^3 de esgoto no rio e aumentando de forma considerável os níveis de poluição. Isso tem um grave efeito sobre a qualidade da água, baixando rapidamente os níveis de oxigênio, em especial nos trechos do rio onde o esgoto foi lançado. A taxa de oxigênio pode chegar a quase zero, provocando a morte dos peixes, como se viu em agosto de 2004. Naquele ano, tempestades torrenciais assolaram o centro de Londres e cerca de 600.000t de esgoto combinado foram parar no Tâmisa, causando a morte de milhares de peixes em um único dia.

Em 2000, criou-se o Thames Tideway Strategy Group para tentar solucionar o problema. A idéia é a construção de um túnel de 34,5km, que correria por baixo do rio, interceptaria e carregaria os dejetos provenientes das IECs até Crossness, onde seriam tratados. O problema é o excessivo custo do projeto. Caberá ao governo decidir.

Esta seria apenas uma possível solução definitiva. Outras alternativas já vêm sendo usadas desde os anos 1980. A mais eficiente é a injeção direta de oxigênio no rio, em horas e lugares certos. Em 1989, foi construído um pequeno navio, o *Thames Bubbler*, que injeta até 30t/dia de oxigênio no Tâmisa, conforme as necessidades. Um novo navio do gênero, com a mesma capacidade, foi construído em 1997. Ambos são propriedade da Thames Water Utilities e fazem parte de uma operação conjunta com a Agência Ambiental de Londres (Environment Agency). Caso se constate a queda dos níveis de oxigênio, em poucas horas os barcos são postos em ação, injetando a quantidade necessária para restabelecer os índices adequados em certos trechos do rio.

Além dos navios de oxigenação, foram construídas duas novas instalações, uma na estação de tratamento de esgoto em Barnes, e a outra na de Pimlico, que armazenam peróxido de hidrogênio, injetado no rio sempre que necessário, como fonte de oxigenação adicional. A agência conta ainda com barcos-patrulha, que monitoram a qualidade da água e inspecionam constantemente riscos de inundações. Tudo isso contribui efetivamente para que o Tâmisa continue a ser um dos rios urbanos mais limpos do mundo.

A limpeza do Tâmisa foi um feito bastante considerável. O desafio agora é manter o rio limpo. E que isso possa servir de exemplo para países que julgam que a poluição de seus rios, estuários e baías é sem solução. A resposta existe, os exemplos estão aí para quem quiser seguir. Basta haver vontade política e, logicamente, os recursos necessários.

A gestão de um rio como o Tâmisa, que atravessa a região metropolitana de Londres, não é fácil. A tarefa atualmente é responsabilidade da Agência Ambiental, que, através de sua diretoria e de comitês consultivos, toma as principais decisões sobre tudo o que se refere a sua política ambiental. A região conta com três comitês estatutários principais que fornecem uma importante visão das atividades que lá ocorrem. Estes comitês foram criados em 1995 para aconselhar e dar consultorias sobre as prioridades e questões específicas de interesse local.

- O Comitê Regional de Defesa de Inundações é um organismo executivo que trata de atividades relacionadas aos sistemas de drenagem e defesa contra inundações.
- O Comitê Consultivo Regional de Proteção Ambiental mantém uma estratégica visão geral de todas as atividades da Agência Ambiental, com ênfase na bacia do Tâmisa. Como um comitê consultivo, dá opiniões sobre todas as iniciativas regulamentares relacionadas à proteção ambiental.
- O Comitê Consultivo Regional de Pesca, Ecologia e Recreação opina sobre o desempenho de atividades relacionadas à pesca de salmões, trutas e enguias e sobre a qualidade da água. Também avalia a pesca no estuário do Tâmisa, assuntos ecológicos relacionados ao rio, navegação e recreação.

Os membros dos comitês são nomeados por uma organização ou um indivíduo e têm diferentes interesses e formações. Tal variedade cria uma sensibilidade em relação às diversas prioridades da bacia hidrográfica do rio. Os comitês se reúnem cerca de cinco vezes ao ano, em encontros abertos, tanto à mídia quanto ao público em geral. Quando há assuntos particularmente especiais, realizam-se assembléias envolvendo os três presidentes dos comitês, um membro da diretoria da Agência Ambiental e alguns membros da Equipe Regional de Gerência.

A Agência Ambiental levanta fundos de diversas formas. Uma delas são as licenças cobradas das indústrias pelos despejos industriais. Outras licenças são para atividades de recreação, como, por exemplo, as de pesca. As autoridades locais também arrecadam fundos para proteção contra enchentes, e há ainda uma contribuição do governo britânico, que ajuda a prevenir a poluição e a controlar as atividades de recreação, conservação e navegação.

Os principais objetivos e atividades realizados pela Agência Ambiental são:

- conservação, visando criar um ambiente em que animais selvagens possam prosperar;
- estudo das mudanças do clima, para poder agir quando as condições se tornarem extremas;

- gerência do risco de inundação em cada área do Tâmisa;
- orientação pública, visando o desenvolvimento sustentável;
- estudos para diminuir o desperdício de água;
- controle dos recursos hídricos da bacia, para que possam atender, não só a população, mas também os animais selvagens, a atividade da indústria e a agricultura.

O trabalho, realizado com a ajuda do governo, das indústrias e da população local, é extremamente importante para a preservação do Tâmisa, promovendo oportunidades para a melhora do meio ambiente e assegurando que o desenvolvimento sustentável se torne presente na mentalidade das pessoas.

Tennessee Valley Authority (TVA)

Com sua bacia hidrográfica, o vale do Tennessee drena uma área de 41.000 milhas quadradas, incluindo partes de sete estados: Tennessee, Kentucky, Virgínia, Carolina do Norte, Geórgia, Alabama e Mississipi. Porém, a maior parte de sua bacia encontra-se no Tennessee.

A TVA é talvez a mais antiga das autoridades de bacia hidrográfica. Embora tenha sido criada pelo Congresso americano, em 1933, mais com a missão de resolver problemas de navegação, para o controle de enchentes e uso do solo, e para gerar um excedente de energia elétrica para comercialização, é um exemplo importante do tipo de gestão a ser adotada quando existem vários níveis de governo e vários estados. O programa integrado de controle de água requer não apenas o uso adequado dos recursos hídricos, mas também a conservação e a preservação do solo da região.

Corporação independente do governo, a TVA é gerida por um conselho de diretores. Um fator significativo na sua criação foi o estabelecimento de uma autoridade regional transcendente ao poder estadual. Desta forma, o Congresso mostrou uma conscientização da crescente tendência ao planejamento regional e nacional e uma compreensão de que muitos dos problemas da bacia hidrográfica do Tennessee não poderiam ser resolvidos pela atuação isolada dos estados.

A TVA vem melhorando a qualidade de vida no vale do Tennessee ao longo de sete décadas, com os seguintes objetivos principais:

- promover o desenvolvimento econômico sustentável;
- atuar como gestor dos recursos naturais do vale;
- fornecer energia elétrica confiável e não muito cara.

Entretanto, a corporação não tem autoridade para regulamentar sobre a poluição das águas. A EPA e cada um dos estados que compõem a bacia hidrográfica do rio estabelecem sua própria legislação e autorizam as licenças para lançamento de efluentes. A TVA acompanha, não apenas a qualidade de água do rio Tennessee, como de seus vários reservatórios. Para tanto, conta com 69 estações de amostragem em 31 reservatórios da bacia. Para este acompanhamento são utilizados cinco indicadores ecológicos:

- Oxigênio dissolvido – Índices adequados permitem uma população saudável de peixes e outros animais aquáticos.
- Clorofila – É uma medida da quantidade de algas na água. Um índice adequado significa que o crescimento de algas está dentro da faixa esperada para evitar problemas de eutroficação.
- Peixes – Um bom índice significa um grande número de peixes saudáveis.
- Fauna bentônica – Uma variedade de vida animal no fundo dos reservatórios (minhocas, vermes, insetos e caracóis, por exemplo) é um bom indicativo.
- Sedimentos – Um bom indicativo é a ausência de pesticidas, PCBs e metais pesados.

Em 1992, foi implementado o programa de Iniciativa da Água Limpa, que ajuda a garantir os benefícios de uma melhor qualidade de água para as comunidades e para a vida aquática. Finalmente, verifica-se que a TVA é a maior fornecedora pública de energia elétrica dos Estados Unidos, inteiramente autofinanciada e com cerca de 8 bilhões de dólares de rendimentos totais em 2005.

Tipos de autoridades de gestão existentes na Baía de Guanabara

Algumas iniciativas na área de gestão ambiental e de recursos hídricos foram tomadas na bacia hidrográfica da Baía de Guanabara. Entre elas podem ser citadas a criação do Grupo dos 15, envolvendo os municípios que a compõem, e iniciativas de criação de comitês. Existem também vários programas de obras de despoluição da baía, não só os gerenciados pelo governo, como também os de empresas privadas. Podem ser citados o Programa de Despoluição da Baía de Guanabara (PDBG) e o Termo de Compromisso para Ajuste Ambiental (TCAA), da Petrobras, entre outros.

Porém, mesmo com tais iniciativas de gestão, não se pode ainda dizer que a qualidade da água esteja melhorando ou que a quantidade de lixo que chega à baía tenha diminuído. Apesar dos esforços, o que se constata é que ainda não se alcançou um grau mínimo de efetividade na implantação de um sistema de gestão ambiental integrado.

Atualmente, há dois tipos de autoridades de gestão na área da Baía de Guanabara. O primeiro é o Conselho Gestor da Baía de Guanabara, criado pelo decreto nº 26.174, de 14 de abril de 2000, como parte do Programa Nacional de Gerenciamento Costeiro. Desativado, o conselho já não se reúne há muito tempo.

Mais recentemente, em 16 de setembro de 2005, foi assinado o decreto nº 38.260, que criou o Comitê da Região Hidrográfica da Baía de Guanabara e dos Sistemas Lagunares de Maricá e de Jacarepaguá. Como o próprio nome indica, esse comitê, instituído no âmbito da política estadual de recursos hídricos, incorporou à sua área de atuação algumas bacias hidrográficas vizinhas. Criados pela lei nº 9.433 de 1997, os comitês de bacias são órgãos colegiados, compostos por representantes de instituições públicas, de usuários e da sociedade civil, organizados para gerir os recursos hídricos de uma região. Constituem importantes fóruns para que a população, através de suas organizações, possa participar da condução e administração desses recursos.

A participação da sociedade no processo de planejamento e gestão do seu espaço público é uma exigência estabelecida na Agenda 21 e na política dos recursos hídricos. A parceria governo-sociedade civil é um processo que necessita ser aprendido. E a bacia hidrográfica é o espaço natural ideal para o exercício dessa participação da sociedade. Tem limites identificáveis, o que permite ao cidadão comum entender as causas dos problemas ambientais locais e facilita sua correção.

O Comitê da Região Hidrográfica da Baía de Guanabara tem sede no Núcleo de Educação Ambiental de São Gonçalo, e é atualmente presidido pelo representante do município de Itaboraí. O Instituto Baía de Guanabara exerce a secretaria executiva, depois de haver participado das articulações iniciais nos municípios do lado leste da bacia, que reúne os municípios de Niterói, São Gonçalo, Itaboraí, Tanguá, Rio Bonito, Cachoeiras de Macacu e Guapimirim. Engloba as bacias hidrográficas dos maiores e menos poluídos rios que drenam para a Baía de Guanabara; é também onde os últimos manguezais estão localizados, na Área de Proteção Ambiental (APA) de Guapimirim. Abriga ainda as maiores fontes de água potável da bacia hidrográfica da baía.

Como se pode verificar, já existem bases legais e institucionais para a implantação do sistema de gestão ambiental integrado. O primeiro passo é a elaboração do cadastro de usuários da água. A partir deste cadastro serão implantados os outros instrumentos de gestão:

- sistema de informações da bacia;
- enquadramento dos corpos d'água;
- outorga e cobrança pelo uso da água.

Com a implantação do cadastro de usuários e demais instrumentos, deverá ser posto em prática o novo sistema de gestão integrado pelo órgão colegiado — Comitê da Região Hidrográfica da Baía de Guanabara e dos Sistemas Lagunares de Maricá e de Jacarepaguá e pelo órgão gestor de recursos hídricos (Serla) e ambiental (Feema e outros). Posteriormente deverá ser criada a agência de bacia, conforme previsto pela lei nº 3.239/99.

Os instrumentos de gestão existentes na Baía de Guanabara

Plano Diretor de Recursos Hídricos — PDRH

Por abrigar uma população de quase 10 milhões de habitantes, a região hidrográfica da Baía de Guanabara apresenta questões sociais e econômicas de alto grau de complexidade. Como o segundo parque industrial do país, também tem sérias questões ambientais e de recursos hídricos. Situação que vem se agravando com o crescimento industrial e a expansão das áreas urbanas, incluindo favelas.

A recente decisão de implantar o Complexo Petroquímico do Rio de Janeiro (Comperj) leva para Itaboraí e São Gonçalo o que possivelmente será o principal empreendimento industrial das últimas décadas, não só no Rio de Janeiro, como no Brasil. Nesse contexto, a gestão dos recursos hídricos ganha importância ainda mais fundamental, fato agravado por se tratar de uma bacia hidrográfica consideravelmente contaminada. Os rios que deságuam na baía, em especial os da costa oeste, funcionam alguns deles como canais de esgotos a céu aberto, não permitindo usos mais nobres.

De início, o PDRH buscou reforçar a diretriz de redução da carga poluidora de esgotos domésticos, industriais e de lixo lançada na baía, dentro da esfera de ação do PDBG. Em termos de recursos hídricos, o PDRH propõe a racionalização do uso da água, melhor aproveitamento dos mananciais de superfície e subterrâneos e controle de inundações. Assim, no que diz respeito ao quesito "quantidade de água", o PDRH propõe:

- programa de combate ao desperdício de água (controle de perdas);
- programa de ativação dos recursos hídricos de superfície (construção de três barragens e derivações);
- programa de aproveitamento racional de água subterrânea.

No quesito referente ao controle de poluição urbana e industrial, o PDRH propõe a implantação dos seguintes programas:

- programa de expansão da coleta e tratamento dos esgotos sanitários;
- programa de controle do lançamento de efluentes industriais;
- programa de coleta e disposição final adequada dos resíduos sólidos.

Finalmente, no tocante à melhora das condições ambientais foram propostos:

- programa de recuperação da cobertura vegetal das áreas desmatadas (visa diminuir os problemas de erosão do solo e o conseqüente assoreamento de rios e da baía);
- criação de unidades de conservação;
- controle de inundações.

O ordenamento do uso do solo e a racionalização dos recursos hídricos constituem um passo fundamental para melhorar os níveis de pobreza e qualidade de vida da população local, contribuindo ao mesmo tempo para a preservação do ecossistema da baía.

Programa de Despoluição da Baía de Guanabara — PDBG

Assinado em 1994, o PDBG envolve recursos da ordem de 793 milhões de dólares, com financiamento de 350 milhões de dólares do Banco Interamericano de Desenvolvimento (BID) e 237 milhões de dólares do Overseas Economic Cooperation Fund (OECF), do Japão. A contrapartida do governo do estado do Rio de Janeiro era da ordem de 206 milhões de dólares.

Numa primeira etapa, o conjunto de obras previstas pelo PDBG teria como objetivo mais importante o saneamento básico na bacia da Baía de Guanabara, em particular coleta, tratamento e destino final de esgotos domésticos, envolvendo também abastecimento de água, coleta e destino final de lixo, drenagem, controle ambiental e mapeamento digital. Com estas obras, esperava-se beneficiar em especial a população de baixa renda das áreas de influência dos projetos, diminuindo a incidência de doenças de veiculação hídrica, acabando com as valas negras e tirando os esgotos da porta das casas, melhorando as condições de banho das praias e de saneamento de uma forma geral.

Em termos de resultados práticos, porém, o PDBG deixa muito a desejar. Uma grande parcela dos recursos está vinculada aos sistemas de coleta e tratamento de esgotos domésticos, o que, como já foi mencionado, não funciona ou funciona precariamente. Como a implantação desses sistemas não está sendo feita de forma adequada, a qualidade dos rios continua péssima, muitos deles funcionando como canais de esgotos a céu aberto. Os programas de educação ambiental também não foram efetivos, deixando de contribuir para minimizar problemas ambientais, como destruição de manguezais, desmatamento e conseqüente assoreamento, lançamento de lixo em rios etc.

Plano Diretor de Esgotamento Sanitário da Região Metropolitana do Rio de Janeiro — Agosto de 1994

Este plano diretor inclui a otimização dos sistemas de esgotamento existentes sob administração da Cedae, visando eliminar os problemas de lançamento de esgotos na RMRJ, bem como melhorar a qualidade das águas da Baía de Guanabara, que se encontram num estado deplorável. Foram elaborados projetos e estudos de viabilidade para as redes de esgotos, estações de tratamento e de bombeamento, com horizonte de planejamento até o ano de 2035.

Entretanto, como houve mudanças significativas nas condições socioeconômicas da RMRJ, o plano diretor original da Cedae, elaborado em 1994, foi revisado e atualizado, de forma a refletir as condições da década de 2000. Estas atualizações incluíram população servida, vazões, características dos esgotos domésticos, custos etc. O plano atualizado foi empregado no segundo projeto da Jica, elaborado pela Pacific Consultants International, em julho de 2003, para realização do Estudo da Gestão e Melhoria das Condições Ambientais da Baía de Guanabara no Rio de Janeiro.

Modelos matemáticos de qualidade de água

Os modelos matemáticos são excelentes instrumentos de gestão ambiental, tendo sido dedicado a eles um capítulo inteiro (Capítulo XI). Eles permitem simular o impacto sobre a qualidade de água de cenários com diferentes alternativas de tratamento e disposição final de esgotos. E podem se constituir em ferramentas valiosas, pois possibilitam visualizar que soluções de mínimo custo atendem aos critérios de qualidade propostos para as diversas alternativas de usos benéficos.

Para a Baía de Guanabara, foram desenvolvidos, ao longo dos anos, diversos modelos de qualidade de água, que serviram de base para planos diretores das obras de saneamento da bacia hidrográfica. Apesar dos subsídios que trouxeram na época, nenhum desses planos concluiu as obras nele previstas. O modelo mais recente utilizado na Baía de Guanabara foi o Mike 21 Modelling System, do Danish Hydraulic Institute (DHI), que engloba um modelo hidrodinâmico, um modelo de advecção e dispersão, e um modelo de eutroficação, que simula o ciclo do carbono, nitrogênio e fósforo.

Esses modelos foram aplicados pela Pacific Consultants, contratada pela Jica para elaborar o plano diretor Gestão e Melhoria das Condições Ambientais da Baía de Guanabara no Rio de Janeiro, Brasil, de 2003, que deverá ser implementado em seus objetivos de curto prazo (eliminação de condições objetáveis de qualidade de água) pelo governo do estado do Rio de Janeiro até 2010. Até o ano de 2020, deverão ser executados os objetivos de médio prazo (atingir o limite de 5mg/l de Demanda Bioquímica de Oxigênio (DBO) em toda área da baía, exceto nas costas oeste e leste, que são as áreas mais poluídas). De acordo com os resultados do estudo da Pacific, o objetivo de longo prazo continua a ser a DZ105 da Ceca/Feema, em ano não especificado.

XIV BASES PARA UM DESENVOLVIMENTO SUSTENTÁVEL

O uso de recursos naturais de forma ecológica e econômica em estuários e baías é mais importante do que uma eventual melhora na gestão de setores específicos, como a pesca comercial, a navegação, o transporte hidroviário ou o turismo. Também é de fundamental importância conhecer como as atividades realizadas em terra afetam esses estuários e baías.

O valor dos recursos naturais da Baía de Guanabara resulta dos diferentes bens, serviços e usos que oferecem. Entre esses valores podem ser citados a qualidade das águas e das praias, os manguezais, os recursos pesqueiros e o próprio turismo. Na maioria das vezes, entretanto, as baías têm suas margens e bacias hidrográficas ocupadas por cidades e regiões metropolitanas. O enorme crescimento das atividades econômicas e da própria população faz com que esse valor ecológico seja ameaçado, muitas vezes destruído ou em processo de destruição, como é o caso da Baía de Guanabara.

Baías e estuários têm sido utilizados de forma não-sustentável, tanto em termos ambientais quanto em termos econômicos e sociais. O crescimento econômico pode ter gerado muitos benefícios, mas também aumentou os danos ao meio ambiente, devido principalmente à incapacidade do mercado em contabilizar os custos ambientais da atividade econômica. Tudo isso leva a uma sobreutilização dos recursos naturais, fazendo com que, em conseqüência, verifique-se uma pressão intolerável sobre eles.

Na Baía de Guanabara, praticamente todas as praias de seu interior encontram-se fora dos padrões de balneabilidade enquanto os manguezais vêm sendo destruídos progressivamente. Os recursos pesqueiros já foram explorados além dos limites sustentáveis. Os sedimentos estão contaminados pelas atividades terrestres da bacia hidrográfica e quase todos os rios afluentes estão bastante poluídos. A baía tornou-se o principal depósito de todo o tipo de despejos e resíduos terrestres, não só os da cidade do Rio de Janeiro como das cidades de Niterói, São Gonçalo e da Baixada Fluminense, que chegam transportados pelos rios e pelos ventos. Há ainda o risco de acidentes com resíduos perigosos, de derrame operacional ou acidental de petróleo. A proliferação de algas nocivas, que se alimentam de esgotos e de águas de *run-off* urbano, já ocorre em alto grau na baía, que se encontra bastante eutroficada.

Para que os recursos naturais propiciem um desenvolvimento sustentável, os benefícios auferidos não deveriam ter sua capacidade prejudicada para as gerações futuras. Dessa forma, a Baía de Guanabara está em completo desacordo com os princípios do desenvolvimento sustentável, pois as últimas gerações já não tiveram oportunidade de fazer uso da baía e de seus recursos naturais.

No Capítulo XII, foram discutidos e quantificados os usos históricos de suas águas, dentro da concepção de qualidade de vida da década de 1970.

Indicadores de desenvolvimento sustentável

Embora ainda não se tenha uma definição precisa de desenvolvimento sustentável, os indicadores são marcos referenciais que podem ajudar a buscar caminho neste sentido, podem mostrar se as ações tomadas representam um passo na direção certa. A união entre índices econômicos e ambientais nas tomadas de decisão pode ser uma importante contribuição para se encontrar o caminho do desenvolvimento sustentável.

Indicadores são úteis porque apresentam não só as tendências, como também as inter-relações entre os diferentes problemas de um ecossistema. Eles revelam mais características dos ecossistemas (no caso o da Baía de Guanabara) do que os dados primários e suas estatísticas, tornando-se, dessa forma, um elo entre informações mais detalhadas e as que já foram interpretadas.

Um modelo que pode ser adotado para mostrar relações de causalidade é o Pressão-Estado-Resposta (PER), desenvolvido pela Organização para a Cooperação e Desenvolvimento Econômico (OCDE), entre 1991 e 1993. Ele busca retratar de maneira simplificada as pressões que as atividades humanas exercem sobre o meio ambiente, os conseqüentes impactos na qualidade e quantidade dos recursos naturais e a reação da sociedade diante de tais alterações.

A metodologia PER tem algumas vantagens evidentes, como a simplicidade na concepção, a facilidade de aplicação e a possibilidade de uso em diferentes escalas: global, nacional, regional e local. Ao relacionar os problemas ambientais, suas causas e conseqüências ao meio ambiente, bem como as respostas da sociedade (quer para reduzir ou prevenir impactos), essa metodologia permite que se organizem as informações de forma a viabilizar a análise e a revisão do desempenho de políticas públicas e ações governamentais, e também das ações da sociedade, em função dos resultados obtidos.

No modelo PER, podem ser identificadas três categorias de indicadores:

- Indicadores que apontam as causas dos problemas ambientais, denominados "de pressão" (mostram como o meio ambiente é impactado pela atividade humana). Podem ser divididos em diretos, relacionados à pressão exercida diretamente sobre o meio ambiente (em geral expressos em termos de emissão de poluentes ou consumo de recursos naturais), e indiretos, relacionados a atividades sociais e econômicas que pressionam o ambiente (por exemplo, crescimento da população, desenvolvimento econômico). A variável pressão deve expressar ou determinar a causa do problema.
- Indicadores de estado ou situação, que compreendem a qualidade do meio ambiente e os aspectos quantitativos e qualitativos dos recursos naturais. Descrevem uma característica física mensurável do meio ambiente ou da parcela da sociedade afetada.
- Indicadores de resposta, que avaliam os esforços desenvolvidos pela sociedade para melhorar o ambiente e minimizar a degradação. Indicam as preocupações e o grau de envolvimento da sociedade para responder às mudanças no meio ambiente. Segundo a OCDE (1993), os indicadores ambientais têm natureza quantitativa; assim, os indicadores de resposta se limitam a ações da sociedade que sejam mensuráveis.

Foram relacionados alguns indicadores de pressão, que retratam causas de problemas ambientais, aplicáveis ao ecossistema da Baía de Guanabara e sua bacia hidrográfica:

- crescimento populacional na bacia hidrográfica;
- quantidade de óleo derramado na baía;
- número de acidentes de óleo ocorridos por ano;
- carga poluidora de metais pesados lançada na baía por ano;
- carga poluidora de nutrientes lançada na baía por ano;
- área de manguezais destruída por ano.

Os indicadores de estado são aqueles que medem a qualidade do meio ambiente e dos recursos naturais. No caso da Baía de Guanabara podem ser mencionados:

- densidade populacional da bacia hidrográfica;
- número de praias e de costões atingidos por óleo;
- concentração de HPAS e metais pesados nos tecidos das principais espécies de peixes;

- concentrações de hidrocarbonetos e metais pesados na água e nos sedimentos;
- concentração de nutrientes nos sedimentos de fundo;
- área total de manguezais;
- área de manguezais atingida por óleo;
- áreas verdes *per capita;*
- quantidade de peixes apanhados por ano.

Entre os indicadores de resposta podem ser citados:

- investimentos em controle ambiental por ano na área da baía;
- investimentos na compra de barreiras e embarcações para impedir que vazamentos de óleo cheguem aos manguezais;
- percentual do número de indústrias com licença de operação de órgãos ambientais;
- percentual de remoção de nutrientes nas ETEs da bacia da Baía de Guanabara;
- número de projetos ambientais, com participação da comunidade, realizados na bacia hidrográfica;
- percentual da área da bacia hidrográfica destinada a APAs, ARIEs e outros modos de preservação.

Além dos indicadores relacionados ao meio ambiente, também devem ser levados em conta os socioeconômicos, que têm papel importante no desenvolvimento sustentável. Entre eles podem ser listados os seguintes:

- taxa de desemprego — Indicador de pressão;
- índice Gini de distribuição de renda — Indicador de estado;
- número de pessoas abaixo do nível de pobreza — Indicador de estado;
- número de homicídios, roubos etc. (índice de violência) — Indicador de estado.

Para quantificar os diversos indicadores de desenvolvimento sustentável é necessário conhecer os recursos naturais existentes na bacia hidrográfica. Para isso, buscou-se listá-los, assim como os problemas ambientais e os indicadores correspondentes.

Manguezais

Segundo a classificação ambiental da sensibilidade dos ecossistemas, os manguezais são áreas de prioridade máxima de proteção. Na área da Baía de Guanabara, eles ocupavam originalmente uma superfície de 257,9km^2

(E. Amador, 1992), contornando grande parte de sua orla. Hoje, estão reduzidos a cerca de 81,5km^2 (Amador, 1997), e seus remanescentes se concentram principalmente na APA de Guapimirim e em algumas manchas dispersas no litoral de Duque de Caxias (rio Estrela), Ilha do Governador (saco de Jequiá), Canal da Maré e ilha do Fundão. Segundo a Feema (1979), os manguezais de Guapimirim abrigam 68 espécies de aves, 109 espécies vegetais, além de camarões, siris e caranguejos.

Indicadores socioambientais: manguezais da Baía de Guanabara

Recurso natural	Problema ambiental	Indicadores		
		Pressão	**Estado**	**Resposta**
Manguezal	1. Exploração de madeira e da biota	1. Quantidade de madeira retirada e caranguejos	1. Área total	1. Programa de inspeção de manguezais com o IBG e outras ONGs
	2. Poluição das águas	2. Número de acidentes de óleo ocorridos por ano	2. Área atingida por óleo e outros poluentes	2. Investimentos, compra de barreiras e de embarcações para impedir a chegada de óleo a essas regiões
		3. Área destruída por ano	3. População de caranguejeiros e população pobre dependente de seus recursos	3. Investimentos em controle ambiental por ano na área da Baía de Guanabara

Praias e costões rochosos

As praias têm enorme importância como recreação e lazer para a sociedade brasileira. A perda temporária de seu uso é considerada um grave impacto social. Devido à poluição, esse impacto estende-se às atividades ligadas ao turismo, resultando na inadequação temporária de balneários e instalações, como hotéis, pousadas e restaurantes. Como o turismo tem como foco principal as praias e as regiões costeiras, torna-se extremamente importante proteger essas áreas.

A baía abriga vários costões rochosos, muitos deles dominados pelo mexilhão *Perna perna*, que forma grandes bancos, do mesolitoral ao infralitoral, que também servem de habitat a uma enome quantidade de flora e fauna acompanhante. Explorados comercialmente, esses mexilhões são vendidos principalmente para o estado de São Paulo. Na área da baía de Guanabara, estima-se uma média de comercialização de 20t/mês.

Indicadores socioambientais: praias e costões rochosos da Baía de Guanabara

Recurso natural	**Problema ambiental**	**Indicadores**		
		Pressão	**Estado**	**Resposta**
Praias e costões rochosos	1. Praias impróprias para banho de mar	1. Vazão de esgotos sem tratamento	1. Número de praias impróprias para banho de mar	1. Investimentos em ETEs e captação de tempo seco de águas pluviais contaminadas
	2. Óleo e lixo nas praias e nos costões rochosos	2. Quantidade de óleo derramado, com possibilidade de atingir praias e costões	2. Número de praias e costões atingidos por óleo por ano	2. Investimentos em limpeza de praias e costões atingidos por óleo e lixo
		3. Quantidade de lixo lançada nas águas da baía	3. Número de praias cobertas por lixo	3. Investimentos na compra de barreiras e embarcações para impedir o óleo de chegar às praias e costões
				4. Investimentos em barreiras flutuantes na foz dos principais rios da baía

Recursos pesqueiros

A estimativa do total da produção anual de pescado da Baía de Guanabara é pouco precisa. Para a colônia Z-9 Mauá, pode-se supor uma produção média de 500t/ano. Em Ramos, supõe-se uma média anual em torno de 20t, fruto basicamente da pesca de arrasto. Para a colônia Z-10, da Ilha do Governador, estima-se que a produção anual esteja em torno de 100t, enquanto na colônia Z-8, fala-se num total de cerca de 1.000t/ano, o que provavelmente constitui uma superestimativa.

Chega-se, assim, a um total de cerca de 1.600t/ano, número ligeiramente superior ao estimado pelo Ibama (1.300t/ano), que não inclui as capturas de sardinha (verdadeira, boca-torta e outras), descarregadas diretamente nas indústrias de processamento da baía. Além da atividade pesqueira tradicional, a coleta de caranguejos, nas áreas de manguezal, e a de mexilhões, nos costões rochosos, constitui fonte de renda de um contingente relativamente importante de pessoas.

Indicadores socioambientais: recursos pesqueiros da Baía de Guanabara

Recurso natural	Problema ambiental	Indicadores		
		Pressão	**Estado**	**Resposta**
Recursos pesqueiros	1. Poluição das águas da baía por esgotos e metais pesados	1. Quantidade de óleo derramado, com possibilidade de atingir as áreas pesqueiras e currais de pesca	1. Número total e número de currais atingidos pelo óleo	1. Investimentos em análises de laboratório para HPAs, odor e sabor
	2. Óleo nas áreas pesqueiras		2. População de pescadores sem trabalho	2. Monitoramento das densidades de pescado por prospecção independente
			3. Produção média mensal por grupo de espécie, petrechos de pesca e localidade	3. Investimentos em programas indenizatórios

Recurso natural	Problema ambiental	Indicadores		
		Pressão	Estado	Resposta
recursos pesqueiros			4. CPUE média mensal por petrechos de pesca e localidade	
			5. Concentração de HPAs no tecido das principais espécies-alvo	

CPUE — Captura por unidade de esforço.

Mata Atlântica

A despeito da complexidade que envolve o processo de monitoramento do desmatamento da Mata Atlântica na bacia da Baía de Guanabara, propõem-se os indicadores ambientais sintetizados na tabela a seguir:

Indicadores socioambientais: Mata Atlântica na bacia da Baía de Guanabara

Recurso natural	Problema ambiental	Indicadores		
		Pressão	Estado	Resposta
Mata Atlântica	1. Desmatamento	1. Taxa de desmatamento	1. Área total de floresta nativa	1. Investimentos em controle, monitoramento e fiscalização
			2. Área desmatada	2. Áreas de florestas protegidas / área total de florestas
				3. Medidas legais e investimentos para disciplinar o desmatamento

Analisando-se a problemática ambiental da baía, constata-se que, antes de se elaborar um projeto de desenvolvimento sustentável, será preciso levar-se a efeito um programa de recuperação ambiental, já que, hoje, os aspectos de qualidade da água, dos sedimentos e da biota não permitem que diversas atividades sejam exercidas em sua plenitude.

Além disso, os problemas sociais e econômicos da população periférica e favelada que habita às margens da baía são de tal monta que não só impedem a recuperação desse ecossistema como ajudam a degradá-lo. Como conseqüência, se mantém um círculo vicioso, conhecido como *Maelstrom* — a espiral que leva para o fundo. A miséria de grande parte da população local é uma carga enorme no caminho da melhora ambiental, inibindo o setor produtivo, limitando o crescimento econômico e gerando poluição, sujeira e degradação.

Estratégias de desenvolvimento sustentável devem ser implementadas de forma gradual, como uma evolução progressiva, procurando encontrar atividades ecologicamente corretas e ao mesmo tempo mais lucrativas do que as não-sustentáveis, que a médio e a longo prazo destroem os recursos naturais e os ecossistemas.

É preciso ainda que haja uma integração entre indústria, comércio e comunidade, de forma que um programa de melhorias socioambientais numa região se dê de forma conjunta e harmoniosa. O poder público deve atuar na elaboração de uma legislação apropriada e também realizando obras de infra-estrutura de saneamento e habitação.

No Brasil, alguns poucos passos foram dados, incluindo-se a criação de uma Secretaria de Desenvolvimento Sustentável no âmbito do Ministério de Meio Ambiente, que, no entanto, já foi modificada, passando a focar mais a área rural. De qualquer forma, ainda se tem um longo caminho a percorrer, passando pela diminuição da miséria e da violência.

XV SÍNTESE DAS PRINCIPAIS MEDIDAS PARA RECUPERAÇÃO DA BAÍA DE GUANABARA

Medidas relativas à poluição por esgotos domésticos

Durante o período de execução do PDBG, constatou-se que as obras de esgotamento sanitário (rede e estações de tratamento) ainda não surtiram os efeitos desejados porque a vazão de esgotos domésticos que chega nas estações de Alegria, Sarapuí e Pavuna é muito menor do que a planejada. Assim, é fundamental aumentar o número de ligações domiciliares à rede de esgotos. Para isso, a construção deve ser feita por empresa estatal ou concessionária dos serviços, financiando automaticamente seu custo para o usuário.

Existem exemplos desta metodologia. No início da década de 1960, durante o governo Lacerda, a reforma das instalações prediais e suas ligações à rede pública foram feitas por meio de concorrências públicas para um grande número de instalações compulsórias à custa do DES da Sursan, para posterior pagamento parcelado em até cinqüenta prestações pelo usuário. Atendia-se assim à importância sanitária, observando-se o lado social.

As conclusões de vários estudos mostram que a poluição gerada no interior da própria baía pela produtividade primária representa uma parcela de aproximadamente 60% da carga orgânica total. Isso evidencia a magnitude do problema de eutroficação, que exige a construção de sistemas de tratamento que priorizem a remoção de nutrientes como parte fundamental do processo de recuperação ambiental.

Para que a qualidade do espelho d'água esteja dentro do objetivo de curto prazo — de eliminação das condições esteticamente desagradáveis, como a anaerobiose e os maus odores, principalmente nos canais entre o continente e as ilhas do Governador e do Fundão —, é necessário ampliar a cobertura do sistema de esgotamento sanitário (inclusive tratamento) nas bacias da região oeste, que incluem as regiões de Pavuna, Acari, Bangu e Sarapuí. Considerando-se a importância dos manguezais para o turismo e o desenvolvimento sustentável da baía, a implantação desses sistemas de coleta e tratamento deve se estender aos rios que desaguam na APA de Guapimirim.

Também é preciso estudar melhor o destino final da enorme quantidade de lodo gerado nas ETEs situadas na bacia hidrográfica da Baía de Guanabara, tendo em vista o grande impacto que podem causar à qualidade da água da baía.

A concessão dos serviços de água e esgotos a empresas privadas pode melhorar sensivelmente a qualidade de atendimento a diversas regiões. Para isso podem se conseguir recursos para investir nesse tipo de atividade. O BNDES concorda que um dos grandes problemas no Brasil é o desemprego; com investimentos de 10 bilhões de reais por ano para financiar obras de saneamento básico, poderiam ser gerados cerca de 500 mil empregos em todo país.

Medidas relativas à poluição por águas pluviais contaminadas

É importante dimensionar a carga poluidora transportada pelas águas pluviais contaminadas que não são encaminhadas para estações de tratamento e chegam à Baía de Guanabara, diretamente ou através de seus afluentes. Para tanto, seria necessário realizar vistorias nas galerias de águas pluviais para detectar e corrigir ligações clandestinas de condomínios, edifícios, indústrias, postos de gasolina e outras fontes poluidoras.

Um problema de grandes dimensões, associado às águas pluviais contaminadas, é o grande número de favelas existentes nas cidades da bacia da Baía de Guanabara. Os esgotos gerados pela população favelada formam valas negras e acabam chegando aos sistemas de drenagem urbana, rios e à própria baía. Áreas de difícil esgotamento, diversas tentativas de solução foram feitas sem muito sucesso. Pesquisas devem ser feitas com o objetivo de coletar o esgoto das favelas e trazê-lo para o sistema de esgotamento da cidade. Dentro desse contexto é importante também construir dispositivos que eliminem as línguas negras das praias.

Para os rios maiores e mais contaminados se poderia pensar na construção de reservatórios situados na foz, com capacidade para captar as águas dos primeiros 15 minutos de chuvas — aquelas que lavam as ruas e carreiam as maiores cargas poluidoras. As águas armazenadas sofreriam um processo de sedimentação e seriam posteriormente bombeadas para a baía, enquanto os sólidos sedimentados seriam retirados do reservatório e encaminhados como material de cobertura de aterro ou para outra finalidade. Esta retirada de sedimentos livraria a baía de uma enorme quantidade de descarga sólida, de nutrientes e carga orgânica, de diferentes fontes.

Medidas relativas à poluição industrial

Através do Termo de Compromisso de Ajuste de Conduta (TAC) e outros instrumentos técnico-administrativos, a Feema deve continuar a controlar as indústrias prioritárias da bacia hidrográfica, mas com ainda maior ênfase e rigor do que o mantido no PDBG. Será preciso verificar a existência de passivos ambientais na bacia da Baía de Guanabara; os casos já conhecidos, em especial o do antigo Centro de Tratamento de Resíduos (Centres) e o da Cidade dos Meninos (resíduos da antiga fábrica do Ministério da Saúde), ambos na Baixada Fluminense, deverão ser analisados e solucionados. E devem ainda ser acompanhados com atenção, não só por parte dos órgãos governamentais como também por parte das ONGs, os projetos relativos aos dispositivos de contenção de vazamentos acidentais, assim como os licenciamentos do Complexo Petroquímico do Rio de Janeiro (Comperj), em Itaboraí.

A experiência internacional mostra que muitas indústrias de grande porte valorizam suas responsabilidades sociais e ambientais. Assim sendo, a divulgação para o público do comportamento dessas empresas com relação ao meio ambiente pode ser um instrumento poderoso para encorajar a redução das cargas poluidoras. Uma possível estratégia a ser adotada para as companhias na área da bacia hidrográfica da Baía de Guanabara seria um sistema de ranqueamento em diversas categorias, segundo aspectos específicos de sua *performance* ambiental, com ampla divulgação dos resultados obtidos, de forma a constranger as que tiveram desempenho abaixo da média.

Medidas relativas à poluição por óleo

Apesar das precauções tomadas, vêm ocorrendo na Baía de Guanabara, com freqüência variável, vazamentos acidentais de óleo, mostrando que os sistemas de prevenção não funcionam a contento nem nas instalações industriais nem nos petroleiros que aportam no estado. É importante que tanto equipamentos de contenção de acidentes quanto sistemas e planos de prevenção sejam continuamente aprimorados.

Os postos de gasolina deverão implantar os sistemas de controle exigidos pelos órgãos ambientais para evitar que resíduos oleosos sejam drenados para o sistema de águas pluviais e cheguem à baía. É importante que todos os postos de serviço se adéqüem à resolução Conama 273/2000.

Medidas relativas aos problemas do lixo

O lixo da região metropolitana do Rio de Janeiro não deve mais ser encaminhado para o Aterro de Gramacho, que está no limite de sua capacidade, passando por acomodações de terreno devido ao peso excessivo. Assim, deve-se procurar resolver as questões judiciais em andamento, inclusive com interveniência do Ministério Público, para o licenciamento do novo Aterro de Paciência. O exemplo da Central de Tratamento de Resíduos de Nova Iguaçu devia ser estudado por outros municípios da bacia que ainda não equacionaram a questão do destino final do lixo urbano. É preciso aumentar a eficiência e a cobertura da coleta nos municípios que apresentam deficiência nesses serviços, para diminuir a quantidade de detritos flutuantes que chegam à Baía de Guanabara. Deve-se também continuar a instalação de barreiras flutuantes nos demais afluentes à baía e promover operações eficientes da Serla nas já instaladas.

Medidas relativas à preservação de manguezais

Como a extração de madeira dos manguezais atinge proporções altamente danosas ao ecossistema, será necessário implementar uma fiscalização rigorosa. A continuar o uso constante de motosserras, prevê-se a diminuição drástica dessas áreas, com sensíveis prejuízos ao estuário, à cadeia detrítica e a uma fauna específica que depende exclusivamente da vegetação dos manguezais. Tudo isso ocasionará prejuízos enormes ao ecoturismo e ao desenvolvimento sustentável da baía.

Medidas relativas ao desmatamento

A urbanização desordenada e a contínua favelização do entorno da Baía de Guanabara compromete e destrói os últimos remanescentes da Mata Atlântica no estado. Portanto, é necessária uma fiscalização eficiente das comunidades irregulares, adotando-se ainda a idéia objetiva de delimitar fisicamente essas áreas favelizadas, impedindo-as a todo custo de invadir e destruir os últimos pontos florestados do estado.

Medidas relativas ao assoreamento da baía

As taxas mais recentes de assoreamento na Baía de Guanabara são bastante altas, maiores do que as que ocorrem em outros estuários e baías. Assim, a dragagem do canal entre a Ilha do Governador e o continente é uma ação emergencial de fundamental importância para a preservação do atual espelho d'água. Como já se encontra bastante assoreado o altíssimo risco que se corre é de que o canal venha a se fechar completamente, causando uma perda irreparável em toda a porção noroeste da baía (cerca de 1/3 do total do espelho d'água). Em menor escala, algo similar pode ocorrer com o canal que liga a ilha do Fundão ao continente, que passa por processo semelhante (ver fotos 8 e 9, p. 258 e 259).

É de fundamental importância dar-se início a um programa de recuperação das matas ciliares. Situadas nas cabeceiras dos rios, tal como as formações ciliares das margens, elas constituem um dos fatores responsáveis, e o mais importante deles, para a preservação dos rios, equilibrando-os ecologicamente e atuando para manter a pureza e a qualidade das águas fluviais.

Medidas relativas à modelagem matemática

Fazer uma avaliação crítica dos modelos matemáticos desenvolvidos até o presente e selecionar um sistema que possa ser utilizado como ferramenta de gestão, para a simulação de novas configurações de tratamento e respectivos impactos na qualidade de água da baía.

Desenvolvimento sustentável e turismo na Baía de Guanabara

Considera-se que as diversas formas de turismo que poderiam ser realizadas na baía talvez sejam a chave para o sucesso de um grande projeto de desenvolvimento sustentável, que está mais bem caracterizado no próximo capítulo.

XVI PROPOSTA DE GESTÃO SUSTENTÁVEL PARA A BAÍA DE GUANABARA

Uma análise das estimativas anuais dos principais usos da Baía de Guanabara mostra que muitos deles trazem benefícios à população ou às empresas de prestação de serviços. Vão desde os ganhos para a saúde proporcionados pelos banhos de mar à movimentação nos estaleiros, com os reparos e manutenção de barcos. Mas o que se constata é que, indubitavelmente, o que pode trazer receita, seja para o governo, seja para os empresários, é o turismo.

No mundo atual, é inegável que esse é o modo de se aproveitar o espelho d'água da baía com maiores perspectivas. Em qualquer uma de suas diversas formas — ecoturismo, lazer náutico, regatas, pesca esportiva, iates clubes, marinas —, o turismo é uma atividade em crescimento. A baía continua ostentando um magnífico visual e, apesar das agressões ambientais sofridas, mostra uma boa capacidade de recuperação, especialmente em função da renovação das águas do seu canal principal pelas marés. Além disso, trata-se de um dos cartões-postais do Brasil, talvez um de nossos símbolos mais importantes no exterior, contribuindo enormemente para a vinda de estrangeiros ao país.

Hoje, o turismo é a atividade que, no mundo todo, envolve as maiores quantias: 3,7 trilhões de dólares (relatório das Nações Unidas). De cada dez empregos gerados no mundo, um é na área de turismo. No Brasil, a receita total das empresas ligadas ao setor foi de 76 bilhões de dólares em 2003; cerca de 352 mil companhias empregaram 5,5 milhões de pessoas naquele ano. Estes dados expressivos fazem parte de um estudo do IBGE intitulado "Economia do turismo: análise das atividades características de turismo" e permitem prognosticar uma receita da ordem de 100 bilhões de dólares para o ano de 2007.

O estudo mostrou também que quase 2% dos gastos familiares são direcionados para o turismo. Rio e São Paulo concentraram a receita e responderam por 63,5% do faturamento. Em São Paulo, o turismo de negócios responde por 80% do setor, enquanto no Rio de Janeiro ele é direcionado para o lazer.

Apenas com a visitação e utilização de seus recursos naturais, paisagísticos e estéticos, o turismo ecológico na região da baía e de sua bacia hidrográfica pode gerar receita significativa, da ordem de milhões de dólares. A biodiversidade e as áreas de preservação ambiental de Guapimirim, por exemplo, permanecem potencialmente inexploradas, embora comecem a ser invadidas e degradadas. Como a área e os manguezais que a cercam situam-se praticamente no centro da região metropolitana do Rio, podem ser incluídos em roteiros com duração de um dia, em particular os voltados para o ecoturismo.

Nesse sentido, a chegada de dezenas de transatlânticos durante o verão pode incentivar a revitalização das regiões portuárias, transformando o patrimônio urbanístico e arquitetônico dos *waterfronts* em complexos culturais, integrando contemplação paisagística, arte e cultura, lazer, esporte, gastronomia e comércio. Seriam também formas de promover e incrementar o encontro da população da cidade e de turistas nacionais e estrangeiros com a Baía de Guanabara (ver Foto 10, p. 260).

No Brasil, a existência de atividades de ecoturismo prova sua capacidade de unir a preservação ambiental e o crescimento socioeconômico, mostrando que o desenvolvimento sustentável é possível. Na bacia hidrográfica do Vale da Ribeira, litoral sul de São Paulo, por exemplo, na maior área contínua preservada de Mata Atlântica, situa-se o complexo estuarino lagunar de Iguape-Cananéia, também conhecido como Lagamar. A área é ponto de confluência das águas de rios, baías e lagoas com o mar e sua grande área de manguezais (cerca de 200.000km^2) ao longo dos canais e mares internos faz com que o Lagamar seja considerado um dos maiores berçários de vida marinha do Oceano Atlântico e talvez o mais bem preservado do Brasil. A região atrai visitantes do mundo inteiro.

Criado em 1995, o Pólo Ecoturístico do Lagamar teve preservadas suas características ambientais e culturais, o que permite que a região caminhe em direção à sustentabilidade; a atividade econômica que possibilitará que isso ocorra é o ecoturismo. Como, em geral, a implantação de modelos de gestão sustentada exige recursos, os maiores exemplos estão nos países desenvolvidos. No caso da Baía de Guanabara, para seguir esse tipo de gestão, é fundamental melhorar a qualidade de suas águas, seja por meio do PDBG, seja por outras ações específicas. Portanto, está na hora de se mostrar como uma iniciativa do gênero pode ser implantada em um país em desenvolvimento. O que envolveria, entre outros, os seguintes tópicos principais:

- melhorar a qualidade de água da baía por meio da coleta e tratamento de esgotos e lixo;

- fiscalizar rigorosamente os manguezais de Guapimirim, que são, talvez, a principal atração da Baía de Guanabara, permitindo a observação de pássaros, *trecking* etc.;
- tratar prioritariamente os esgotos das cidades situadas nas sub-bacias dos rios Guapi, Macacu, Cacerebu e outros que deságuam na APA de Guapimirim;
- reduzir o assoreamento do espelho d'água da baía por meio de práticas de reflorestamento, que podem gerar créditos de carbono no mercado internacional;
- criar uma autoridade ou Comitê de Bacia para a Baía de Guanabara, com jurisdição sobre toda a área hidrográfica e efetivo poder de decisão;
- aparelhar e incrementar o Centro de Primatologia do Estado do Rio de Janeiro, de forma a incorporá-lo nos roteiros turísticos;
- buscar diminuir a violência na região metropolitana do Rio de Janeiro por intermédio de programas efetivos de educação e distribuição de renda.

Exemplos de incremento de atividades turísticas na Baía de Guanabara

Como mencionou-se anteriormente, o turismo poderá ser ampliado dentro de um enfoque de desenvolvimento sustentado. Na Baía de Guanabara, pretende-se incrementar a atividade turística utilizando seus atrativos naturais e contribuindo para a divulgação de sua importância sociocultural entre os diversos segmentos da população (ver Foto 11, p. 261). A título de exemplo, poderiam ser traçados roteiros agregando partes terrestres e partes marítimas. Na parte terrestre, visitar-se-ia a parte antiga da cidade, no corredor cultural do centro do Rio, o que incluiria visitas à fortaleza da Conceição, à rua do Jogo da Bola (típica do século XIX), à Pedra do Sal, ao Palácio do Bispado, ao Observatório Astronômico etc. O programa seria conjugado com atrações já conhecidas, como o Mosteiro de São Bento, o Arco do Teles e as vizinhanças da Praça XV. A parte marítima dos roteiros turísticos incluiria as seguintes idéias e/ou possibilidades:

Roteiro 1: Itinerário de d. Pedro II para ir a Petrópolis no século XIX.

- De barco, saindo do Cais do Porto até Mauá.
- De trem Maria Fumaça, de Mauá até Raiz da Serra.
- De ônibus (em vez de cavalos, como antes) até Petrópolis.

Roteiro 2: Ver pássaros e toda a ecologia dos manguezais, berço da vida aquática.

- De barco até os manguezais do fundo da baía.
- Passeio pela APA de Guapimirim em trilhas e deque suspensos sobre os manguezais, a exemplo do que existe nos Everglades, na Flórida.

- Parada na ilha de Paquetá.

Roteiro 2A

- De barco até os manguezais de Guapimirim.
- De barco menor, subindo o rio Guapimirim para pesca recreativa, piquenique, churrascos etc. (existem locais nas margens do rio Guapimirim para este tipo de atividades).

Roteiro 2B

- De barco-chata, subir o rio Guapimirim e depois o rio Macacu.
- Depois, de ônibus, visitar a Estação Ecológica Paraíso, onde se localiza o Centro de Primatologia do Estado do Rio de Janeiro.

Roteiro 3: Sujeito às condições do mar.

- De barco grande, fazer *sightseeing* pelas fortalezas de São João, Santa Cruz e Laje.
- Durante o passeio, contar a história das invasões francesas (Villegaignon, Du Clerc e Dugay-Trouen).
- Passar pela Ponta da Armação, onde as baleias eram evisceradas nos séculos XVI e XVII.

É importante repetir que, para incrementar o turismo ecológico, é fundamental que haja uma melhora significativa da qualidade das águas da baía (ver Mapa 15, p. 276).

GLOSSÁRIO

Adensador: Equipamento destinado a engrossar o lodo proveniente da ETE e enviá-lo às unidades de desidratação.

Água ácida: Água com pH baixo.

Água régia: Mistura de ácido clorídrico e ácido nítrico concentrado numa proporção de 3:1. É altamente corrosiva.

Águas residuárias: Qualquer despejo, resíduo líquido ou águas servidas com potencialidade de causar poluição.

Anoxia: Ausência de oxigênio dissolvido na água.

Aqüífero: Estrato subterrâneo de terra, cascalho ou rocha porosa que contém água.

Assoreamento: Acúmulo de sedimentos em um corpo d'água (rio, baía, lago etc.), pelo carreamento de sólidos, devido ao mau uso do solo e ao desmatamento da bacia hidrográfica.

Baixa-mar: Maré baixa.

Bentos: Organismos que vivem no substrato, fixos ou não. Os bentos ou organismos bentônicos são aqueles que vivem associados ao solo marinho.

Bioacumulação: Processo pelo qual os seres vivos absorvem e retêm substâncias químicas no seu organismo.

Biodrum: Unidade produtora de bactérias nitrificantes que são adicionadas ao efluente a ser tratado em reatores biológicos para diminuir a concentração de amônia.

Biomarcadores: Moléculas específicas do petróleo cuja presença atesta com maior precisão sua existência (tipo de petróleo) num sedimento.

Biomassa: Quantidade de matéria orgânica presente em dado momento em determinada área.

Biota: Conjunto de todos os seres vivos de um ecossitema.

Butadieno: Hidrocarboneto insaturado (alceno) de fórmula química C_4H_6. É um gás obtido a partir do craqueamento do petróleo e tem várias aplicações na petroquímica.

CEPT: Chemical Enhaced Primary Treatment – Tratamento Primário Quimicamente Assistido.

Chorume: Resíduo líquido formado pela decomposição de matéria orgânica presente no lixo.

Chicana: Divisórias de fluxo que retardam o escoamento em sistemas de tratamento.

Cianofíceas ou cianobactérias: Algas azuis-verdes mais relacionadas com as bactérias, apesar de sua função fotossintética.

Ciclo hidrológico: Processo da circulação das águas da Terra, que inclui os fenômenos de evaporação, condensação, precipitação, transporte, escoamento superficial, infiltração, retenção e percolação.

Compartimento água: Fase ou meio de um ecossistema. A água, o sedimento e a biota são alguns exemplos de compartimento.

Compostagem: Reciclagem da parte orgânica do lixo para uso como condicionador de solo e adubo agrícola.

Comunidade biótica: Conjunto de populações que habitam uma área determinada representando o componente vivo de um ecossistema.

Contato primário: Banho de mar, onde há contato do corpo com o mar ou corpo d'água.

Contato secundário: Navegação e pesca e outros usos onde não há contato direto com a água.

Corpo receptor: Corpo d'água onde são lançados águas residuárias, esgotos domésticos ou despejos industriais.

Craqueamento catalítico fluido: Transformação por ruptura (*cracking*, quebra) de moléculas grandes em moléculas menores. Utilizado para transformar óleos pesados em derivados de petróleo mais leves, como GLP e nafta.

Cromatografia: Processo através do qual moléculas presentes em misturas complexas podem ser separadas, com base nas suas solubilidades, em diferentes solventes e, em suas mobilidades, em diferentes substratos.

DBO – Demanda Bioquímica de Oxigênio: Quantidade de oxigênio utilizado na oxidação bioquímica da matéria orgânica, num determinado período de tempo. É ainda a forma mais utilizada para se medir a quantidade de matéria orgânica presente num corpo d'água.

Demanda bental: Quantidade de oxigênio requerida pela matéria orgânica contida nos sedimentos de fundo de um corpo d'água.

Denitrificação: Retirada ou perda de nitrogênio de nitritos ou nitratos.

Diatomácea: Alga unicelular da classe das bacilariofíceas.

Digestor anaeróbio: Tipo de tratamento em que as bactérias anaeróbias agem sobre a matéria orgânica, convertendo-a em ácidos orgânicos numa primeira etapa, e em gás metano e gás carbônico na etapa seguinte.

Dispersante: Produto químico usado para quebrar concentrações de matéria orgânica. Na limpeza de derrames de óleo são usados para limpar as águas superficiais.

DQO – Demanda Química de Oxigênio: Quantidade de oxigênio necessária para a oxidação da matéria orgânica através de um agente químico.

DZ 949: Diretriz de Implantação do Programa Bolsa de Resíduos da Feema.

Ecoeficiência: Conceito que prega maior produção com menor gasto de insumos e matérias-primas, reduzindo, assim, o impacto produtivo no meio ambiente.

Ecossistemas silvestres neotropicais: Neotropical é uma terminologia usada para definir os ecossistemas silvestres, localizados próximo aos trópicos no continente americano (diferenciando o da Ásia e da África).

Efluente: Descarga de poluentes no meio ambiente; parcial, tratado ou em seu estado natural.

Eletrólise: Processo que separa os elementos químicos de um composto através da eletricidade.

Elevatória: Estação componente de um sistema de esgotos ou de abastecimento de água, na qual o líquido é bombeado para um reservatório situado em nível superior.

Enterococos: Bactérias do grupo dos estreptococos fecais, pertencentes ao gênero *Enterococcus*. A maioria das espécies dos *Enterococcus* são de origem fecal humana, embora possam ser isolados de fezes de animais.

Equinodermas: Ramo de animais invertebrados marinhos, como as estrelas-do-mar e ouriços-do-mar.

Eutroficação: Excesso de nutrientes (nitrogênio e fósforo) em um corpo d'água, causado pelo lançamento de efluentes domésticos, industriais ou agrícolas resultando em uma abundante proliferação de algas.

Filtro biológico: Grande tanque cilíndrico cheio de brita, sobre o qual é borrifado o esgoto bruto; em volta de cada pedra, forma-se uma camada de microrganismos, chamada de zoogléa, que se incumbem de tratar os esgotos.

Fitoplâncton: Conjunto dos organismos aquáticos microscópicos que têm capacidade fotossintética e que vivem dispersos flutuando na coluna de água.

Floculação: Processo onde a água recebe uma substância química (por exemplo, sulfato de alumínio, sulfato ferroso) aglutinando as impurezas em flocos facilmente removíveis.

Floresta Ombrófila Densa: Mata Atlântica.

Floresta Pluvial Tropical: Ver *Floresta Ombrófila Densa*.

Flotação: Processo de elevação de matéria suspensa para a superfície do líquido, na forma de escuma, por meio de aeração, insuflação de gás, aplicação de produtos químicos, eletrólise, calor ou decomposição bacteriana e a posterior retirada da escuma.

Fração volátil: Parte volátil de uma substância.

Geomorfologia: Ramo da geologia física que estuda as formas do relevo terrestre atuais e investiga a sua origem e evolução.

Gradiente ambiental: Variação de uma grandeza ao longo de uma dimensão espacial, numa determinada direção.

Granulometria: Especificação dos diâmetros do material que compõe o solo ou os depósitos sedimentares.

Hidrófilos: Plantas ou animais que vivem na água.

Higrófilos: Plantas ou animais que vivem em ambiente úmido.

Iliófago: Diz-se de animal aquático que se alimenta de animais, vegetais e detritos em ambiente de fundo lamacento.

Infralitoral: Área localizada logo abaixo d'água, mais profunda que a maior maré baixa.

Jusante: Na direção da corrente, rio abaixo.

Lagoa de equalização: Lagoa usada para equalizar as concentrações dos poluentes.

Lagoa de estabilização: Processo no qual a matéria orgânica presente no esgoto é decomposta pelas bactérias com ou sem oxigênio. Nessas lagoas os esgotos brutos sofrem uma autodepuração natural.

Lagoas facultativas: São lagoas com profundidade de 1,5 a 3m onde ocorrem processos aeróbios e anaeróbios. Na região superficial ocorrem os processos fotossintéticos realizados pelas algas onde há liberação de oxigênio no meio, favorecendo o processo aeróbio e, no fundo, quando a matéria orgânica tende a sedimentar ocorrem os processos anaeróbios.

Lodo ativado: Processo em que o ar é injetado em um tanque de aeração contendo esgoto, e a matéria orgânica é degradada por bactérias na presença do oxigênio.

Mangote: Mangueira usada como tubo de aspiração de bombas reforçada por uma espiral de arame para resistir a deformações.

Maré vermelha: Concentração exagerada de algas marinhas que colorem a superfície das águas litorâneas de vermelho, marrom ou amarelo; com freqüência é causada pelo aumento de matéria orgânica no meio e geralmente associada à produção de toxinas pelas algas, podendo resultar na morte de diferentes seres marinhos.

Meandragem: Parte sinuosa dos rios nas baixadas e planícies.

Médio litoral: Área que pode ficar descoberta durante as marés baixas.

Meia-laranja: Morro arredondado, pouco íngreme; terreno pouco acidentado, com elevações suaves.

Meia-vida biológica: Tempo necessário para que metade de uma substância seja removida do organismo por um processo químico ou físico.

Mercaptans: Compostos orgânicos que possuem um grupo funcional formado por enxofre e hidrogênio chamado grupo tiol ou sulfidrila. Os de menor massa molecular, voláteis, têm cheiro extremamente desagradável.

Metilação: É a substituição de um hidrogênio (H) por um grupo metil (CH_3). Em sistemas biológicos essa reação é catalizada por enzimas e está envolvida na modificação de metais pesados.

Modelos de qualidade de água: Modelos matemáticos que simulam as condições atuais de poluição de um corpo d'água e que permitem fazer simulações de condições futuras.

Modelo de transporte euleriano: Modelo de uso geral para simulação de transporte advectivo-difusivo com reações cinéticas.

Modelo hidrodinâmico: Modelo de circulação hidrodinâmica em três ou duas dimensões otimizado para corpos de água naturais nos quais efeitos de densidade variável possam ser desprezados.

Montante: Na direção oposta à corrente ou águas acima.

Nitrificação: Conversão de amônia em nitratos, por bactérias aeróbias.

Nível trófico: Etapas, mais ou menos marcadas, através das quais são transformados os recursos de um estado para outro (do mineral ao vegetal e depois ao animal).

NMP: Número mais provável e que, com maior probabilidade que qualquer outro, fornece a estimativa do número de bactérias em uma amostra.

Nutriente limitante: Nutriente essencial para determinada população, cuja diminuição da concentração devido à demanda da população limita seu crescimento.

OD – Oxigênio Dissolvido: Oxigênio necessário para a respiração dos microrganismos aeróbios e de todas as demais formas de vida aeróbias.

Óleo cru: Petróleo em estado natural.

Óleos e graxas: Substâncias compostas, primordialmente, de matérias gordurosas.

Organismos (fauna) bentônicos: Fauna encontrada em todo o fundo do relevo submarino, continental e abissal.

Percentil: Medida da posição relativa de uma unidade observacional em relação a todas as outras. O p-ésimo percentil tem no mínimo $p\%$ dos valores abaixo daquele ponto e no mínimo $(100 - p)\%$ dos valores acima.

Pneumatóforos: Espécie de raiz com função respiratória, comum em plantas de regiões alagadas, como os mangues.

Pôlder: Planície protegida por diques contra inundações e utilizada para agricultura e habitação.

Preamar: Maré alta.

Prensa desaguadora: Unidade de desidratação de lodo. Consiste na introdução do lodo entre duas correias, sendo uma delas o meio filtrante. O deslocamento entre roletes promove a compressão de uma esteira com a outra, provocando a drenagem do líquido.

Pressão antrópica: Pressão exercida ou provocada pelo homem no meio ambiente.

Produção primária: Quantidade de matéria orgânica que é produzida pelos organismos autotróficos a partir da energia solar (organismos fotossintéticos).

Propágulos: Estruturas constituídas basicamente por células de crescimento que se desprendem de uma planta adulta para dar origem a uma nova planta. São muito comuns em algas e plantas de mangue.

Proteção catódica: Sistema de proteção contra corrosão de qualquer material metálico enterrado ou submerso.

Resíduos de classe 1: Resíduos Perigosos: são aqueles que apresentam riscos à saúde pública e ao meio ambiente, exigindo tratamento e disposição especiais em função de suas características de inflamabilidade, corrosividade, reatividade, toxicidade e patogenicidade.

Resíduos de classe 2: Resíduos não-inertes: são os resíduos que não apresentam periculosidade, porém não são inertes; podem ter propriedades tais como: combustibilidade, biodegradabilidade ou solubilidade em água. São basicamente os resíduos com as características do lixo doméstico.

Resíduos de classe 3: Resíduos inertes: são aqueles que, ao serem submetidos aos testes de solubilização, não têm nenhum de seus constituintes solubilizados em concentrações superiores aos padrões de potabilidade da água. Estão nessa classificação, por exemplo, os entulhos de demolição, pedras e areias retirados de escavações.

Ressurgência: Movimento ascendente de águas profundas para a superfície.

***Run-off*:** Águas de drenagem de chuvas caídas em áreas urbanas ou rurais.

Sistema separador absoluto: Sistema pelo qual o esgoto doméstico é conduzido de forma independente do pluvial para uma estação de tratamento.

***Sneaker Index*:** Índice criado nos Estados Unidos para que a população pudesse avaliar facilmente a transparência da água na baía de Chesapeake. Consiste em conseguir ver o próprio tênis com água pelo peito.

Supralitoral: Área localizada logo acima d'água, que nunca é inundada pelas marés, mas recebe umidade do mar.

***Toute-à-l'égout*:** Rede de esgotos unitária que recebe tanto os esgotos domésticos, as águas servidas e as águas pluviais, a exemplo dos projetos iniciados em Paris.

Transferência trófica: Transferência de contaminantes de um nível trófico para outro.

Tratamento primário: Processo de tratamento de esgotos domésticos onde há predominância dos fenômenos físicos. Tem por objetivo separar os sólidos do esgoto (sólidos grosseiros, sedimentáveis e flutuantes).

Tratamento químico: São os processos em que há utilização de produtos químicos. Raramente são adotados isoladamente.

Tratamento secundário: Processo de tratamento de esgotos domésticos que utiliza processos biológicos, isto é, que dependem da ação de microrganismos presentes nos esgotos.

Valo de oxidação: Canal de alvenaria ou concreto, com o formato de um círculo achatado, no qual o esgoto bruto circula durante algumas horas, impulsionado por rotores de pás fixas.

***Waterfront*:** Parte de uma cidade ou região com fachada para um corpo d'água.

Zona ribeirinha ciliar: Área de vegetação que margeia cursos de água.

Zona ribeirinha ripária: Área ocupada por seres vivos que habitam margens de rios ou de outros corpos de água.

Zooplâncton: Conjunto dos organismos aquáticos, geralmente microscópicos, que não têm capacidade fotossintética. Vivem dispersos na coluna d'água, apresentando pouca capacidade de locomoção.

REFERÊNCIAS BIBLIOGRÁFICAS

CAPÍTULO II. PRIMEIROS VETORES DE AGRESSÃO AMBIENTAL

BACKHEUSER, Everardo. *A faixa litorânea, Brasil meridional, hoje e ontem*. Rio de Janeiro: Tipografia Bernard Frères, 1918.

BARREIROS, Eduardo Canabrava. *Atlas da evolução urbana da cidade do Rio de Janeiro, 1565 — 1965*. Rio de Janeiro: IHGB, 1965.

BRASIL, Gerson. *História das ruas do Rio de Janeiro* (coleção Cidade do Rio de Janeiro). Rio de Janeiro: Prefeitura do Distrito Federal, 1954.

CARDOSO, Elizabeth Dezouzart; VAZ, Lílian Fessler; ALBERNAZ, Maria Paula; AIZEN, Mario; PECHMAN, Roberto Moses. *História dos bairros, Saúde, Gamboa e Santo Cristo*. Rio de Janeiro: João Fortes Engenharia/Editora Index, 1987.

COARACY, Vivaldo. *Memórias da cidade do Rio de Janeiro*, 2ª ed., vol. 3 (coleção Rio Quatro Séculos). Rio de Janeiro: José Olympio, 1965.

_____. *O Rio de Janeiro no século XVII*, 2ª ed., vol. 6 (coleção Rio Quatro Séculos). Rio de Janeiro: José Olympio, 1965.

CRULS, Gastão. *Aparência do Rio de Janeiro*, 2 vols. (coleção Documentos Brasileiros). Rio de Janeiro: José Olympio, 1949.

DECRETO nº 9811 bis de 26 de novembro de 1887 da princesa Isabel: resolve sobre Multas Impostas à City por Lançar Esgotos ao Mar.

DUNLOP, C.J. *Rio antigo*, 2 vols. Rio de Janeiro: Laemmert, 1955.

EDMUNDO, Luiz. *O Rio de Janeiro do meu tempo*. Rio de Janeiro: Imprensa Nacional, 1938.

____. *O Rio de Janeiro no tempo dos vice-reis*. Rio de Janeiro: Imprensa Nacional, 1932.

FERREZ, Gilberto. *A muito leal e heróica cidade de São Sebastião do Rio de Janeiro.* 1965.

_____. *A praça 15 de novembro, antigo largo do Carmo.* Rio de Janeiro: Riotur, 1978.

FILHO, Adolfo Morales de Los Rios. *O Rio de Janeiro imperial.* Rio de Janeiro: Topbooks, 2000.

GÓES, Hildebrando Araújo. *O saneamento da Baixada Fluminense.* Rio de Janeiro, Ministério da Viação e Obras Públicas, 1934. (2ª ed., Rio de Janeiro, Diretoria de Saneamento da Baixada Fluminense, 1939.)

IBGE/Conselho Nacional de Geografia. *Área central da cidade do Rio de Janeiro.* Rio de Janeiro, 1967.

IPLANRIO/Núcleo de Memória Urbana. *Praça XV 1589/1988.* Rio de Janeiro, 1988.

"A baía vista pelos antigos cartógrafos". *Jornal do Brasil,* Rio de Janeiro, 27 de dezembro de 1990.

"O Rio há 100 anos". *Jornal do Brasil,* Rio de Janeiro, 7 de abril de 1991.

LAMARÃO, Sergio Tadeu de Niemeyer. *Dos trapiches ao porto: um estudo sobre a área portuária do Rio de Janeiro,* 1991.

LAMEGO, Alberto Ribeiro. *O homem e a Guanabara.* Rio de Janeiro: IBGE/Conselho Nacional de Geografia, 1965.

LUCCOCK, John. *Notas sobre o Rio de Janeiro e partes meridionais do Brasil.* Belo Horizonte: Itatiaia Editora, 1975.

MELLO, Carl Egbert H. Vieira. *O Rio de Janeiro no Brasil quinhentista.* São Paulo: Editora Giordano, 1996.

OLIVEIRA, Lejeune P.H. *Poluição das águas marítimas: estragos na flora e fauna do Rio de Janeiro,* jun 1958.

PINHEIRO, Augusto Ivan Freitas; RABHA, Nina Maria de Carvalho Elias. *Porto do Rio de Janeiro construindo a modernidade.* Rio de Janeiro: Andréa Jakobsson Estúdio, 2004.

PINHEIRO, Eliane Canedo Freitas. *Baía de Guanabara: biografia de uma paisagem.* Rio de Janeiro: Andréa Jakobsson Estúdio, 2005.

SANTOS, Núbia Melhem; LENZI, Maria Isabel. *O porto e a cidade, o Rio de Janeiro entre 1565 e 1910.* Rio de Janeiro: Casa da Palavra, 2005.

SARTHOU, Carlos. *Passado e presente da Baía de Guanabara.* Rio de Janeiro: Livraria Freitas Bastos, 1964.

_____. *Relíquias da cidade do Rio de Janeiro.* Rio de Janeiro: Atheneu, 1965.

SERRÃO, Joaquim Veríssimo. *O Rio de Janeiro no século XVI.* 2 vols. Lisboa: Edição da Comissão Nacional das Comemorações do IV Centenário do Rio de Janeiro, 1965.

SILVA, José Ribeiro da. *Os esgotos da cidade do Rio de Janeiro: 1857/1947.* Rio de Janeiro: Cedae, 1988.

____. *Os esgotos do Rio de Janeiro: história do sistema de esgotos sanitários da cidade do Rio de Janeiro, 1857-1997*. Rio de Janeiro: Centro Cultural da Seaerj e Crea-RJ, dez 2002.

SOUZA, Augusto Fausto. *A bahia do Rio de Janeiro — sua história e descripção de suas riquezas*. Rio de Janeiro: Tipografia Militar de Costa e Santos, 1882.

SOUZA, Gabriel Soares de. *Notícias do Brasil — comentários e notas de Varnhagen, Pirajá da Silva e Edelweiss*. São Paulo: MEC, 1974.

TEIXEIRA FILHO, Álvaro. *Roteiro cartográfico da Baía de Guanabara e cidade do Rio de Janeiro, século XVI e XVII*. Rio de Janeiro: Livraria São José, 1975.

TELES, Augusto C. da Silva; VASQUES, Pedro Karp. *Rio de Janeiro, 1862 — 1927: álbum fotográfico da formação da cidade*. Rio de Janeiro: Instituto Moreira Sales, 1998.

CAPÍTULO III. CARACTERÍSTICAS DA BAÍA DE GUANABARA

CIDE — Fundação Centro de Informações e Dados do Estado do Rio de Janeiro. *Mapa e informações gerais do estado do Rio de Janeiro*, 2001.

IBGE — *Censo demográfico de 2000*.

JICA. Japan International Cooperation Agency. *The study on recuperation of the Guanabara Bay ecosystem*. Tokio: Kokusai Kogio, 1994.

OLIVEIRA, Ronaldo Fernandes. *Flora e fauna dos ecossistemas da Baía de Guanabara e seus entornos*, 2000.

CAPÍTULO IV. OS ESGOTOS DA REGIÃO METROPOLITANA DO RIO DE JANEIRO

ABCON. Associação Brasileira das Concessionárias Privadas de Serviços Públicos de Água e Esgoto. http://www.abcon.com.br.

ADEG/CEDAE. *Programa de Despoluição da Baía de Guanabara. Documento base para formulação da Fase II*. Rio de Janeiro, 1997.

BRITTO, Evandro Rodrigues. "Comportamento de bacteriófagos em estações de tratamento de esgotos." *Revista de Engenharia Sanitária*, ano 6, nº 1, 1967.

CEDAE. *Programa de saneamento em favelas*.

________. *Sistema de esgotamento sanitário da Zona Norte do Rio de Janeiro: análise, diagnóstico, proposições*. Relatório final da comissão instituída pela Ordem de Serviço "P" de DOM nº 353. Rio de Janeiro, fevereiro de 1991.

COELHO, V.M.B.; SANCHES, W.R.R.; AZEVEDO, J.C.C.; LIMA, F. *Programa de Saneamento para populações de baixa renda/Prosanear — considerações básicas*. Convênio de Cooperação Técnica BNH/Opas de 22/12/1981, jul 1986.

Departamento de Esgotos Sanitários/Sursan. *O programa de realizações do Departamento de Esgotos Sanitários da Sursan no governo Carlos Lacerda* (traba-

lho apresentado durante o 2º Congresso Brasileiro de Engenharia Sanitária). Porto Alegre, 1963.
GONÇALVES, Fernando Botafogo; SOUZA, Amarílio Pereira de. *Disposição oceânica de esgotos sanitários, história, teoria e prática.* Rio de Janeiro: Associação Brasileira de Engenharia Sanitária e Ambiental, 1997.
MELO, José Rômulo de. *Baía de Guanabara x esgotos sanitários* (em exposição apresentada na 1ª Reunião Extraordinária do PDBG). Rio de Janeiro: Companhia Estadual de Águas e Esgotos, 1982.
MOTTA, Adilson Seroa da. "Cresce a rede de esgotos sanitários da Guanabara." *Revista de Engenharia do Estado da Guanabara*. Rio de Janeiro: jan/mar 1965.
OPS/Organização Panamericana da Saúde/CNPq — Conselho Nacional de Desenvolvimento Científico e Tecnológico. *Tecnologias apropriadas, saneamento básico.* Brasília, 1975.
PROSANEAR II. http://www.worldbank.org.br/index.php/content/view_projeto/528.html. 2000 a 2006.
ROXO, Estélio Emanuel de Alencar e FERREIRA, Manoel. *O saneamento do meio físico. Rio de Janeiro em seus quatrocentos anos: formação e desenvolvimento da cidade.* Rio de Janeiro: Record, 1965.
SILVA, José Ribeiro da. "Evolução do sistema de esgotos do Rio de Janeiro", *Revista de Engenharia Sanitária*. Rio de Janeiro, vol. 14, out/dez 1975.
_____. *Os esgotos da cidade do Rio de Janeiro: 1857/1947*. Rio de Janeiro: Cedae, 1988.
_____. *Os esgotos do Rio de Janeiro: história do sistema de esgotos sanitários da cidade do Rio de Janeiro, 1857 a 1997*. Rio de Janeiro: Centro Cultural da Seaerj e Crea-RJ, dez 2002.
STE/Serviços Técnicos de Engenharia S.A. *Plano diretor de esgotamento sanitário da região metropolitana do Rio de Janeiro e bacias contribuintes à Baía de Guanabara.* Projeto nº E-01-01/91. Rio de Janeiro, 1991.

CAPÍTULO V. A POLUIÇÃO INDUSTRIAL NA BAÍA DE GUANABARA

BERNARDES, Lysia Maria Cavalcanti. "Expansão do espaço urbano no Rio de Janeiro." *Revista Brasileira de Geografia*, ano 23, nº 3. jul/ago 1961.
Datas históricas da Fábrica Bangu. In: http://www.banguonline/datas.htm.
FEEMA. *Relatório de controle industrial*. Rio de Janeiro: mai 2005. In: http://www.cibg.rj.gov.br.
FEEMA. *Projeto de recuperação gradual do ecossistema da Baía de Guanabara*. 2 vols. Rio de Janeiro: mai 1990.
FIRJAN. *Súmula ambiental*. Rio de Janeiro: ano IX, nº 119, dez 2006.

Força do novo complexo petroquímico do Rio, A. *Crea-RJ em Revista*. Rio de Janeiro, nº 59. jul/ago 2006.
FUNDREM. *Zoneamento industrial metropolitano*. Rio de Janeiro, 1982.
Jornal do Clube de Engenharia. Rio de Janeiro: Clube de Engenharia, mai 2006.
LEOPOLDI, Maria Antonieta P. "Crescimento industrial, políticas governamentais e organização da burguesia: O Rio de Janeiro de 1844 a 1914". *Revista do Rio de Janeiro*. Rio de Janeiro, vol. 1, nº 3. Mai/ago 1986.
Meio Ambiente, Refinaria Duque de Caxias. Rio de Janeiro, Petrobras, Ascom/Reduc,1989.
Refinaria Duque de Caxias. Rio de Janeiro, Petrobras, Ascom/Reduc, Arelp/Reduc, 1983.
PINTO, Maria Novaes. "A cidade do Rio de Janeiro: evolução física e humana." *Revista Brasileira de Geografia*, Rio de Janeiro, ano 27. Abr/jun 1965.
"Complexo petroquímico do Rio de Janeiro." *Revista do Clube de Engenharia*, Rio de Janeiro, nº 14, jul 2006.
SILVA, Heliana Vilela O. *Controle industrial: antecedentes históricos, principais atividades desenvolvidas, resultados alcançados: indústrias prioritárias da Baía de Guanabara*. Rio de Janeiro: Feema, 1990.
______. *O caso da poluição industrial na Baía de Guanabara: da origem da industrialização à origem do movimento ambientalista*. (Não publicado.)
http://www.portalbaiadeguanabara.org.br/portal/gestao_participativa.asp
http://www.comperj.com.br/

CAPÍTULO VI. O PROBLEMA DA POLUIÇÃO POR ÓLEO

COELHO, Victor M.B. e CUNHA, Ricardo L. *O acidente do Tarik na Baía de Guanabara*. Rio de Janeiro: Feema, 1975.
Exxon Valdez Oil Spill — Could It Happen Again. Washington, D.C.: Alaska Wilderness League, 2000.
Documento-base para formulação da fase II. Rio de Janeiro: Cedae e Adeg, 1997.
FBDS. *Indicadores, índices e parâmetros sócio-ambientais para a área de influência das instalações da Petrobrás na Baía de Guanabara*. Rio de Janeiro, 2000.
FEEMA. *Manual do Gepol, plano de ação conjunta para o controle da poluição por óleo na Baía de Guanabara*. Rio de Janeiro, 1976.
Caracterização preliminar do impacto do vazamento acidental de óleo ocorrido em 18/01/00 na Baía de Guanabara. Rio de Janeiro: Petrobras/Cenpes/Segen, UFRJ, Uerj, PUC e UFF/Lagemar, fev 2000.
PETROBRAS. *Auto-suficiência com responsabilidade ambiental*. Rio de Janeiro, 2006.
PETROBRAS. *TCAA, um marco ambiental*. Rio de Janeiro, 2006.
Prevention and control of oil spills. Proceedings of Joint Conference. Washington, D.C.: mar 1973.

SABOYA, Paulo R. M. *Viabilidade técnica e econômica de implantação de uma estação de tratamento de despejos oleosos no porto de Tubarão pertencente à Companhia Vale do Rio Doce*. Rio de Janeiro: Rio Doce Engenharia e Planejamento, 1973.

Programa de monitoramento dos ecossistemas ao norte da Baía de Todos os Santos. (Relatório técnico final.) Tomos I, II, VIII, e XI. Salvador: UFBA,1996.

CAPÍTULO VII. O PROBLEMA DO LIXO E SUA INFLUÊNCIA NAS ÁGUAS DA BAÍA

CASTILHO, Roberto Rodrigues. *Relatório sobre estudo de pesquisa de adoção de sistema de eliminação de lixo do estado da Guanabara*. Apresentado ao Dr. Geraldo Reis Carvalho, superintendente da Sursan. Ofício nº GD-599, de 07/nov/1968.

COELHO, Victor Monteiro B. *Estudo preliminar de viabilidade técnica da limpeza da Baía de Guanabara*. (Não publicado).

CONSULTEC/Sociedade Civil de Planejamento e Consultas Técnicas Ltda. *Industrialização do lixo do Rio de Janeiro: revisão de estudos e novo planejamento preliminar*. Rio de Janeiro, jun 1962.

DLU/Departamento de Limpeza Urbana. *Breve histórico do Departamento de Limpeza Urbana*.

HADDAD, José Felício; CANTANHEDE, Álvaro. *Análise parcial do lixo da cidade do Rio de Janeiro*. Rio de Janeiro: DLU, mar. 1971.

PAN AMERICAN HEALTH ORGANIZATION/WHO. Health and Environmental *Criteria for the utilization of sewage sludge on land*. Washington, DC, jun, 1989.

PARKHURST, John D. *Report on management of solid waste disposal in Los Angeles County*, ago 1968.

SÁ, Fernando A. Paraguassú de. *Planejamento e limpeza urbana*. Rio de Janeiro: Sursan, IES, P.A, nº 35. Out 1972.

United Nations Environment Programme/Unep. *Industrial hazardous waste management*. Publicado em conjunto por Industry and Environment Office e International Register of Potentially Toxic Chemicals, 1983.

U.S Environment Protection Agency, Office of Solid Waste, *Proposed revisions to criteria for municipal solid waste disposal landfills: a summary*, ago 1988.

http://www.serla.rj.gov.br/ecobar.asp

http://www2.rio.rj.gov.br/comlurb

CAPÍTULO VIII. DESMATAMENTO DA BACIA HIDROGRÁFICA E SUAS CONSEQÜÊNCIAS NA BAÍA DE GUANABARA

ARAUJO, D.S.D.; MACIEL, N.C. "Os manguezais do recôncavo da Baía de Guanabara." *Cadernos Feema*. Rio de Janeiro: série técnica 10/79: 1-113, 1979.

COIMBRA-FILHO, Adelmar F. "Importância das formações florestais no equilíbrio flúvio-ecológico das bacias hidrográficas que deságuam na Baía de Guanabara. (Estado do Rio de Janeiro, Brasil)". *Albertoa*. Rio de Janeiro, série Proteção Ambiental nº 02, 2004.

_____; MARTINS, H.F. "Soluções ecológicas para problemas hidráulico-florestais." *Brasil Florestal*. IBDF, vol. 4, nº 13: 4-19, 1973.

_____. *A estabilidade das bacias fluviais: seu significado ecológico*. Rio de Janeiro: Abes. Engenharia Sanitária, vol.14, nº 3: 272-276, 1975.

_____. *"A importância da estabilidade ecológica das bacias fluviais." C.J.-Arquitetura*, nº 11: 30-33, 1976.

CAPÍTULO IX. OUTROS TIPOS DE AGRESSÕES AMBIENTAIS À BAÍA

AMADOR, Elmo da Silva. *Assoreamento da Baía de Guanabara — Taxa de Sedimentação*. In: *Anais da Academia Brasileira de Ciências*. Rio de Janeiro: ABC, 1980.

________. *Baía de Guanabara e ecossistemas periféricos: homem e natureza*. Rio de Janeiro: edição do autor, 1997.

ANFAVEA. *Anuário da indústria automobilística brasileira*. Cidade, 2005.

ARAÚJO, Dorothy S. D.; MACIEL, Norma Crud. *Os manguezais do recôncavo da Baía de Guanabara*. Rio de Janeiro. Feema, 1979.

BARREIROS, Eduardo Canabrava. *Atlas da evolução urbana da cidade do Rio de Janeiro (Ensaio 1565 — 1965)*. Rio de Janeiro: IHGB, 1965.

CASTAGNINO, Walter A. *Informe sobre calidad de águas en la Bahia de Guanabara: Impactos del "Projeto Rio" y otras modificaciones a las soluciones anteriormente recomendadas*. Montevidéu: Iesa, 1981.

HETZEL, Bia. *Baía de Guanabara*. Rio de Janeiro: Manatí, 2000.

LAMEGO, Alberto. *O homem e a Guanabara*. Rio de Janeiro: IBGE, 1964.

MACHADO DE ASSIS, Joaquim Maria. "A Semana", *Gazeta de Notícias do Rio de Janeiro*. Rio de Janeiro, 26 ago 1894.

MACIEL, Norma Crud; ARAÚJO, Dorothy S. D. *Análise de projeto do DNOS para retificação, dragagem e alargamento do trecho flúvio-marítimo do Rio Guapimirim, município de Magé — Rio de Janeiro: Parecer Técnico*. Rio de Janeiro: Feema, 1980.

PROJETO RIO; *Saneamento e habitação*. Rio de Janeiro, jan/jun 1979.

TAVARES, Tânia M; CAMPOS, Vânia P. *Programa de monitoramento dos ecossistemas ao norte da baía de Todos os Santos. Ambiente atmosférico*. Salvador: UFBA, 1996.

CAPÍTULO X. A QUALIDADE DAS ÁGUAS DA BAÍA DE GUANABARA

AMADOR, Elmo da Silva. *Baía de Guanabara e ecossistemas periféricos: homem e natureza*. Rio de Janeiro: edição do autor, 1997.

ARAÚJO, José Roberto de Souza. *Projeto biota da Baía de Guanabara*. Rio de Janeiro: Feema, 1990.

______; ANDRADE, Zilá Maria C. *Projeto Biota da Baía de Guanabara. Metais pesados e compostos organoclorados em mexilhões da Baía de Guanabara*. Rio de Janeiro: Feema, 1991.

"Baía de Guanabara. O grau 10 da Poluição" (entrevista com prof. Lejeune P. H. de Oliveira), *Jornal do Brasil*. Rio de Janeiro: 27 abr 1975, pp. 4-5.

BANCO MUNDIAL. *Brazil: Managing environmental pollution in the state of Rio de Janeiro*, 1996.

COELHO, Victor M.B. *Aplicação de modelos matemáticos de qualidade de água e econômicos para a Baía de Guanabara — Brasil*. Rio de Janeiro: IES, 1974.

______; FONSECA, M.R.M.B. *Modelos bidimensionais de qualidade de água e econômicos para a Baía de Guanabara*. Rio de Janeiro: Feema, 1975.

______. *Estudo do caso de poluição das águas da Baía de Guanabara: sistema de estuário tropical úmido — relatório final*. Rio de Janeiro: Feema, 1976.

DUARTE, Délio Bravo. *Estudo da poluição da Baía de Guanabara — área da Ilha do Governador*. Trabalho apresentado no 1° Congresso Brasileiro de Engenharia Sanitária. Rio de Janeiro, jul, 1960.

ENVIRONMENTAL CANADA. *Canadian sediment quality guidelines for the protection of aquatic life*. Canadian Environmental Quality Guidelines — Summary Tables, atualizado em 2002.

"Expulsos da Baía: poluição por metal pesado reduz população dos últimos botos." *Revista O Globo*, ano 2, n° 118, 29 out 2006.

FEEMA. *"Qualidade das águas do estado do Rio de Janeiro (período 1987 — 1989)"* — vol. 4: Baía de Guanabara e Baía de Sepetiba, Rio de Janeiro, 1991.

______. *Diagnóstico da qualidade das praias da Zona Sul do município do Rio de Janeiro de 1984 a 1993*. Rio de Janeiro, 1995.

______. *Qualidade de água da Baía de Guanabara — 1990/1997*. Rio de Janeiro, 1998.

______. *Relatório de avaliação da balneabilidade das praias dos municípios de Niterói e do Rio de Janeiro (Paquetá e Ilha do Governador) sob influência das obras do PDBG — Período 1998/2001*. Rio de Janeiro, 2001.

FEMAR. *Uma avaliação da qualidade das águas costeiras do estado do Rio de Janeiro*. (Projeto Planagua Sema/GTZ de Cooperação Técnica Brasil-Alemanha.) Rio de Janeiro, 1998.

FOSTER, Patrícia; RAIFMAN, Stuart; PISANO, William C. *Study of marine coliform decay rates*. Technical Paper n° 5. Process Research Inc., abr., 1964.

FRANCIONI, Eleine; WAGENER, Angela de L. Rebello et al. "Evaluation of *Perna perna* as a tool to monitoring trace metals contamination in estuarine and coastal waters of Rio de Janeiro, Brazil." *J. Braz. Chem. Soc.*, vol. 15, n°. 1, 103-110, 2004.

______. *Polycyclic aromatic hydrocarbon in inter-tidal mussel Perna perna: Space-time observations, source investigation and genotoxicity* (no prelo até o fechamento desta edição).

HYDROSCIENCE, INC. *Water quality model of Guanabara Bay*. New Jersey, 1977.

___. *Economic evaluation of alternative water quality improvement programs for Guanabara Bay*. New Jersey, 1979.

KEHRIG, H.A., MALM, O. *et al.* "Mercury in a widely consumed fish Micropogonias furnieri (Demarest, 1823) from Four Main Brazilian Estuaries." *The science of the total environment*. Ed. Elsevier Science, 1998, p. 263-271.

____. "Selênio em tecidos de organismos marinhos da Baía de Guanabara, Brasil." *Journal Brazilian*. Society Ecotoxicology, v. 1, n. 1, 2006, p. 1-4.

_____. "Total mercury and methylmercury in a brazilian estuary, Rio de Janeiro." *Marine Pollution Bulletin*, Elsevier Science, Oxford. v. 44. p. 1.018-1.023. 2002.

____. *Total mercury and methylmercury in fish from a tropical estuary*. First International Conference on Environmental Toxicology, 2006.

_____. *Relation between mercury, monomethylmercury and selenium in the muscle of coastal brazilian fishes*. 7th International Conference on Mercury as a Global Pollutant.

JICA/Japan International Cooperation Agency. *The study on recuperation of the Guanabara Bay ecosystem*. Tóquio: Kokusai Kogyo, 1994.

KOBLITZ, Arnold Vianna; FONSECA Maria Regina M.B.; LANTELME, Solange. *Aspectos sanitários de praias do estado da Guanabara*. Rio de Janeiro: IES/Sursan, mar 1965.

NOAA. *Screening quick reference tables SquiRTs*. Set 1999.

OLIVEIRA, Lejeune P. H. "Poluição das águas marítimas: estragos na flora e fauna do Rio de Janeiro." *Memórias do Instituto Oswaldo Cruz*. Rio de Janeiro, jun 1958.

PEARSON, Erman A. *Objetivos, plano e estimativa do trabalho de investigação da poluição da Baía de Guanabara e da costa na proximidade da cidade do Rio de Janeiro*, Brasil, 1958.

SILVA, José Ribeiro da. *Os esgotos da cidade do Rio de Janeiro 1857/1947*. Rio de Janeiro: Cedae, 1988.

SALAS, Henry J. *Emissários submarinos: Enfoque general, conceptos básicos de diseño y requerimiento de datos para América Latina y el Caribe*. Lima: Cepis, 1994.

SELLECK, Robert E. *Operação bactéria — relatório preliminar*, 1962.

SOMLYÓDY, László et al. *Guanabara Bay water quality policy model and its application (BRA/90/010) — Synthesis Report*. Rio de Janeiro: Feema, 1998.

VALENTIN, J.L. et al. *O sistema plantônico da Baía de Guanabara: Síntese do conhecimento*. Rio de Janeiro, 1999.

WHO. *Guidelines for safe recreational-water environments*. Vol. 1. *Coastal and fresh waters*. Draft for Consultation, out 1998.

CAPÍTULO XI. MODELAGEM MATEMÁTICA NA BAÍA DE GUANABARA

BANCO MUNDIAL. Brazil: *Managing environmental pollution in the state of Rio de Janeiro*. Washington, D.C., 1996.

_______. *Sistema de disposição marinha de esgotos da cidade do Rio de Janeiro*, 1969.

CASTAGNINO, Walter A. *Informe sobre plan de control de polucion de água en la Bahia de Guanabara. Rio de Janeiro*. Rio de Janeiro: Opas/Feema, 1980.

COELHO, Victor Monteiro Barbosa. *Aplicação de modelos matemáticos de qualidade de água e econômicos para a Baía de Guanabara — Brasil*. Rio de Janeiro: IES, 1974.

_____; FONSECA, Maria Regina M. B. *Modelos bidimensionais de qualidade de água e econômicos para a Baía de Guanabara*. Rio de Janeiro: Feema, 1975.

_____. *Utilização dos modelos matemáticos da Baía de Guanabara no controle da poluição de suas águas*. Rio de Janeiro: Feema, 1977.

_____. *Soluções para controle da poluição das águas da Baía de Guanabara*. Rio de Janeiro: Feema, 1979.

CONSÓRCIO ECOLOGUS-AGRAR. *Plano diretor de recursos hídricos da região hidrográfica da Baía de Guanabara*. Relatório Final-Síntese. Programa de Despoluição da Baía de Guanabara. Projetos Ambientais Complementares. Rio de Janeiro, 2005.

DES/SURSAN e ENGINEERING SCIENCE INC. *Plano diretor de disposição de esgotos da cidade do Rio de Janeiro*, 1964.

HYDROSCIENCE, INC. *Water quality model of Guanabara Bay*. New Jersey, 1977.

_______. *Economic evaluation of alternative water quality improvement programs for Guanabara Bay*. New Jersey, 1979.

JICA/KOKUSAI KOGYO CO. *The study on recuperation of the Guanabara Bay ecosystem*. Tóquio, 1994.

PACIFIC CONSULTANTS INTERNATIONAL. *The study on management and improvement of the environmental conditions of Guanabara Bay in Rio de Janeiro, The Federative Republic of Brazil*. Main Report, 2003.

SOMLYÓDY, László; KONCSOS, László; SZILÁGYI, Ferenc. *Guanabara Bay water quality policy model and its application* (BRA/90/010), 1998.

http://www.sisbahia.coppe.ufrj.br

CAPÍTULO XII. OS DIFERENTES USOS BENÉFICOS DA BAÍA

COELHO, Victor Monteiro Barbosa. *Aplicação de modelos matemáticos de qualidade de água e econômicos para a Baía de Guanabara — Brasil*. Rio de Janeiro: IES, 1974.

_____; FONSECA, Maria Regina M. B. *Modelos bidimensionais de qualidade de água e econômicos para a Baía de Guanabara*. Rio de Janeiro: Feema, 1975.

IBAMA. *Laudo técnico do acidente com o oleoduto da Petrobras na Baía de Guanabara*. Rio de Janeiro, 2000.

JABLONSKI, S; DU MONT, A.S; OLIVEIRA, J.S. *O mercado de pescados no Rio de Janeiro*. Série "O Mercado de Pescados nas Grandes Cidades Latino-americanas". Infopesca, vol. 3, 1997.

MOTTA, Ronaldo Seroa. *Manual para valoração econômica de recursos ambientais*. Brasília: Ministério do Meio Ambiente, dos Recursos Hídricos e da Amazônia Legal, 1998.

CAPÍTULO XIII. GESTÃO AMBIENTAL DA BAÍA DE GUANABARA

CONSÓRCIO ECOLOGUS-AGRAR *Plano diretor de recursos hídricos da região hidrográfica da Baía de Guanabara — PDRH-BG*. PR-4: Consolidação do Diagnóstico. REV. 0. Volume 1 — Texto 1, fev 2004.

_____. *Plano diretor de recursos hídricos da região hidrográfica da Baía de Guanabara. Relatório final-síntese*. Programa de Despoluição da Baía de Guanabara. Projetos Ambientais Complementares, out 2005.

DEPARTMENT OF SCIENTIFIC AND INDUSTRIAL RESEARCH, HMSO. *Effects of polluting discharges on the Thames estuary*. Water Pollution Research Technical Paper nº 11. Londres, 1964.

DIAMOND. Jarred. *Colapso: como as sociedades escolhem o fracasso ou o sucesso*. Rio de Janeiro: Record, 2006.

FGV. *Baía de Chesapeake, EUA*. (trabalho apresentado durante o Seminário Internacional de Gestão Sustentável da Baía de Guanabara, Rio de Janeiro). Rio de Janeiro, ago 2000.

____. *Baía de São Francisco, EUA* (trabalho apresentado durante o Seminário Internacional de Gestão Sustentável da Baía de Guanabara, Rio de Janeiro). Rio de Janeiro, ago 2000.

____. *Baía de Tóquio, Japão* (trabalho apresentado durante o Seminário Internacional de Gestão Sustentável da Baía de Guanabara, Rio de Janeiro). Rio de Janeiro, ago 2000.

PACIFIC CONSULTANTS INTERNATIONAL. *The study on management and improvement of the environmental conditions of Guanabara Bay in Rio de Janeiro, The Federative Republic of Brazil*. Relatório final, mai 2003.

THAMES WATER AUTHORITY. *Annual Report and Accounts*. Londres, 1979/1980.

US DEPARTMENT OF COMMERCE. NATIONAL OCEANIC AND ATMOSPHERIC ADMINISTRATION. OFFICE OF COASTAL ZONE MANAGEMENT. *Improving your waterfront: A practical guide*. Washington DC, 1980.

http://www.portalbaiadeguanabara.org.br/portal/gestao_participativa.asp

http://www.the-river-thames.co.uk/environ.htm

http://www.environment-agency.gov.uk

CAPÍTULO XIV. BASES PARA UM DESENVOLVIMENTO SUSTENTÁVEL

ABC. *Transition to global sustainability. The contribuition of brazilian sciences*. Rio de Janeiro, 2000.

ALMEIDA, Fernando Alves. *O bom negócio da sustentabilidade*. Rio de Janeiro: Nova Fronteira, 2002.

O oceano nosso futuro (relatório da Comissão Mundial Independente para os Oceanos, presidida por Mário Soares). Cambridge University Press, 1998.

TEIXEIRA, Izabella Mônica Vieira. *O uso de indicadores ambientais para o monitoramento de florestas tropicais*. Dissertação de mestrado, Coppe/UFRJ, Rio de Janeiro, 1998.

UNITED NATIONS SUSTAINABLE DEVELOPMENT INDICATORS. *Programme of Work on Indicators for Sustainable Development of the Comission on Sustainable Development (CSD)*, 1995.

________. *From theory to practice: Indicators of sustainable development*, 1995.

________. *Protection of the oceans, all kinds of seas and coastal areas*, 1995.

CAPÍTULO XV. SÍNTESE DAS PRINCIPAIS MEDIDAS PARA RECUPERAÇÃO DA BAÍA DE GUANABARA

BANCO MUNDIAL. *Brazil: Managing environmental pollution in the state of Rio de Janeiro*. Volumes 1 e 2, 1996.

______. *Shame prompts polluters to clean up in Indonesia*. Volume 15, nº 13, 1996.

CAPÍTULO XVI. PROPOSTA DE GESTÃO SUSTENTÁVEL PARA A BAÍA DE GUANABARA

"Ecoturismo: a prática da sustentabilidade", *Revista Brasileira de Saneamento e Meio Ambiente*. Rio de Janeiro, ano 16, nº 41, jan/mar 2007.

FEEMA. *Corredor-Ecológico—Turístico: Guapimirim-Paraíso-Guapi-Açu* (não publicado).

________. *Considerações sobre a implantação do Museu de Primatologia e o Parque Primatológico, na área da Estação Ecológica Estadual do Paraíso* (não publicado).

________. *Projeto de finalidade múltipla da bacia do rio Guapimirim*. (não publicado).

FGV. "Portos e meio ambiente." *Revista de Administração Pública*. Rio de Janeiro, nov/dez 2006.

IBGE. *Economia do turismo — Análise das atividades características do turismo*, 2007.

"Turismo deve movimentar R$ 100 bi este ano", *O Globo*. Rio de Janeiro, 1º fev 2007.

feema

JORNAL DO BRASIL ☐ segunda-feira, 15/12/80 ☐ 1º Caderno

Jurujuba protesta contra poluição das fábricas de sardinha

Os proprietários de fábricas de sardinha da área de Jurujuba, em Niterói, estão preferindo pagar as multas diárias estabelecidas pela legislação a equipar suas instalações com filtros antipoluição. A denúncia foi feita ontem pelo presidente do Movimento de Resistência Ecológica (More), Axel Schmidt. Cerca de três mil pessoas já têm seus nomes em um abaixo-assinado do More a ser entregue às autoridades federais e estaduais.

Segundo Axel Schmidt, a poluição por óleo de sardinha chegou a níveis insuportáveis, com prejuízos sensíveis para várias praias da região e até poços de água potável utilizados pelas camadas mais humildes da população local. Em fins de junho, iatistas promoveram uma regata de protesto e em seguida o More encaminhou um documento de denúncia da situação à FEEMA e à CECA. A resposta foi que "os fiscais estão trabalhando".

As praias próximas a Jurujuba há muito estão condenadas pela poluição excessiva, que acabou por determinar a paralisação total das atividades pesqueiras da região. O presidente do Movimento de Resistência Ecológica observa que são poucas as fábricas de sardinha da Baía de Guanabara a não dispor de filtros antipoluição.

— Muitas, no entanto — acrescenta — não operam esses filtros, num desafio ao poder público e aos direitos da população.

Em alguns pontos, diz ele, já se forma uma espessa camada de óleo sobre a água, o que tem prejudicado até mesmo a prática do iatismo, porque os barcos são travados por ela.

O presidente do More denuncia também o completo desprezo do Prefeito Wellington Moreira Franco pelos problemas ecológicos de Niterói e adjacências, ignorando principalmente a ocupação do Parque da Cidade por loteamentos e a questão da Lagoa de Piratininga, que enfrenta graves problemas de ressecamento.

6/TRIBUNA DA IMPRENSA

RIO DE JANEIRO, 25-26 DE JULHO DE 1981

Jurujuba faz apelo por sua indústria

Cerca de mil famílias estão sendo prejudicadas pela interdição da Atlantic Industrial de Conservas, localizada em Jurujuba, Niterói, pela FEEMA: ontem 356 operários resolveram endereçar um apelo ao governador Chagas Freitas para que suspenda a interdição, desde que a direção da fábrica se comprometa a construir, no prazo de 120 dias, a estação de tratamento para os resíduos industriais. Também os fornecedores de óleo de soja, folha de flandres e pescado se reuniram na sede da empresa, buscando uma solução para o problema, que pode ser responsável por uma grave crise social na comunidade, integrada por pescadores e operários das três fábricas de sardinhas em lata.

A própria direção da Atlantic admitiu que, se a interdição persistir por mais tempo, não terá condições de pagar a sua folha de pessoal, as obrigações sociais, aos fornecedores e demais pessoas envolvidas na fabricação de 1.500 latas de sardinhas por dia. Também os pedidos para entrega do produto foram suspensos, porque os estoques se esgotaram logo após a interdição pela FEEMA. Círculos empresariais de Niterói acham que a situação já é crítica, "porque nenhuma indústria pode ficar parada tanto tempo."

Os 356 operários da Atlantic Industrial de Conservas — uma empresa de capital nacional, sem a participação de acionistas estrangeiros — declaram que se o Governo do Estado não suspender a interdição, a fábrica não terá condições de saldar seus compromissos sociais: "Nós já estamos sentindo isso." Além disso, os pescadores de Jurujuba estão apreensivos com a situação, "pois não temos para quem vender a matéria-prima."

Secretaria de Estado de Obras e Serviços Públicos
Fundação Estadual de Engenharia do Meio Ambiente Rua Fonseca Telles, 121/15º andar Rio de Janeiro - RJ - Brasil
Caixa Postal - Campo de São Cristóvão 23011

Foto 1 – *Artigos de jornal apresentando um dos paradoxos do controle de poluição industrial.*

Foto 2 – *Fiscalização da poluição por óleo na baía uns tempos antes da Sursan.*

Foto 3 – *Ecobarreira flutuante instalada no rio Meriti.*

Foto 4 – *Rio Irajá: um dos maiores carreadores de detritos flutuantes para a Baía de Guanabara.*

Foto 5 – *Na Ilha do Governador, a alta taxa de assoreamento pode causar uma perda irreparável do espelho d'água na porção noroeste da baía.*

Foto 6 – *Na Ilha do Governador, a alta taxa de assoreamento pode causar uma perda irreparável do espelho d'água na porção noroeste da baía.*

Foto 7 – *Monitoramento da qualidade das águas da Baía de Guanabara.*

Foto 8 – *Nos canais que separam as ilhas do Governador e do Fundão do continente, a dagragem é uma ação fundamental para se preservar o espelho d'água.*

Foto 9 – *Nos canais que separam as ilhas do Governador e do Fundão do continente, a dagragem é uma ação fundamental para se preservar o espelho d'água.*

Foto 10 – *As áreas de manguezais inexplorados podem ser incluídas no roteiro de ecoturismo.*

Foto 11 – *Praia de Icaraí, Niterói: paisagem privilegiada pode atrair investimentos em ecoturismo.*

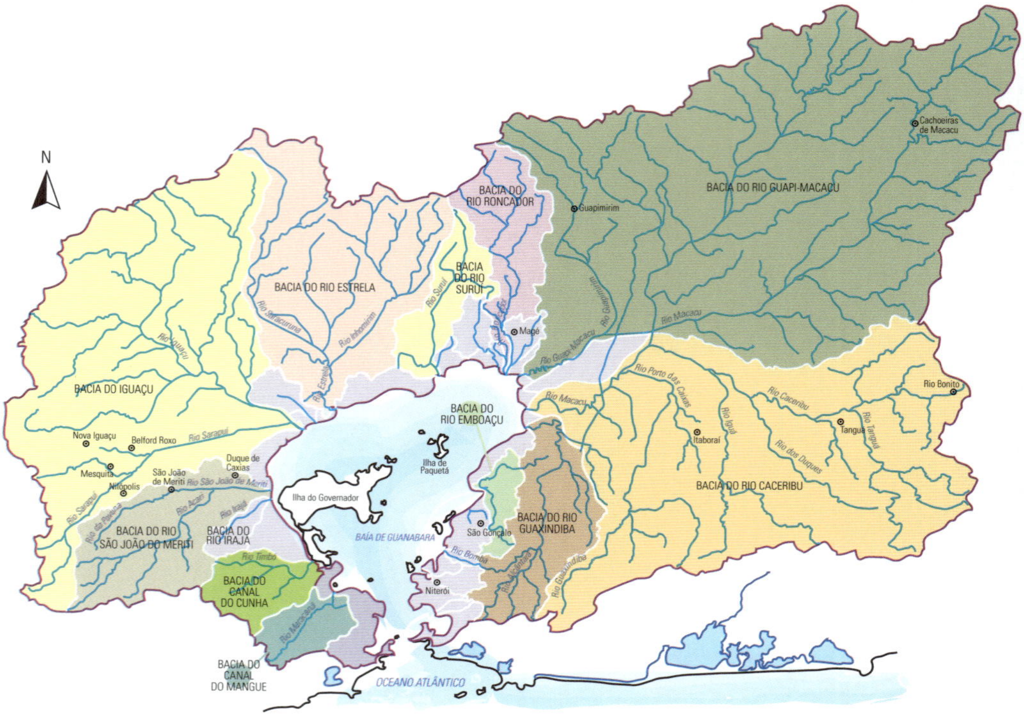

Mapa 1 – *Bacias hidrográficas do Rio de Janeiro.*

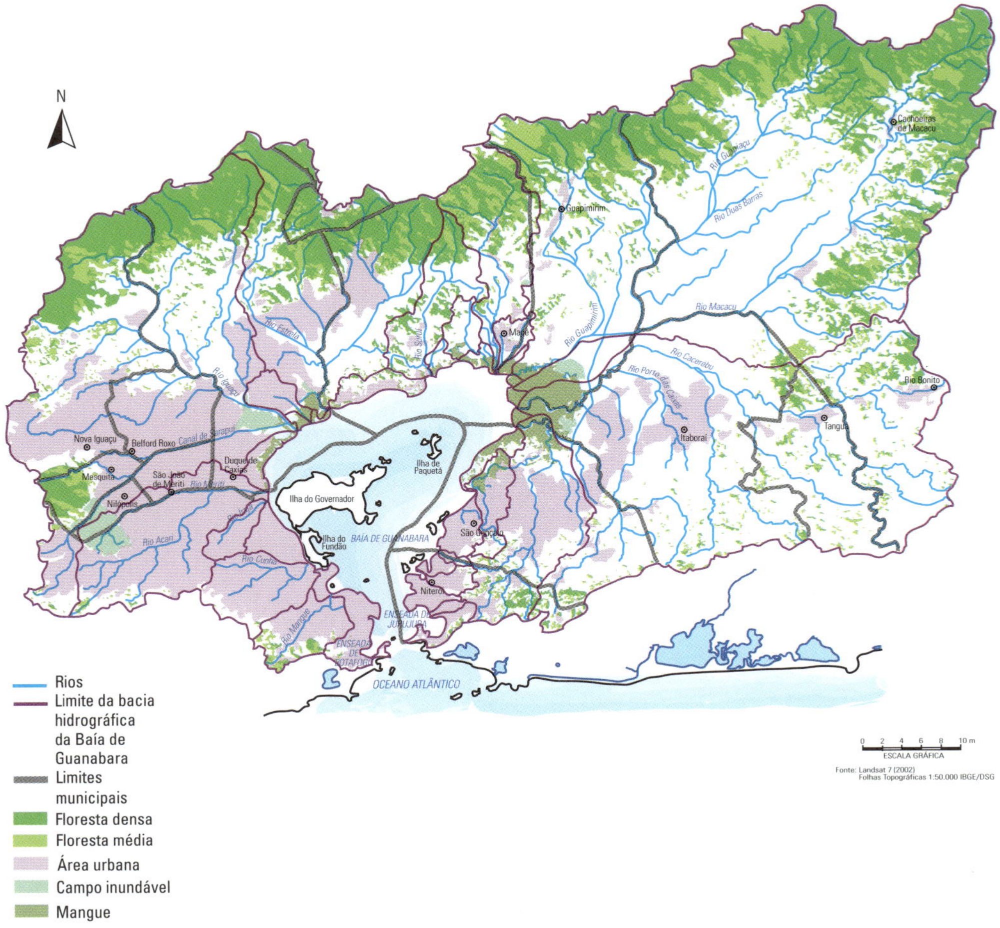

Mapa 2 – *Uso do solo e cobertura vegetal no Rio de Janeiro –2002.*

Mapa 3 – *Local do acidente com o navio* Tarik.

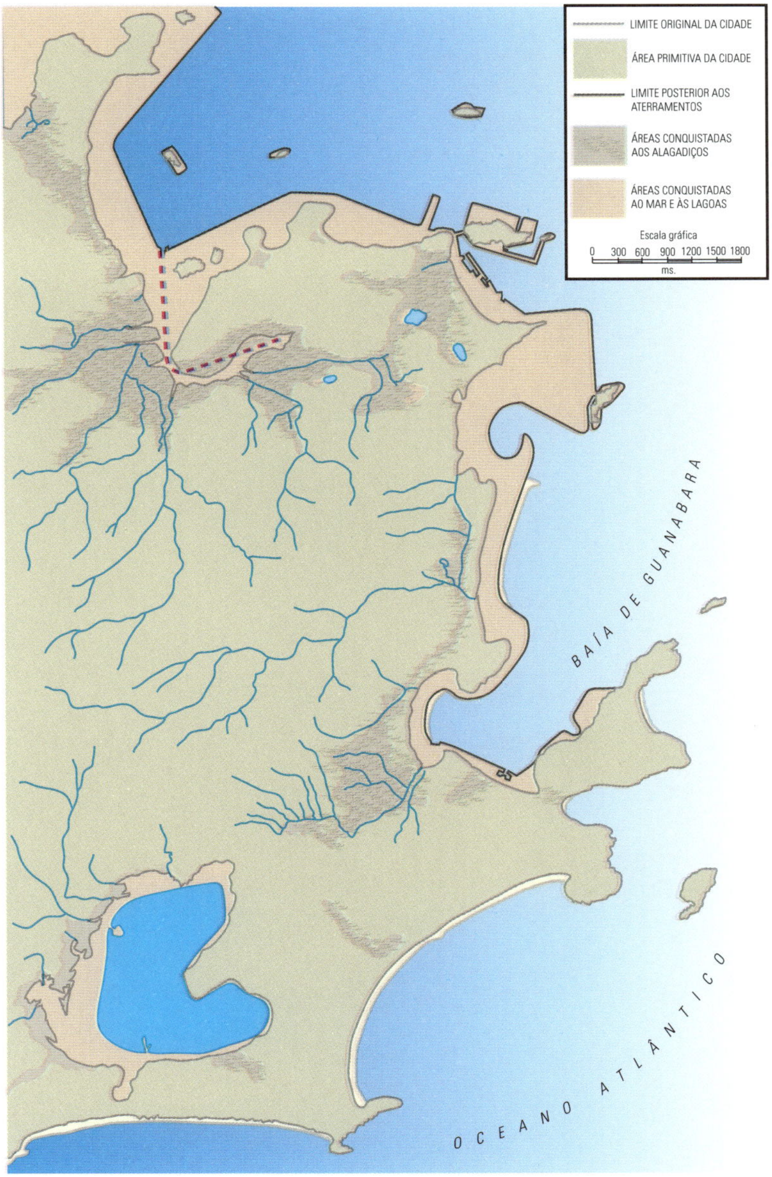

Mapa 4 – *A cidade do Rio de Janeiro no ano do IV centenário – Áreas conquistadas ao mar, às lagoas e aos alagadiços durante quatro séculos.*

1937 – Águas puras

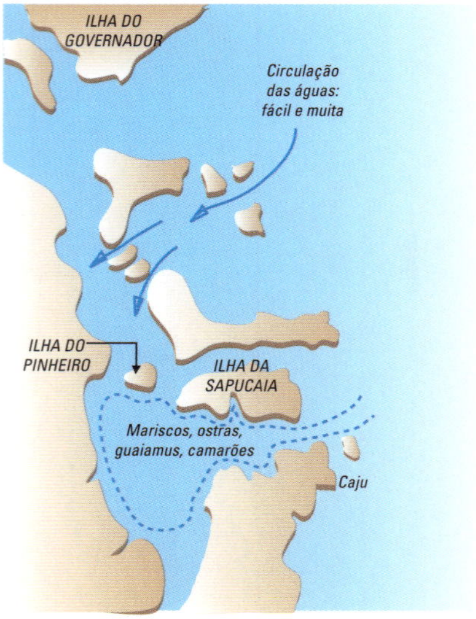

1957 – Águas poluídas

Mapa 5 – *Enseada de Inhaúma — 1937 e 1957.*

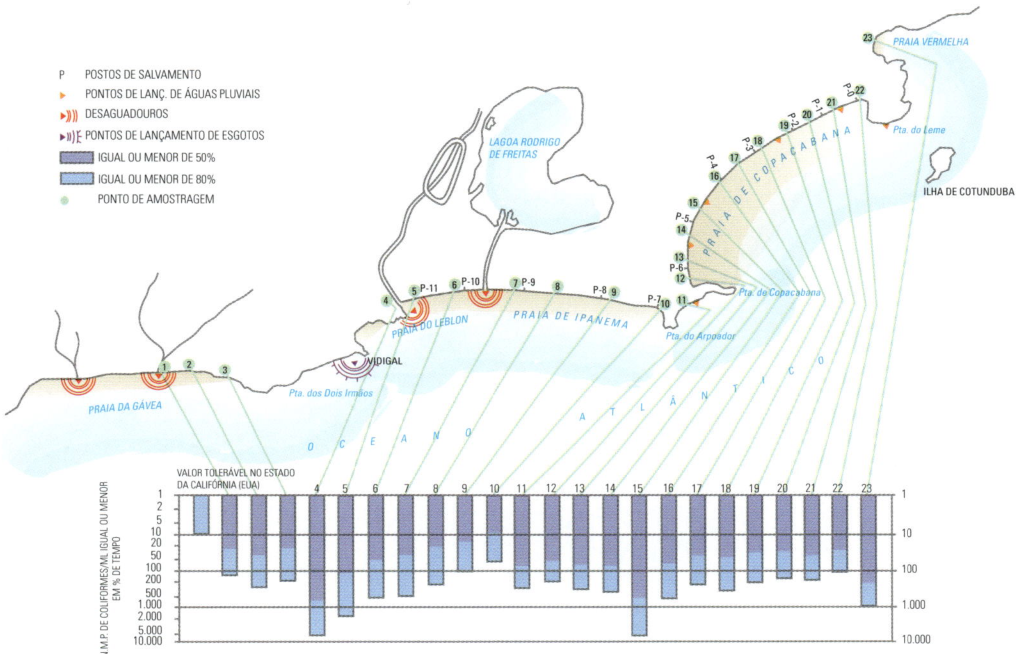

Mapa 6 – *Operação Bactéria – Comparação da qualidade bacteriológica das águas de praias da Zona Sul no período de 21 de março a 5 de abril de 1960 com o padrão da Califórnia.*

Mapa 7 – *Localização das estações de amostragem.*

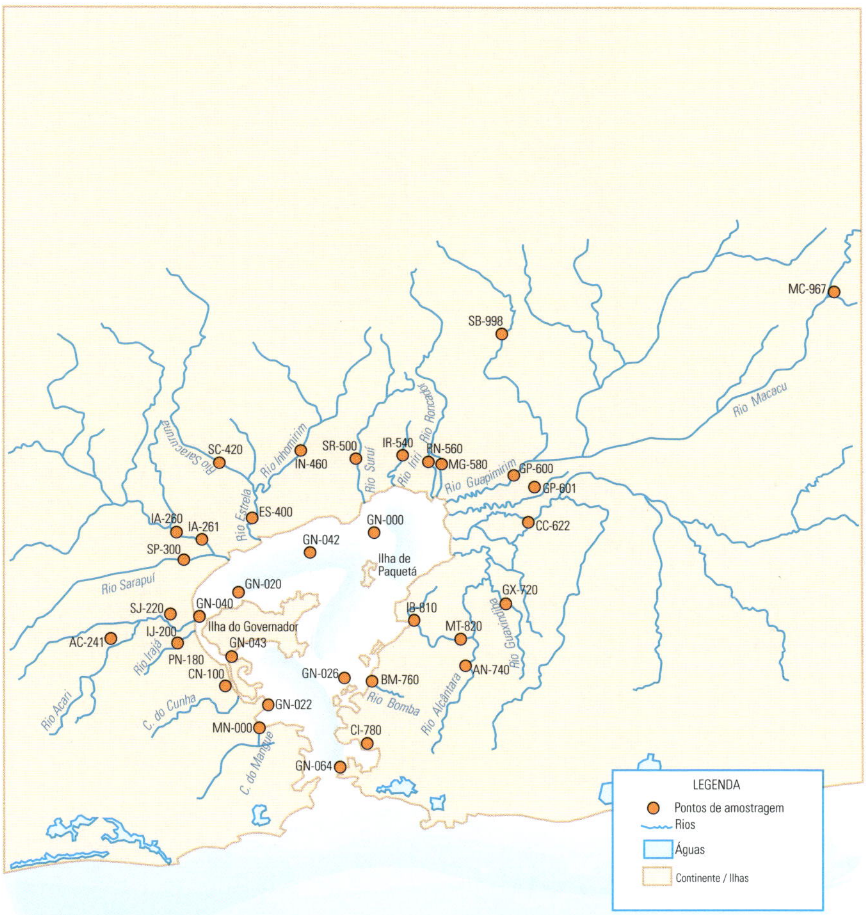

Mapa 8 – *Plano de monitoramento sistemático da bacia da Baía de Guanabara de 1990 a 1997.*

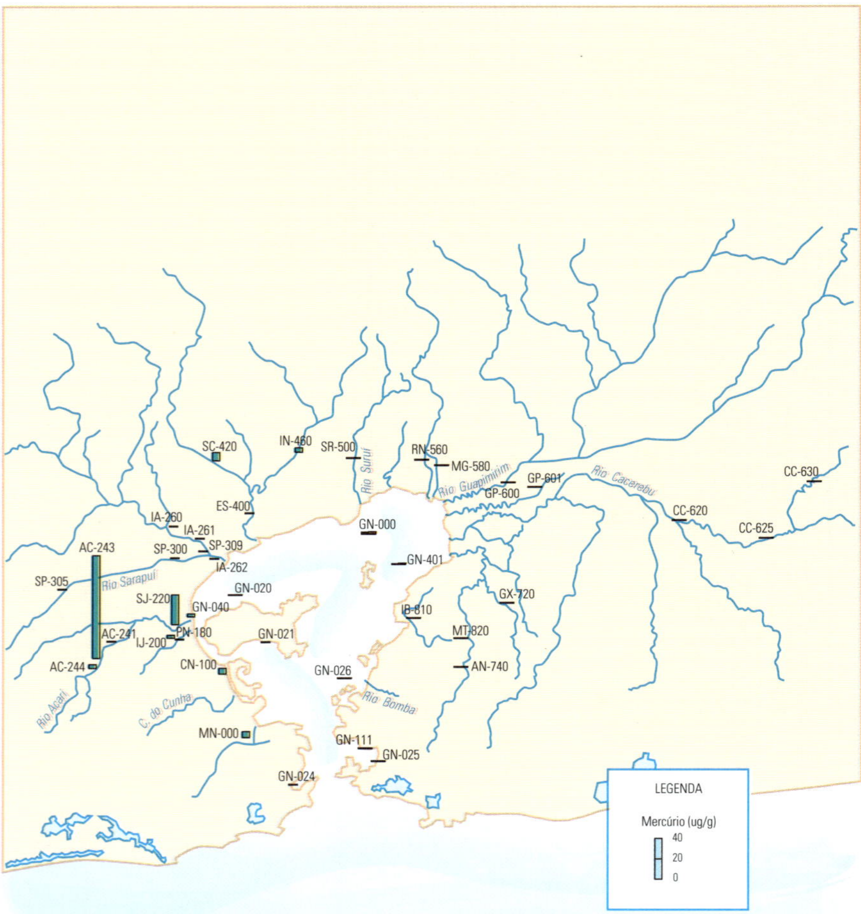

Mapa 9 – *Mercúrio na fração fina de sedimentos superficiais da Baía de Guanabara – 1997.*

Mapa 10 – *Cromo na fração fina de sedimentos superficiais da Baía de Guanabara – 1997.*

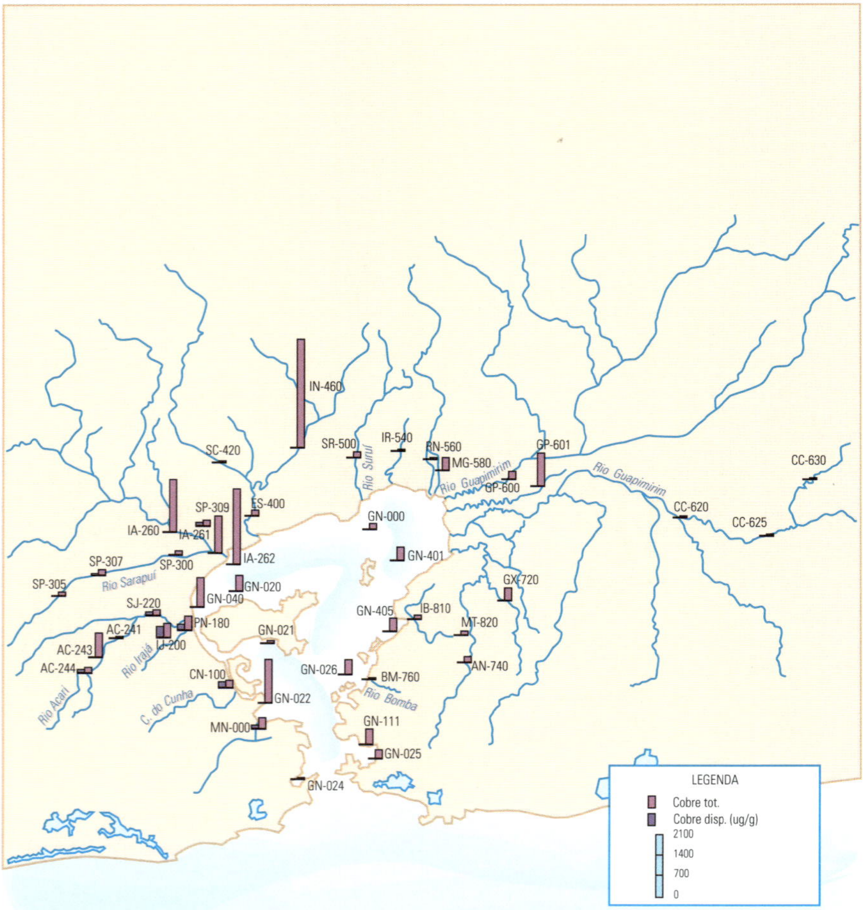

Mapa 11 – *Cobre na fração fina de sedimentos superficiais da Baía de Guanabara – 1997.*

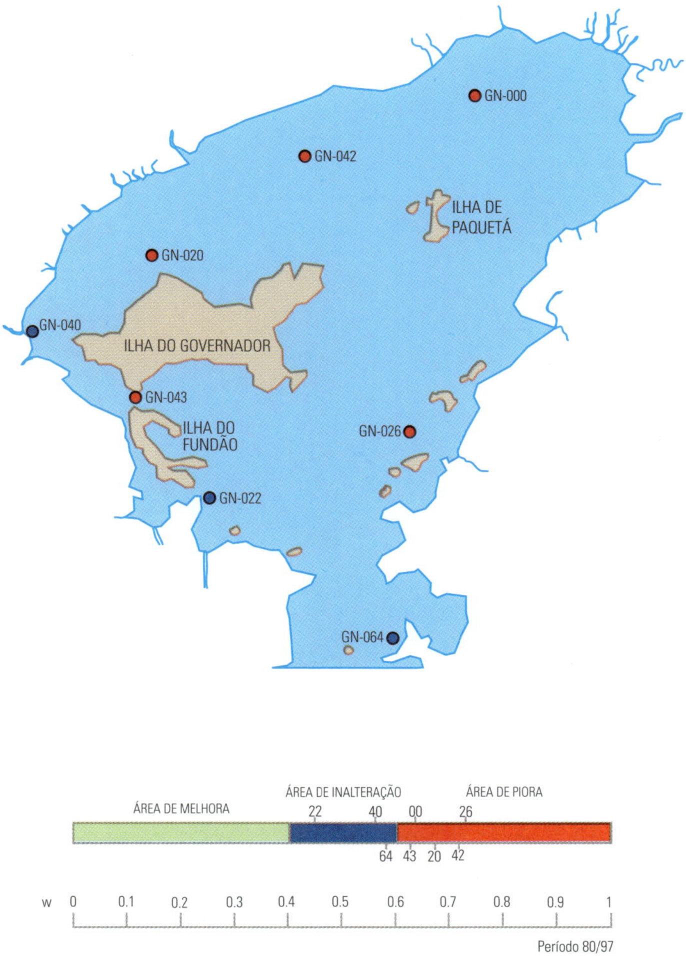

Mapa 12 – *Tendência da qualidade de água na Baía de Guanabara.*

Mapa 13 – *Canal principal e esquema de obras.*

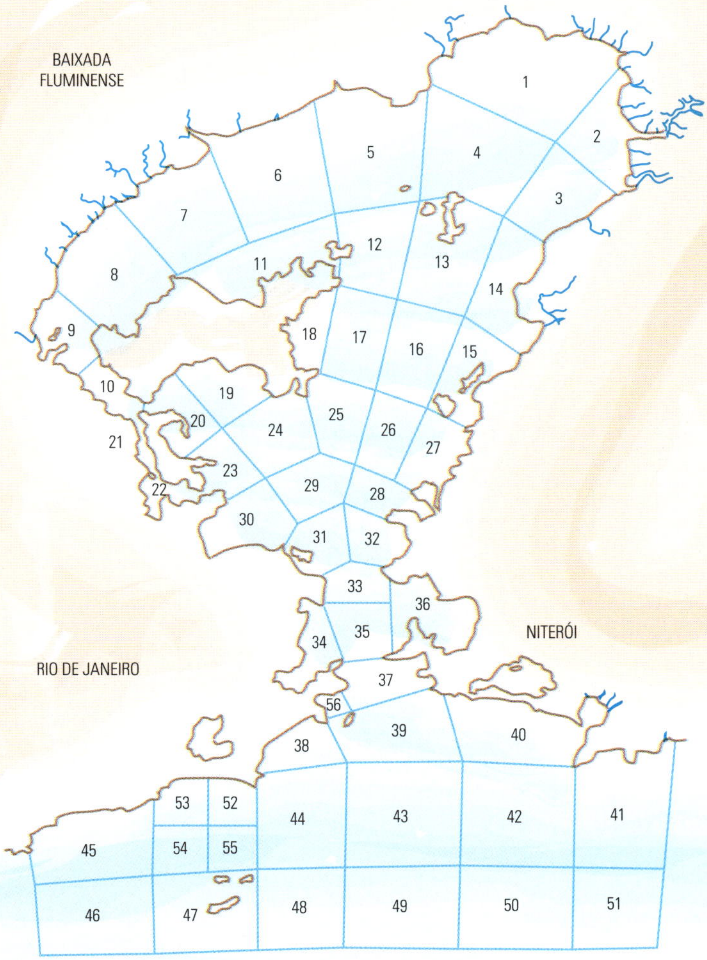

Mapa 14 – *Malha utilizada no modelo bidimensional da Baía de Guanabara.*

Mapa 15 – *Roteiros de turismo ecológico.*

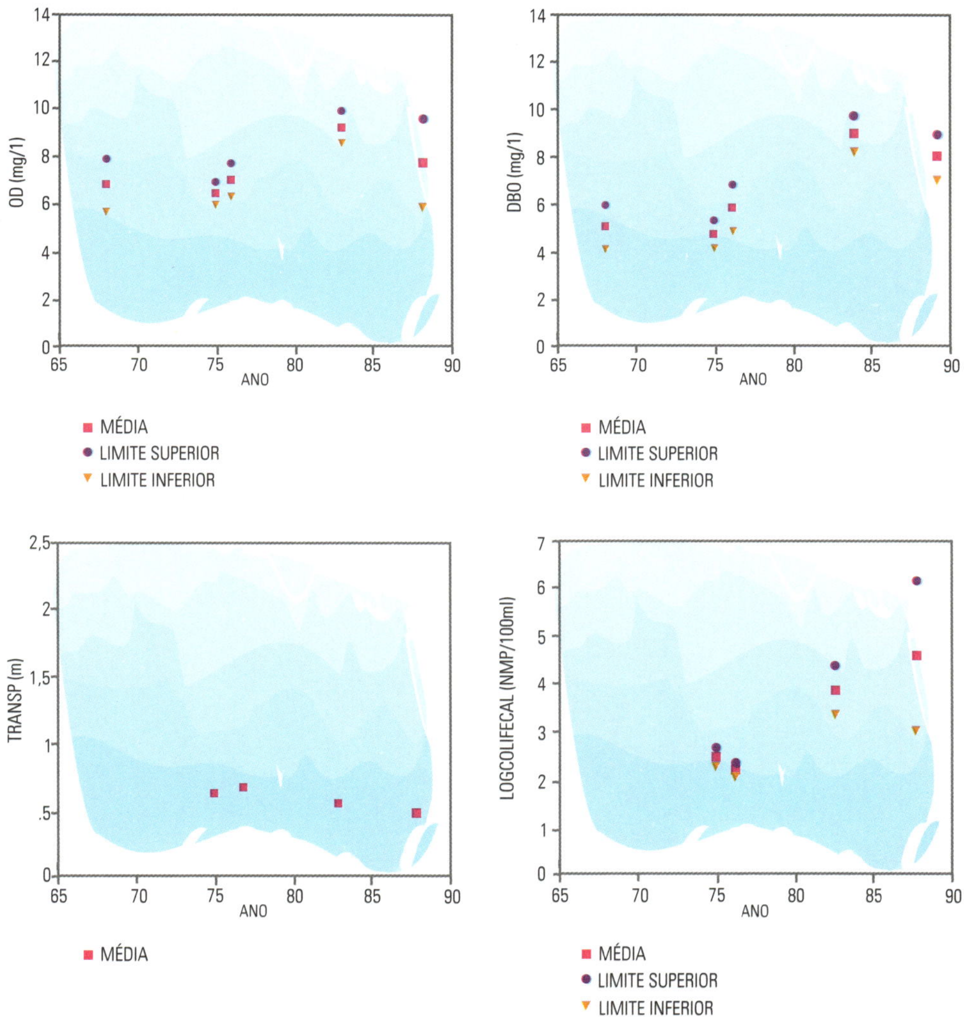

Fig. 1 – *Bacia da Baía de Guanabara — Local: GN-20*

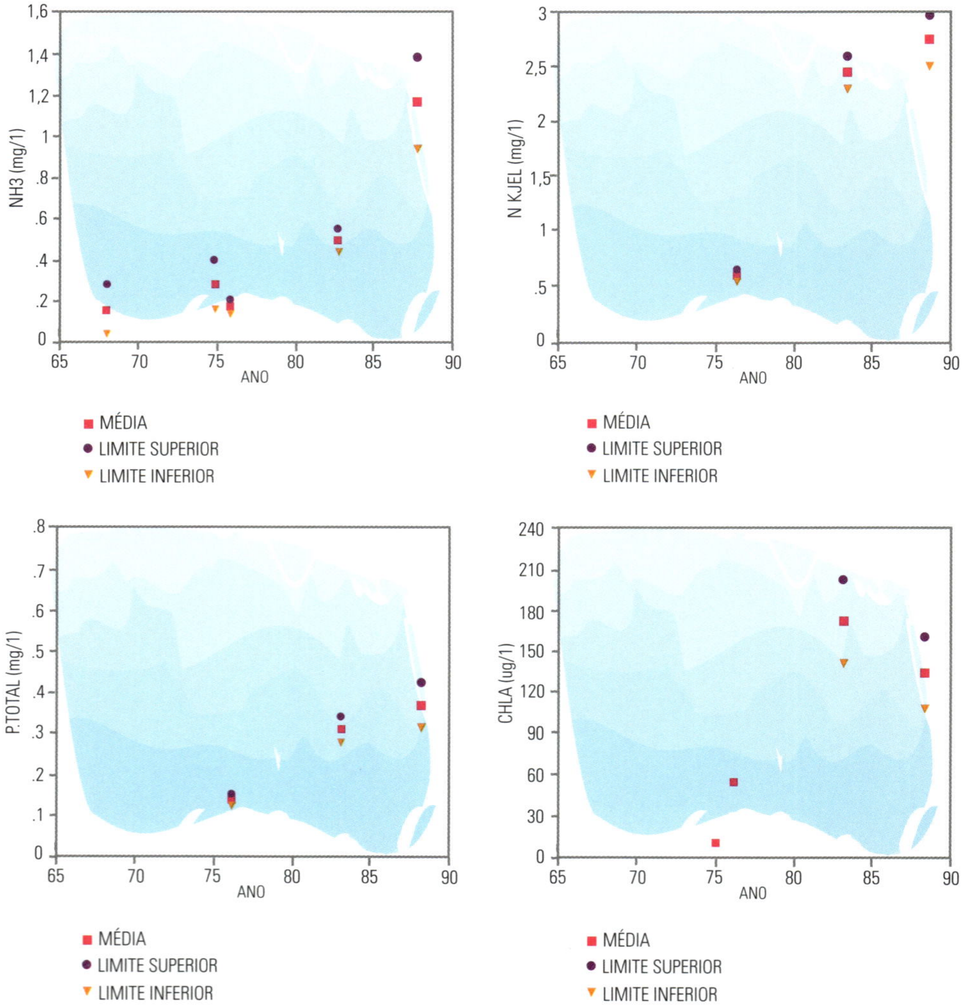

Fig. 2 – *Bacia da Baía de Guanabara — Local: GN-20*

1a edição outubro de 2007
impressão Geográfica
papel de miolo Off-set Alta Alvura 90g/m²
papel de capa Cartão Supremo 250g/m²
tipologia Palatino e Trade Gothic Condensed